滇池流域面源污染防控技术体系与工程实践

段昌群　赵永贵　洪丽芳　张国盛　著
李　元　戴　丽　刘嫦娥　和树庄

科学出版社

北　京

内 容 简 介

本书是水体污染控制与治理国家科技重大专项滇池流域面源污染防控课题组的研究成果——"高原山地生态与湖泊综合治理保护"丛书之一。本书以课题研发的关键技术为基础,根据滇池流域不同区域面源污染的特点及其形成的关键环节,对研发技术进行遴选和集成整合,在四个不同片区(设施农业、湖滨退耕区,面山地区,五采区,新型农业区)进行整装并开展工程应用,经过归纳和提炼,形成了系列技术体系。

本书适合从事农业农村面源污染、湖泊及流域生态环境研究的有关人员、高校师生和政府机构人员阅读,也可供生态环境保护企业进行技术研发参考。

图书在版编目(CIP)数据

滇池流域面源污染防控技术体系与工程实践 / 段昌群等著.—北京:科学出版社, 2021.4

ISBN 978-7-03-063732-1

Ⅰ.①滇… Ⅱ.①段… Ⅲ.①滇池-流域-面源污染源-水污染防治-研究 Ⅳ.①X524

中国版本图书馆 CIP 数据核字(2019)第 281047 号

责任编辑:孟　锐 / 责任校对:彭　映
责任印制:罗　科 / 封面设计:墨创文化

科 学 出 版 社 出版
北京东黄城根北街16号
邮政编码:100717
http://www.sciencep.com

成都锦瑞印刷有限责任公司印刷
科学出版社发行　各地新华书店经销
*

2021年4月第 一 版　　开本:787×1092 1/16
2021年4月第一次印刷　　印张:17
字数:406 000
定价:136.00 元
(如有印装质量问题,我社负责调换)

"高原山地生态与湖泊综合治理保护"
丛书编辑委员会

《滇池流域面源污染防控技术体系与工程实践》
编著人员

主　编：段昌群　　赵永贵

副主编：洪丽芳　　张国盛　　李　元　　戴　丽
　　　　刘嫦娥　　和树庄

编　委：付登高　　卿小燕　　苏文华　　胡正义
　　　　支国强　　洪昌海　　吴伯志　　纪中华
　　　　陆轶峰　　吴献花　　莫明和　　钱　玲
　　　　潘瑛　　　尹　梅　　张光飞　　申仕康
　　　　李　想　　李　博　　靳荣勤　　张乃明
　　　　崔晓龙　　王万禄　　付立波　　吴献花
　　　　李世玉　　刘　娉

总　序

　　滇池作为昆明人的母亲湖，曾是滇中红土高原上的一颗明珠。但自 20 世纪 90 年代以来，伴随着滇池流域社会经济的快速发展，滇池水体污染日趋严重，如何治理已成为我国三大湖泊污染治理的重点之一。作为我国严重富营养化高原湖泊的代表，滇池水体污染的原因很多，最根本的原因在于大量外源污染物源源不断地输入。进入滇池的外源污染源主要有三类，即生活源污染、工业源污染、面源污染。对前两者的污染治理主要在城市和工业区域，污染物便于收集和处理，且国内外的研究多，技术进步突出，目前整体治理成效十分显著。相形之下，面源污染来源分散，形成多样，输送过程复杂，往往成因复杂、随机性强、潜伏周期长，识别和防治十分困难。在滇池外源污染中，面源污染占比达 30%以上，成为滇池治理的难点和重点。事实上，在世界范围内，农业面源污染具有污染物输出时空高度随机、发生地域高度离散、防控涉及千家万户等特点，如何治理是全球性的环境难题。因此，如何对污染贡献高达三分之一的面源污染进行有效治理，是滇池水污染防治的关键问题。

　　根据滇池流域地形地貌特征、土地利用类型及污染物输出特征，整个流域可分为三大单元：水源控制区、过渡区与湖滨区。滇池流域先天缺水，流域内各入湖河流在进入滇池湖盆之前都被大小不同的各级水库和坝塘截留，通过管道供给城镇生产和生活用水。这些水库和坝塘控制线以上的山地区域称为水源控制区。该区域的面积为 1370km^2，占流域面积的 43%，由于水库和坝塘的作用，该区域的污染物不易直接进入滇池，通过灌溉和循环使用，只有很少(约 3%以下)的氮磷进入滇池。水源控制区以下至湖滨区之间的地带为过渡区，主要由台地、丘陵组成，面积约 1250km^2，是流域面源山地径流和部分农田径流形成的主要区域，坡耕地、梯地比例大，是传统农业最集中的区域，据估算，入湖面源负荷中一半以上来自该区域。过渡区至湖岸之间的地带为湖滨区，主要是环湖平原，面积约300km^2，农田径流和村落污水是该区域的主要面源污染来源，而且农田大多为设施农业所主导。虽然面积不大，但单位面积污染负荷大，因临近滇池，对湖泊的直接影响大。目前，滇池过渡区和湖滨区的相当部分被昆明市不断扩展的城市、城镇和工厂企业所割据，导致滇池流域的景观要素高度镶嵌，面源污染的形成和迁移过程高度复杂。不仅如此，滇池流域雨旱季分明，降雨十分集中，雨季前期暴雨产生的地表径流携带和转移的污染负荷量大，面源污染的发生高度集中在这个时段。滇池流域面源污染时空格局的复杂性在国内外十分突出，对它的研究和防控需要把山地生态学、流域生态学与湖泊水环境问题有机结合起来，属于湖泊污染与恢复生态学领域的重大科技难题。

　　滇池生态环境问题研究始于 20 世纪 50 年代曲仲湘教授指导研究生对水生生物的研究。对水环境的研究始于 20 世纪 70 年代末，曲仲湘、王焕校教授先后组织研究力量对湖泊生物多样性、重金属污染开展工作，而针对流域面源污染问题在"六五"期间才纳入滇池污染防治的工作内容，较为深入的研究始于"七五"期间，当时，中国环境科学院组织多家单位在滇池开展攻关研究，在"八五"期间中国环境科学院继续开展滇池流域城市饮用水源地面源污染控制技术研究，同期，云南大学等单位开展流域生态系统与面源污染特征研究，"十五"期间清华大学等单位组织开展滇池流域面源污染控制技术，中国科学院南京土壤研究所等完成"863"课题（城郊面源污水综合控制技术研究与工程示范），这些都为当时治理滇池提供了重要的科技支持。但是，进入 21 世纪以后，滇池流域成为我国城市化发展、产业变更最大的区域之一，这势必导致湖泊水环境恶化的主控因素在不同阶段存在明显的差异，如何科学分析不同阶段滇池面源污染的规律，形成控制对策，有针对性地开展技术研发，通过工程示范推进滇池流域面源污染的治理，从而取得经验并对未来滇池治理工作提供启示，进而为我国其他类似湖泊的治理提供参考背景和科学指导，显得尤其紧要和迫切。

近十年来，云南大学组织国内优势研究力量，在课题组长段昌群教授的领导下，通过云南省生态环境科学研究院、云南省农业科学院、云南农业大学、中国农业科学院、中国科学院大学等多家参与单位以及 160 多名科技人员持续 10 余年的联合攻关，在"十一五"期间承担完成了国家重大科技水专项课题"滇池流域面源污染调查与系统控制研究及工程示范"（2009ZX07102-004），基本掌握了滇池流域面源污染在新时期的产生、输移、入湖的规律，在小流域汇水区的尺度上研究面源污染控制技术，进行工程示范。"十二五"以后，又进一步承担完成国家水专项"滇池流域农田面源污染综合控制与水源涵养林保护关键技术及工程示范"（2012ZX0710-2003）课题，针对滇池流域降雨集中、源近流短、农田高强度种植、山地生态脆弱、面源污染强度大等特点，集成创新大面积连片多类型种植业镶嵌的农田面源控污减排、湖滨退耕区土壤存量污染的群落构建、新型都市农业构建与面源污染综合控制、山地水源涵养与生态修复等关键技术，形成山水林田系统化控污减排、复合种植与水肥联控的农业面源污染防控技术和治理模式的标志性成果；建成农田减污和山地生态修复两个万亩工程示范区，示范区农田污染物排放总量减少 30%以上，农村与农业固体废弃物排放量削减 25%，面山水源涵养能力提高 20%以上，圆满完成了国家水专项对课题确定的技术经济指标，为昆明市农业转型发展及其宏观决策提供了技术支撑，为我国类似的高原湖泊在快速城镇化条件下的面源污染治理提供了科学借鉴。

在国家重大科技水专项领导小组和办公室的指导下，在参与单位的积极支持下，云南大学国家重大科技水专项滇池面源污染防控课题组圆满完成了各阶段的研究任务，顺利通过课题验收。根据国家重大科技水专项成果产出要求，课题承担单位云南大学组织工作组，对近十年的研究工作进行综合整理。秉承"问题出在水面上，根子是在陆地上；问题出在湖泊中，根子是在流域中；问题出在环境上，根子是在经济社会中"的系统生态学理念，编写完成"高原山地生态与湖泊综合治理保护"丛书，主要从陆域生态系统的角度化解水域污染负荷问题，为高原湖泊以及其他类似污染治理提供借鉴。

在课题执行和本书编写过程中，得到国家科技重大水专项办公室、云南省生态环境厅、昆明市人民政府、云南省水专项领导小组办公室、昆明市水专项办公室、昆明市滇池管理局、昆明市农业农村局等相关局(办)的大力支持，得到国家水专项总体专家组、湖泊主题专家组、三部委监督评估专家组、项目专家组的指导和帮助，对此表示由衷感谢。

　　云南大学长期围绕高原湖泊，从湖泊全流域生态学、区域生态经济的角度进行综合研究。本系列丛书的整理，不仅是对我们承担国家重大科技水专项工作的阶段性总结，也是对云南大学污染与恢复生态学研究团队多年来开展高原湖泊治理、服务区域发展、支撑国家一流学科建设工作的回顾和总结，更多的工作还在不断延续和拓展。研究工作主要由国家水专项支持，书稿的研编和数据集成整理得到云南省系列科技项目（2018BC001，2019BC001）、人才项目（2017YLXZ08，C6183014）、平台建设项目"高原山地生态与退化环境修复重点实验室"（2018DG005）和"云南省高原湖泊及流域生态修复国际联合研究中心"（2017IB031）的支持，并纳入"云南大学服务云南行动计划项目"（2016MS18）工作中。

　　由于编著者水平经验有限，书中难免出现疏漏，恳请专家同行和读者不吝指正。

云南大学国家重大科技水专项滇池面源污染防控课题组

2019 年 8 月

前　言

　　滇池是我国众多湖泊中水环境保护与经济社会发展矛盾最突出、水体富营养化发展速度最快的高原湖泊，也是我国湖泊水环境治理的难点之一。自 20 世纪 80 年代末以来，滇池污染严重出现全湖富营养化现象。经过 30 多年的治理，特别是"十一五"以来昆明市及云南省紧紧抓住国家加大"三湖"治理力度的机遇，以污染物减排为核心，滇池治理全面提速。目前，滇池水环境及其流域污染防控的基本态势是：发展与保护的矛盾突出，污染排放总量持续增加，但随着城市水污染防治体系和湖滨带功能的逐步完善，流域的城市生活点源和部分城市面源污染物已得到有效拦截与去除，污染物整体入湖负荷下降，然而，农村农业面源在整个流域不断扩展，农业面源正向过渡区和水源区转移和扩散，全流域面源污染的规模和负荷在空间格局出现新态势，面源治理研究、治理任务十分繁重。

　　面源污染一直是驱动滇池富营养化发展的重要力量，具有污染源头多、范围广、污染物产生和输移过程复杂、时空变动的不确定等特点，成为包括滇池在内的湖泊污染削减和环境治理的难题。随着滇池流域工业污染源和昆明城市生活源的有效治理，农村及面山的污染对滇池水环境治理及富营养化防治的制约作用日趋突出，已成为滇池污染治理面临的重大障碍和急需破解的重大科技问题。

　　根据国家重大科技水专项的顶层设计及滇池流域农业及面山污染的现状特点，本研究在面源污染调查研究的基础上，围绕湖盆区城市化迅猛扩张、农业结构快速变化，流域面山"五采区"（指采矿区、采沙区、取土区、采石区、砖瓦窑地）、富磷带及农田秸秆的面源污染贡献增大，水源涵养功能和清水机制难以达到湖泊治理的要求等突出问题，以小流域或汇水区为控制单元，对研发形成的一系列单项技术进行遴选和集成整合，在四个不同片区（设施农业、湖滨退耕区，面山地区，五采区，新型农业区）进行整装并开展工程应用，经过归纳和提炼，形成了系列技术体系。通过将这些技术在典型区域集中进行技术应用和工程示范，建成了具有较大规模的农业清洁生产和水源涵养林保护综合示范区，在示范区取得了污染物排放总量减少 30%以上，水源涵养能力提高 20%以上的成效，提炼并形成了"结构减污、源头控制、过程削减、循环利用"的流域面源污染整体优化防控技术体系。本书就是对此研究成果进行总结归纳，重点围绕流域规模化农田面源污染综合控制、新型农业面源污染综合控制、流域湖滨退耕区面源污染综合控制、流域面山水源涵养林保护等方面进行著述，供相关科技人员和管理人员参考。

　　本研究在组织开展和书稿编写中得到了昆明市水专项办、昆明市农业农村局、昆明市滇池管理局、昆明市生态环境局、昆明市林业和草原局、昆明市园林绿化局、昆明市国土资源局、昆明市水务局、昆明市统计局、昆明市气象局、昆明市测绘研究院、昆明市自然资源和规划局、昆明市扶贫开发办公室、云南省生态环境科学研究院等的大力支持，谨此一并致谢。

鉴于我们水平有限，存在疏漏之处请批评指正。

云南大学国家重大科技水专项滇池面源污染防控课题组

2019 年 9 月

目　　录

第一章　滇池流域面源污染防控形势

滇池是我国第六大淡水湖泊，位于云贵高原中部，地处长江、珠江和红河三大水系分水岭地带，居长江上游金沙江普渡河支流上。流域内地势由北向南逐渐降低，地处东经 102°29′~103°01′，北纬 24°29′~25°28′，流域面积 2920km²，南北长 114km，东西平均宽 25.6km。滇池流域属亚热带气候，多年平均气温 14.7℃，多年平均降水量 927.4mm，约 80%的降水集中在雨季，流域内多年平均水资源量为 5.4 亿 m³。

滇池流域经济和社会发展水平是云南省较高的区域。流域面积占全省总面积的 7.6‰，2006 年滇池流域人口总数为 340 万，其中昆明主城人口 284 万，农村人口 65 万，是云南省人口最密集地区，也是云南省的政治经济文化中心。2005 年流域 GDP 为 844.6 亿元，占全市 GDP 的 79.5%。

在国家重大科技水专项组织开始工作的 2005 年，滇池处于严重富营养化阶段。其中滇池草海处于重度富营养状态，水质为劣 V 类，主要超标指标为生化需氧量（BOD_5）、氨氮（NH_3-N）、总氮（TN）、总磷（TP）；外海处于中度富营养状态，水质为 V 类，主要超标指标为高锰酸盐指数、总氮、总磷。滇池流域 29 条入湖河流中，纳入监测的 13 条主要入湖河流中，进入草海的 4 条河流水质均为劣 V 类。进入外海的 9 条河流中，除大河、东大河水质为 V 类外，其余均为劣 V 类。主要超标指标为化学需氧量、生化需氧量、总氮、总磷、氨氮。滇池流域 18 个国控断面中，劣 V 类水质断面占 55.6%，V 类水质断面占 38.9%，IV 类水质断面占 5.5%。滇池流域 7 个主要地表饮用水源中，松华坝水库、宝象河水库、柴河水库、自卫村水库水质达 IV 类地表水标准，大河水库、双龙水库及洛武河水库水质达 III 类地表水标准。主要污染指标是总氮、总磷。

20 世纪 80 年代起，滇池水质恶化加剧，至 90 年代水污染已相当严重，1998 年，滇池被国家列为重点治理的"三河、三湖"之一。2005 年，全流域排放的化学需氧量、总氮、总磷分别为 41986t、9810t、927t。工业源和城镇生活源共排放污水 2.61 亿 m³，化学需氧量、总氮和总磷排放量分别为 20000t、6750t 和 445t。流域内非点源污染产生的化学需氧量、总氮、总磷占流域污染物总量的 29%、21%、32%，农村面源污染加剧，导致流域水环境特别是饮用水源污染加重。

1.1 滇池流域污染状况与面源污染问题

1.1.1 滇池湖泊水质状况分析

1. 湖泊水质现状

国家重大科技水专项启动后,课题及项目组对滇池流域的污染情况进行了较为系统的梳理和综合调查。结果表明,2009 年滇池草海全年水质均为劣 V 类,湖泊综合营养状态指数为 82.42,属于重度富营养状态。主要超标污染物为总磷、总氮、化学需氧量。与草海的功能区水质目标相比(IV 类水质标准),总磷、总氮和化学需氧量的年均超标倍数分别为 12.9 倍、8.2 倍和 0.3 倍(表 1-1)。

表 1-1　2009 年滇池水质监测断面达标情况表

水域	断面	高锰酸盐指数			总氮			总磷		
		年平均浓度/(mg/L)	水质类别	水质达标率/%	年平均浓度/(mg/L)	水质类别	水质达标率/%	年平均浓度/(mg/L)	水质类别	水质达标率/%
草海	草海中心	13.33	V 类	75.0	13.81	劣 V	0.0	1.39	劣 V	0.0
	断桥	11.87	V 类	83.3	19.77	劣 V	0.0	1.52	劣 V	0.0
外海	灰湾中	11.80	V 类	91.7	2.83	劣 V	16.7	0.20	劣 V	58.3
	罗家营	11.08	V 类	91.7	1.83	V	75.0	0.14	V	83.3
	观音山东	11.25	V 类	91.7	2.23	劣 V	41.7	0.14	V	91.7
	观音山中	11.19	V 类	100.0	2.12	劣 V	58.3	0.13	V	91.7
	观音山西	11.54	V 类	83.3	2.05	劣 V	50.0	0.17	V	75.0
	海口西	13.89	V 类	83.3	1.88	V	58.3	0.13	V	100
	滇池南	10.58	V 类	91.7	1.82	V	75.0	0.12	V	100
	白鱼口	11.29	V 类	91.7	1.94	V	41.7	0.14	V	100

2009 年,滇池外海全年水质为劣 V 类,湖泊综合营养状态指数为 67.55,属于中度富营养状态。主要超标因子为化学需氧量、总磷、总氮。与外海的功能区水质目标相比(III 类水质标准),化学需氧量、总磷和总氮的年均超标倍数分别为 1.69 倍、1.66 倍和 1.12 倍。可见,化学需氧量、总磷、总氮超标,是滇池污染现状的主要问题。

2. 湖泊水质变化趋势分析

1)水体营养水平

2004 年以来,滇池草海均保持劣 V 类水质,综合营养状态指数总体呈增大趋势(图 1-1)。2006 年以来,滇池外海水质也退化为劣 V 类,截至 2009 年,综合营养状态指数总体呈增大趋势,其上升速度与草海相似(图1-1)。

虽然近年来滇池治理力度很大,但滇池水体的营养水平仍呈缓慢上升趋势(图1-1)。

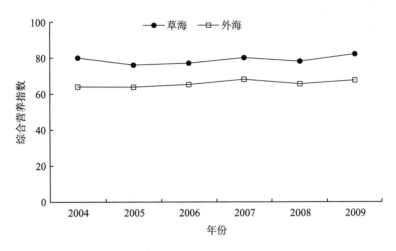

图1-1　近年滇池营养综合指数变化图

2)主要污染因素

2004年以来(图1-2),草海COD浓度呈现明显的下降趋势,2009年COD年均浓度为41mg/L,略超地表水V类标准要求;氨氮浓度近年来呈现明显上升的趋势(图1-2、图1-3),2009年年均浓度达到13.0mg/L,超过V类水质标准值5倍。滇池草海的总氮和总磷浓度均呈现增大的趋势,且总氮浓度增大的速度大于总磷(图1-3)。相对于地表水IV类水质标准,滇池草海总氮和总磷的超标倍数均为4~8倍。滇池草海富营养化形势十分严峻,且呈现越来越严重的趋势。

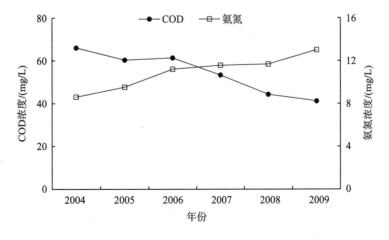

图1-2　2004~2009年草海COD和氨氮浓度变化

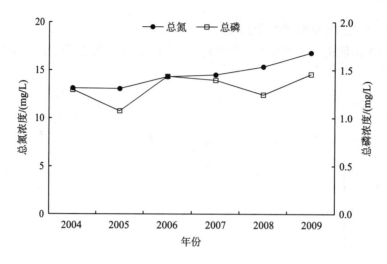

图 1-3 2004～2009 年草海总氮和总磷浓度变化

滇池外海的 COD 和氨氮浓度均呈现缓慢下降的趋势（图 1-4），表明外海水质呈现好转的势态。滇池外海总氮浓度呈现上升的趋势，而总磷的浓度呈现下降趋势（图 1-5）。总体上外海的富营养化程度轻于草海，目前总氮浓度未达到 V 类水质标准，超标倍数为 0.5 倍左右；总磷浓度已经达到 V 类标准要求，但仍然超过 IV 类标准要求。总氮、总磷距离 III 类水体功能的要求仍有差距。

目前滇池整体污染与治理正处于相持阶段。草海污染氨氮较突出，外海污染 COD 较突出。未来几年的主要治理任务是 COD、TN、TP 的持续削减。

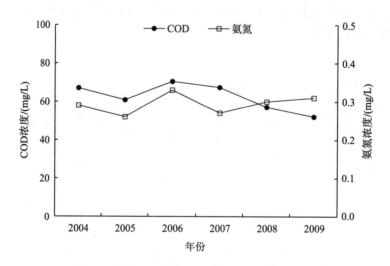

图 1-4 2004～2009 年外海 COD 和氨氮浓度变化

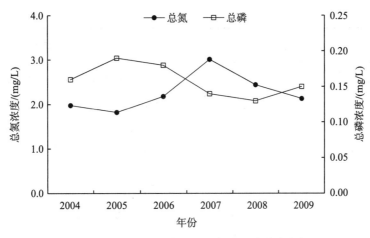

图 1-5　2004～2009 年外海总氮和总磷浓度变化

1.1.2　滇池入湖河流水质状况分析

1. 主要入湖河流水质现状

2009 年滇池流域实施水质监测的河流共有 29 条(表 1-2)。其中进入草海的 7 条河流,其功能为IV类,目前水质均为劣V类,水质的有机污染相当严重,主要污染物是氨氮和COD,其中有机污染最为严重的是新运粮河。

进入外海的河流功能为III类,目前洛龙河、东大河水质良好,达到地表水III类水标准;大青河有机污染最为严重,新宝象河、采莲河的有机污染也较为严重,主要污染因子分别是氨氮和 COD、TN 和 BOD_5。

滇池 COD、TN、TP 污染严重,显然和河道污染是相对应的。城市河道的年均污染水平居高不下,仍是滇池流域污染物大量入湖的主因。农业区茨巷河(原柴河)、城河(中河)的污染不容忽视,尤其因为采用年均值判断,可能掩盖了面源污染季节性变化问题。

表 1-2　2009 年主要入滇池河流水质状况

	项目测点	水质类别	综合污染指数	主要污染指标(超标倍数)
进入草海河流	船房河	劣V	1.13	氨氮(4.0)、化学需氧量(0.7)、总磷(0.6)、BOD_5(0.1)
	西坝河	劣V	1.96	氨氮(8.2)、BOD_5(4.7)、COD(2.8)、总磷(2.8)、高锰酸盐指数(0.9)、挥发酚(0.3)
	新河(新运粮河)	劣V	3.89	氨氮(18.3)、BOD_5(14.7)、COD(7.6)、总磷(6.6)、挥发酚(3.3)、高锰酸盐指数(1.3)
	运粮河(老运粮河)	劣V	1.45	氨氮(6.0)、总磷(4.9)、BOD_5(2.3)、COD(1.6)、高锰酸盐指数(0.2)
	乌龙河	劣V	1.46	氨氮(5.1)、BOD_5(3.6)、总磷(2.1)、COD(2.0)、高锰酸盐指数(0.2)
	大观河	劣V	1.14	氨氮(4.4)、总磷(2.1)、BOD_5(0.4)、COD(0.9)、高锰酸盐指数(0.2)

续表

项目测点		水质类别	综合污染指数	主要污染指标(超标倍数)
进入草海河流	王家堆渠	劣V	1.46	氨氮(7.6)、总磷(4.6)、COD(1.7)、BOD$_5$(1.3)
出滇池	螳螂	劣V	0.75	汞(2.5)、高锰酸盐指数(0.3)、镉(0.2)
进入外海河流	盘龙江	劣V	0.85	氨氮(3.4)、总磷(0.9)、BOD$_5$(0.1)
	大青河	劣V	1.86	氨氮(10.7)、总磷(4.5)、BOD$_5$(1.6)、COD(1.2)、高锰酸盐指数(0.4)
	采莲河	劣V	2.51	氨氮(12.1)、总磷(5.3)、BOD$_5$(4.4)、COD(2.2)、挥发酚(2.2)、高锰酸盐指数(1.0)
	新宝象河	劣V	0.82	氨氮(1.2)、总磷(0.5)
	洛龙河	III	0.39	—
	大河(白鱼河)	V	0.67	COD(0.3)
	东大河	IV	0.55	—
	五甲宝象河	劣V	0.91	氨氮(1.8)、BOD$_5$(0.9)、总磷(0.6)、COD(0.5)、高锰酸盐指数(0.2)
	六甲宝象河	劣V	1.65	氨氮(7.9)、总磷(2.5)、BOD$_5$(2.1)、COD(1.2)、高锰酸盐指数(0.7)
	老宝象河	劣V	0.70	总磷(2.9)
	虾坝河	劣V	0.68	高锰酸盐指数(0.5)、BOD$_5$(0.4)、COD(0.1)、氨氮(0.1)
	金家河	劣V	1.24	氨氮(5.8)、总磷(2.5)、COD(1.4)、BOD$_5$(0.9)、高锰酸盐指数(0.1)
	小清河	劣V	1.36	氨氮(6.6)、总磷(1.3)、BOD$_5$(0.9)、COD(0.5)、高锰酸盐指数(0.3)
	海河	劣V	1.70	氨氮(9.6)、总磷(4)、BOD$_5$(1.4)、COD(1.0)、高锰酸盐指数(0.5)
	胜利河(捞渔河)	IV	0.49	—
	南冲河	劣V	0.66	COD(0.6)
	马料河	劣V	1.02	氨氮(2.9)、总磷(0.8)、BOD$_5$(0.2)
	茨巷河(原柴河)	劣V	0.81	氨氮(1.5)
	城河(中河)	劣V	0.63	氨氮(1.1)、COD(0.3)
	古城河	劣V	0.55	COD(0.1)
	淤泥河	IV	0.61	—

2. 入湖河流水质变化趋势

入草海的各条河流中，近年来新运粮河的有机污染呈现越来越严重的趋势，COD 和氨氮浓度逐年增大(图 1-6)。乌龙河和船房河的水质显著改善，COD 和氨氮浓度在 2008 年以来显著下降。入外海的河流中，2008～2009 年经过整治的河流(大青河、新宝象河、盘龙江、茨巷河、柴河、大河等)水质均有明显改善，表明河道整治工作取得了良好的效果，但大多数河流离功能要求仍有较大距离。新宝象河污染呈上升趋势，显然与汇水区城市化密切相关。

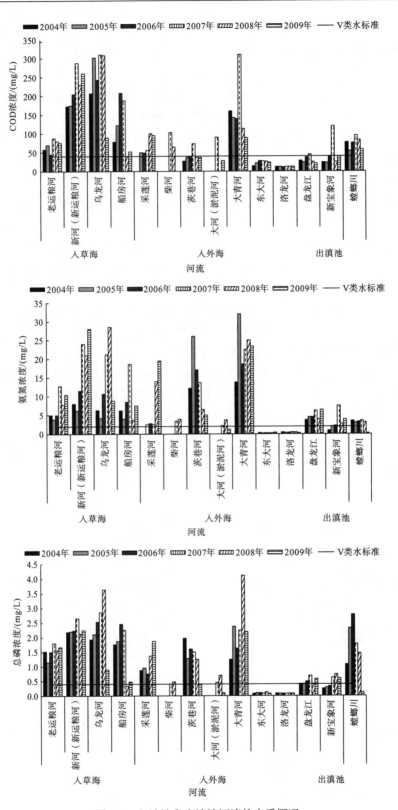

图 1-6 入滇池和出滇池河流的水质概况

1.1.3 滇池面源污染状况分析

从 20 世纪 90 年代以来，虽然滇池水污染迅速恶化的趋势得到遏制，但污染物产生量依然持续增加。其中，1988～2000 年污染物总体上增速较高，2000 年以来递增趋势减缓(徐晓梅等，2016)。在污染物产生总量中，工业污染得到有效控制，产生量显著降低；生活污染源贡献最大，面源污染产生量总体呈现上升态势，二者共同形成滇池污染产生量增加的主导因素。

滇池治理中，城市点源污染和生活源污染下降很快，但流域面源污染依然居高不下(陈吉宁等，2004)。1988 年滇池面源污染负荷的统计估算值为 TN 1469t、TP 205t、COD_{Cr} 2439t (Xia et al.，2017)，分别占滇池污染总负荷的 31%、45% 和 12%。到 2000 年面源污染产生绝对量显著上升，其中 TN 3786t、TP 662t、COD_{Cr} 23011t，占滇池污染物总量的比例分别为 27%、45% 和 37%。10 余年的情况对比发现，面源 TN、TP、COD_{Cr} 产生量大幅度增加。2005 年以来，面源污染年均总产量为 TN 2000t、TP 300t、COD_{Cr} 12000t，占流域污染物总量的 25%～30%。面源污染负荷虽有小幅度的下降，但依旧在高位上运行，尤其是面源中的磷成为滇池富营养化发展的重要驱动力。

滇池治理是一个系统工程，即使点源污染实现全面控制达到零排放，也仅能控制 70% 左右的营养盐和有机污染，来自农村面源的污染物仍然使滇池面临湖泊富营养化问题。因此，滇池农村面源污染治理是滇池水环境好转和湖泊综合治理的重要组成部分。

根据"十一五"期间的研究成果，滇池流域面源污染的总氮污染贡献略低于城市生活污染，远高于工业污染(图 1-7)，而总磷污染贡献上升的态势十分突出。从面源污染构成看，主要来源为化肥流失和种植业秸秆(表 1-3，图 1-8)。

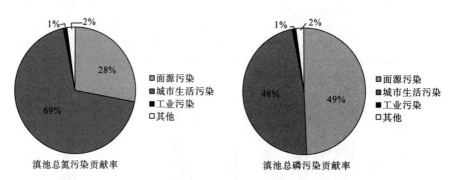

图 1-7　2008 年面源污染对滇池入湖总量的贡献

表 1-3　2009 年滇池流域各污染源的污染物排放量

来源	全流域/(t/a)	城市生活/(t/a)	工业生产/(t/a)	农业农村面源/(t/a)	农业农村面源所占比例/%
COD	95213	58979	15234	21000	22
TN	22575	12127	903	9545	42
TP	2887	1033	116	1739	60

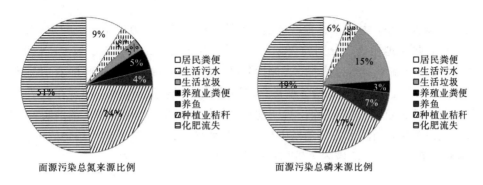

图 1-8 2008 年面源污染构成

1. 农业面源污染现状

滇池流域养殖业已于 2008~2010 年基本退出流域，所以养殖业的污染已基本解决。

滇池流域城区面源污染主要由下水道积累、地面屋顶沉积物在城区径流的冲刷下形成。目前，昆明市正在进行清污分流管网改造，随着清污分流的全面完成，城市面源污染将逐步得到全面解决。

除城区以外，滇池流域面源污染主要由山地的水土流失、农业种植区的水肥流失、秸秆污染、村落污水构成。

滇池流域土地类型以林地为主，面积为 991.9km²，占整个流域面积的 34.2%，主要分布在松华坝水源保护区范围内，耕地面积为 636.4km²，占流域土地总面积的 21.9%，主要分布在滇池盆地、嵩明县的白邑坝子内海拔 2300m 以下的中山、丘陵地带。

"十一五"期间的研究结果表明，土壤养分水平、养分流失水平与土地利用方式密切相关。现状施肥水平见表 1-4。

表 1-4 2008 年滇池流域施肥量统计表

县区	肥料施用量(折纯)/t	五氧化二磷/t	氮/t	单位面积用量/(kg/亩①)
五华	2228.87	888.30	1340.57	58
盘龙	2016.84	623.23	1393.61	41
官渡	6730.33	2069.10	4661.23	68
西山	4007.37	1169.79	2837.58	59
呈贡	8124.04	2881.17	5243.04	84
晋宁	11870.04	3589.12	8280.92	54
合计	34977.49	11220.71	23756.95	-

根据"十一五"期间调查结果表明，全流域土壤有机质以大棚、大棚拆除区、坝平地最高，分别达到 3.9%、4.1%和 3.7%；而林地、坡地、台地基本相当，为 2.6%~2.9%。

———————————————
① 1 亩≈666.7 平方米。

土壤含氮量差异很小，其中，林地、坡地、台地较低，分别为0.9‰、1‰和1.3‰，大棚、大棚拆除区、坝平地稍高，分别为2‰、1.8‰和2‰。总磷量以林地、坡地、台地较低，分别为2.7‰、3.5‰和3.8‰；大棚、大棚拆除区、坝平地较高，分别达到6‰、10‰和7‰，为较低区域的2~3倍。此外土壤总磷量存在局部差异，最低值0.3‰，出现在晋宁古城山，最高值出现在西山友谊村，马金铺、竹园均有高值检出，这与当地有磷矿的地质背景有关。

在降雨过程中，面源污染物随暴雨径流进入河道，成为滇池入湖污染物的重要构成之一（表1-5）。其中包含了流域内大量秸秆废弃物的作用，见表1-6。

表 1-5　不同暴雨径流区污染物输出水平

区域	COD/(mg/L)	TN/(mg/L)	TP/(mg/L)
城区	146.41	32.94	3.57
城乡二元型区域	53.53	4.07	0.91
农村郊区	38.20	7.65	0.97
磷矿开采区	5.87	6.83	2.34
水源区	29.13	1.59	0.36

表 1-6　秸秆产量及其去向

	五华区 /(10⁴t)	盘龙区 /(10⁴t)	官渡区 /(10⁴t)	西山区 /(10⁴t)	呈贡县 /(10⁴t)	晋宁县 /(10⁴t)	合计 /(10⁴t)	比例/%
产生量	1.11	1.39	3.26	1.72	1.41	4.09	12.98	100
丢弃量	0.01	0.02	0.02	0	0.02	0.05	0.12	0.9
田间焚烧量	0.03	0.19	0.89	0.62	0.85	1.01	3.59	7.1
还田量	0.01	0.07	0.06	0.03	0.03	0.07	0.27	2.1
堆肥量	0.39	0.11	0.11	0.16	0.03	0.35	1.15	8.9
饲料	0.64	0.93	2.16	0.91	0.27	2.4	7.31	56.3
燃烧	0.01	0.02	0.01	0	0.21	0.21	0.46	3.5
原料	0	0.04	0	0	0	0	0.04	0.3
其他	0.02	0.01	0.02	0	0	0	0.05	0.4

2. 农业面源污染变化趋势

随着城市规模的不断扩张，坝平地区域的良田逐步城市化，农业区总体规模逐步缩小，区域分布逐步向南部（晋宁）收缩，农业种植区向坡台地和面山及山地转移。

随着城乡一体化工作的推进，撤村并镇，统一建设集镇供排水和污水处理系统将成为解决农村村落污水处理问题的主流方式。现状污染分散、没有完善的下水系统的情况将彻底改观。

随着滇池流域"四退三还一护"工程的实施，滇池湖滨区逐步退田还湖、还湿地，由于湖滨湿地、湖滨林带原为大棚蔬菜花卉区，累积污染物的释放将是一个缓慢的过程，需要采取一些相应的污染治理措施。

根据农业产业结构调整计划，滇池流域现状高水高肥型鲜切花和大棚蔬菜种植将转移到流域以外去,产值较低的粮食作物种植也将转移到水源区和流域外去。滇池流域农业以都市型现代农业为主。工业化的园区农业,生态化的立体农业、无土农业,高产值的休闲农业、观光农业、园林植物种植将成为农业的主要形式。污染排放形式、特点将发生相应的变化,同时需要相应的生产和污染控制技术指导,保证污染水平的有效降低。

随着城乡一体化进程的推进,面山区域面临着兼顾水土流失控制、景观建设的任务。采砂、采石、采矿、采土和废矿区的复垦是面山生态建设的重点工作之一。

随着养殖业从流域彻底退出,田间秸秆作为饲料的出路将逐步减少,需寻求新的出路。

1.1.4　滇池流域面源污染防治政策措施

滇池流域面源污染控制政策措施主要集中在"十一五"期间出台(Liu et al.,2015;Liu et al.,2016),充分体现了政府加大力度、加快步伐治理滇池的行政理念。

1. "四退三还一护"政策

2009 年 7 月,昆明市政府公告,建设和恢复滇池湖滨良性生态系统,推进滇池治理的进程,改善区域人居环境和生态环境,提高人民群众生活质量。结合新农村建设和"迁村并点"工作,强势推进"四退三还一护"工程,加快滇池治理步伐,推进城乡一体化进程,努力实现人与自然的和谐发展。实施范围原则上为滇池保护界桩外延 100m 以内区域(如遇环湖公路在界桩外延 100m 范围内的,以环湖公路为界限)的环湖生态修复核心区(约 33.3km^2 的区域)。沿滇池周边官渡、呈贡、晋宁、西山,要退田还林、退塘还湿、退房还岸、退人护水。设湖岸亲水型湿地带,在环湖公路沿线两侧建设生态林带。

此政策的出台,将大大削减湖滨区农业面源污染,并有利于形成生态保护屏障。

2. "一湖两江"流域禁止畜禽养殖的规定

2008 年 9 月,昆明市政府宣布,在"一湖两江"流域保护区范围内禁止新建、扩建、改建畜禽养殖场(户)、小区,自 2008 年 12 月 31 日起,在"一湖两江"流域保护区范围内禁止散养畜禽。2009 年 12 月 31 日起,在"一湖两江"流域保护区范围内禁止规模畜禽养殖场(户)、小区的畜禽养殖(母猪存栏 50 头以上或生猪常年存栏 200 头以上;肉鸡、蛋鸡常年存栏 5000 羽以上;牛(包括奶牛)常年存栏 50 头以上;羊常年存栏 200 只以上;鹅常年存栏 500 只以上;鸭常年存栏 5000 羽以上;兔常年存栏 500 只以上)。但经县级畜牧主管部门和环保、滇管部门审核验收,达到环境保护、滇池保护要求的,可以申请逐步搬迁或者关闭。

相关的一些规定和通知还包括:中共昆明市委办公厅、昆明市人民政府办公厅《关于印发农村"六清六建"工作实施方案及其考核办法和问责规定等八个文件①的通知》(昆办

---

① 六清六建的文件包括:《关于清理农村垃圾建立垃圾管理制度的实施方案》《关于清理乱搭乱建建立村庄容貌管理制度的实施方案》《关于清理农村粪便建立人畜粪便管理制度的实施方案》《关于清理农作物秸秆建立秸秆综合利用制度的实施方案》《关于清理农村区域工业污染源建立稳定达标排放制度的实施方案》《关于清理河道建立农村水面管护制度的实施方案》。

通〔2010〕81 号);《昆明市人民政府关于在滇池流域范围内限制畜禽养殖的公告》,昆明市人民政府公告 2008 年第 16 号;《昆明市"十二五"农业发展规划》。

上述政策和规定的出台,为控制滇池流域养殖业污染提供了有力保证。

1.2　面源污染防控存在的问题及科技需求

1.2.1　存在的问题

1. 滇池流域面源污染成因和输移过程特殊,变化剧烈,治理难度大

1) 面源污染空间分布高度离散

滇池流域是先天缺水的地区,流域内各入湖河流在进入滇池湖盆之前都被大小不同的各级水库和坝塘截留,而且主要用于城镇生活用水,这些水库和坝塘汇水区中所输出的面源污染随着生活用水转化为城市生活污染源和工业点源,这些区域因此被称为水源控制区。水源控制区以下至湖滨区之间的地带为过渡区,主要由台地、丘陵组成,该区域是流域面源山地径流和部分农田径流形成的主要区域,也是传统农业最集中的区域,污染负荷比例大。过渡区至湖岸之间的地带为湖滨区,该区域主要是环湖平原,土地利用强度大,村落密集,农田径流和村落污水是该区域的主要面源污染来源,而且生产方式以设施农业为主导。因距离近,直接入湖,对湖泊的影响最直接。因此,过渡区和湖滨区就成为滇池面源污染负荷削减的关键区域。

在滇池流域,北部平坦的湖盆地和台地已被建成为昆明的主城区,东部地势平缓的湖盆地成为已建或规划待建的东市区,西部陡峭几乎没有太大的利用空间,而南部的晋宁所拥有的山地、半山地、湖盆地就成为未来农业发展的中心地带,也成为未来农村面源污染的主要策源地。

2) 滇池面源污染发生时间高度集中

滇池流域地处亚热带季风气候区,雨季旱季分明,而且大多数降雨主要分布在 5~10 月(段昌群等,2010),其中雨季地表径流是造成面源污染输移的主要驱动因素。在雨季,地表径流携带大量的污染物,汇入河道,经河道流入滇池。尤其是雨季的暴雨产生的径流量大,携带和转移污染能力强,截留集中治理难度大,从而成为控制入湖污染负荷的关键环节。

3) 湖泊高度封闭,要求源头化解

高度封闭的湖泊生态系统导致入湖污染的不可置换性,客观上要求面源污染削减尽可能就地分散治理(段昌群等,2010)。滇池是一个断陷湖泊,湖泊在滇池流域的低凹地,流域内的河流呈环状、向心状注入滇池,而且流域水资源严重短缺,清水补给量少,更新周期长,因此包括城市生活源和工业点源污染在内的所有污染物一旦进入滇池,由于湖泊的水体自净降解削减污染的能力极其低下,导致依靠水力更新的过程将十分漫长。在源头上化解面源污染势成为必然。

4) 土地高度利用，集中处理无土地空间

滇池流域土地资源高度开发利用，尤其是在湖盆区土地供求关系高度紧张，使环境保护专用地空间极其狭小，面源污染形成和转移进入河道后削减难度大。滇池水面面积占流域面积约 10%，汇水面积小，源近流短，天然补给水少。进入滇池的二十多条主河道大多穿越密集的农村和城区，这些区域的污染主要通过河道向滇池输移，河水污染程度高，而且河道周边及湖泊入河口自然的滩涂湿地几乎完全丧失，因此河道沿途的自净能力低下。一旦农村面源污染转入河道，进行污染治理的难度极大。因此，面源污染削减需要尽可能在源头上就地分散治理。

2. 伴随昆明市经济社会的快速发展和产业的重大调整，面源污染将呈现新的变化

1) 流域内都市服务型农业发展定位已经明确并具雏形，都市农业及其形成的面源污染将成新问题

一方面，随着城乡一体化进程和环湖生态建设，部分区域和湖滨地带的面源污染将显著削减。昆明市将加速城乡园林绿化建设，在滇池外海环湖交通路以内，加大力度开展"四退"（退塘、退耕、退人、退房）和"三还"（还湖、还林、还湿地）工作，建设湖岸亲水型湿地带，在环湖公路沿线两侧建设生态林带，同时通过产业结构调整、撤村并镇搬迁和劳动力转移，将该区域内的居民及其住房、生产用房逐步向滇池水体保护的核心区外转移，避免对滇池的直接污染。另外，在湖滨 500m 范围以内，通过农业产业结构调整等形式，全部取消农业活动，实施退耕还湖，开展生态林带和经济林带建设，做到实用性、生态性和观赏性相统一。这些政策的实施，将大大削减湖滨区农业面源污染，并有利于形成生态保护屏障。

另一方面，滇池面源污染也将出现一些变数。随着呈贡新城区的建设和发展，以花卉和蔬菜为主的农业产业中心向晋宁迁移，晋宁县花卉产业占据全省 1/7。滇池流域的富磷区域也主要分布在晋宁。流域面源污染也出现空间的迁移趋势，滇池南岸的晋宁地区将成为面源集中产生的关键地区。同时，由于可利用土地资源弹性空间变小，土地资源日益紧缺，农业、农村的发展及农民的致富诉求，双重压力势必导致对土地利用强度的加大，面源污染产生面临更多的不利变数。

"十二五"期间，随着《云南省昆明市都市型现代农业产业规划（2009—2020）》的出台，滇池流域农业产业结构优化升级，农业面源污染特征将发生相应的变化。因此，对滇池流域农业产业结构调整条件下农村面源污染变化特征展开调查，预测农业产业结构调整下不同农业类型区的面源污染产生量和输出量，研究基于流域农业面源污染防控需求的都市农业遴选方案，综合设计流域农村不同功能区面源污染防控思路和技术路线，显得十分必要。

2) 流域湖滨带退耕区成为临近湖泊新的面源污染产生区

2010 年，昆明市推行了滇池湖滨"四退三还一护"工作。旨在通过恢复与建设湖滨生态湿地和湖滨林带，形成水陆间的有效缓冲区，与截污、治污系统共同构成滇池流域水污染防治体系，逐步恢复湖泊生态系统的良性循环。根据计划，"四退三还一护"工作范围为滇池外海滇池保护界桩外延 100m（遇环湖路以环湖路为界）范围内，在该区域全面实

施退塘、退田、退房、退人，并以湖内湿地、湖滨湿地、河口湿地、湖滨林带四种建设模式开展生态建设 5 万余亩。

截至 2010 年 7 月底，整个滇池湖滨"四退三还"工作共完成退塘、退田 44552 亩，退房 91.3 万 m^2，退人 16283 人，开展湖滨生态建设 53758 亩，其中湖内湿地 11220 亩，湖滨湿地 18589 亩，河口湿地 3086 亩，湖滨林带 20863 亩。滇池湖滨"四退三还一护"工作的实施，为消除滇池湖滨直接入湖的污染源起到了关键作用，同时提高了湖滨区对入湖污染物的最后拦截作用。

滇池湖滨"四退三还一护"工作实施以后，一些原本并不突出的环境问题已上升为较明显的新问题，需要进一步解决。大棚拆除区受到地下水的季节性浸泡，原耕作层中存留的养分解吸进入地下水，随着旱季地下水位下降，进入滇池。一些鱼塘退出后，杂草丛生，淤泥堆积，逐步趋于沼泽化，失去了湖滨湿地的净化与景观功能。在滇池外海部分区域，滇池保护界桩外延 100m 与环湖路之间存在部分耕地，该区域的污染控制和土地利用协调问题同样是需要妥善解决的问题之一。

据模拟实验研究表明，湖滨区大棚在一年一度季节性淹没中，每平方千米的污染物析出量如表 1-7 所示。

表 1-7　大棚拆除区每年洗脱的污染物量

大棚使用年限/a	COD/[t/(a·km²)]	TN/[t/(a·km²)]	TP/[t/(a·km²)]
5	9.4	0.623	0.213

3. 滇池流域农业面源污染防控任务艰巨，科技的有效支持、政府的科学管理、社会运作体系的结合性均有待突破

1)面源污染贡献因素多且复杂，治理难度大

滇池流域面源污染成因复杂，根据已有的资料积累和常规监测结果的推测分析，可以对面源污染负荷居高不下的成因概括为如下几点：

(1)农业的升级换代与化肥农药的过量使用。从 20 世纪 80 年代开始，流域内，尤其是湖滨区的农业从传统种植业向现代集成农业、设施农业发展；从传统的农家肥形式，开始逐步发展到对化肥和化学农药的依赖。特别是进入 20 世纪 90 年代以后，在市场的引导和驱动下，滇池沿岸的官渡、呈贡和晋宁在优异的气候、区位条件下，开始了大规模的蔬菜、花卉的种植。由于滇池流域核心区高密度、高强度的农业开发，导致农药、化肥使用量大。蔬菜(4 茬计)花卉每年每亩施用尿素、复合肥、普钙、钾肥的用量一般为 280kg。其中氮肥 38.40kg、磷肥 18.47kg、钾肥 17.96kg、复合肥 179.89kg、中量元素 23.09kg、微量元素 2.47kg。

长期以来，农业生产中单一追求产量和经济效益，往往忽视了环境影响和生态后果。政府虽然制定了许多农业面源污染控制的法律法规和政策，但一直没能建立完善的政策监督、经济补偿、市场引导等机制，面源污染控制很难得到有效的实施。

(2)流域内植被结构单一，水土保持功能低下。滇池流域植被经过长期的人类干扰和破坏，植物群落结构单一，虽经多年的持续恢复，但植物群落的水源涵养与持水保土功能

依然十分低下；同时，流域内持续不断的矿产开发和土石开采，公路建设、房地产开发、市政基础设施建设等的不断扰动，使区域内水土流失问题依然十分突出。

(3)村落生活污染和农业废弃物污染严重。目前滇池流域内农村人口涉及 7 个县(区)，43 个乡镇及街道办事处，338 个村委会(居委会)，1321 个自然村，人数达到 734212 人，这些农村人口以农业为生，耕地面积 $3.69×10^4 hm^2$，各类作物每年种植面积 $5.70×10^4 hm^2$。庞大的农村人口的生活、生产污染，在村落集镇普遍缺乏集中收集和没有任何处理能力的情况下，以及在农耕区的沟渠、固体废弃物缺乏科学管理和有效处置的情况下，形成了严重的面源污染，增大了对滇池富营养化的贡献。

2)农村面源污染范围广，分散程度高，易被忽视，由来已久，是湖泊污染控制的难题

世界范围内，农业引起的面源污染是目前水体污染中最大的治理问题之一。美国环保局 2003 年的调查结果显示，农业面源污染是美国河流和湖泊污染的第一大污染源，导致约 40%的河流和湖泊水体水质不合格。在欧洲国家，农业面源污染同样是造成水体、特别是地下水硝酸盐污染的首要来源，也是造成地表水中磷富集的最主要原因，由农业面源排放的磷为地表水污染总负荷的 24%～71%。在我国的太湖流域，来源于农田面源、农村畜禽养殖业、城乡结合部城区面源的总磷分别为 20%、32%和 23%，总氮分别为 30%、23%和 19%，贡献率超过来自工业和城市生活等点源污染。

对滇池流域的初步研究也有类似的结论。滇池入湖河道主要有 29 条，穿过主城区的河道污染极其严重，已列入治理重点；而其他河道，即便没有穿过人口密集的城区，河流的水质基本上都是 V 类和劣 V 类，主要原因在于广泛存在的农村面源污染，使河道沟渠水系成为输送污染物质入湖的主要通道。在城市和工业污染逐步得到控制的情况下，其影响日益突出。

3)农业面源污染防控效果维持和长效运行缺乏机制保障

滇池流域农业面源污染治理的技术-政策-社会运行机制缺乏联动，措施不配套。主要表现在以下方面：

(1)退耕难度大。市委、市政府作出了在滇池流域核心区 $2920km^2$ 范围内实施"四退三还"的重大决策，实施蔬菜花卉生产"东扩南移北展"计划，这不仅是治理滇池污染的重要举措，更是推进滇池流域城乡一体化进程的迫切要求。滇池流域核心区以外的宜良、石林、寻甸、禄劝、东川等地发展蔬菜花卉生产的潜力巨大，但基础条件和栽培设施比较薄弱，远不能满足生产的需要。东扩北移进展缓慢。截止到 2010 年，环湖公路以内已退出耕地 6850 亩，缺乏必要的引导性扶持政策，进一步退耕难度较大。

(2)推广有机肥、生物肥、生物农药阻力大，困难多，工作难以开展。滇池流域有耕地 55.43 万亩，大部分还沿袭着粗放的传统农耕方式，集约化、规模化、现代化程度不高，推广新的栽培技术和有机肥，生物肥，低毒、低残留农药工作难度很大。主要原因是：使用化学肥料、农药成本低，见效快，操作方便，劳动强度低；使用有机肥、生物肥及生物农药，成本高，见效慢，劳动强度大，缺乏政策引导和资金补助，农户不易接受。

(3)市场杠杆未得到有效运用。通过对市场准入条件的控制，对农产品质量的监督，可以有效提高农产品的安全性，同时约束菜农滥用农药化肥；通过对农产品的分级补贴政策，也可以刺激农业向无公害农业、有机农业转化；扶持有机农业、无公害农业企业，引

领建立农产品分级市场，也是引导流域农业由产量型向质量型转变，减少污染，提高农民收入的重要措施。

(4)农业农村面源污染治理投资严重不足。滇池流域面源污染治理工作已经被纳入各级政府的议事日程，工业治理有资金，城市污水治理有专项投入，但农业面源污染治理仍然是个空白，对农业面源污染治理、农村生活污染的治理还没有引起足够重视。根据滇池流域"十一五"防治规划，属昆明市农业局承担的五个项目(农村面源污染控制示范工程、水源区推广沼气池、测土配方施肥技术及面源减污控释化肥技术示范、畜禽养殖污染防治、农村秸秆粪便资源化利用工程)共需投资 2.3 亿元，因经费问题推进很难。

4. 滇池面山及流域山地的生态修复和水土涵养功能修复是湖泊治理的重点

滇池是我国著名的高原淡水湖，为我国西南第一大湖，中国六大淡水湖之一。流域面积 2920km², 其中山地和丘陵面积达到 2030km², 湖滨平原(山间盆地，当地人称为"坝子")面积 590km², 湖水面积 300km², 山地、平原、水面面积比为 6∶2∶1。山地成为流域的主体，临近湖泊的面山成为湖泊最重要的景观，更成为确保湖泊生态健康的前沿区域，也是化解流域环境问题的重要屏障。治理滇池的一项重要举措就是要使面山生态功能得到恢复，使面山成为化解污染、涵养水源的重要保障，成为滇池流域绿色化、产流清水化的关键区域。

长期以来，滇池的面山环境面临两大问题的困扰：一是丰富的矿产开发引起面山自然环境遭到破坏，生物群落结构简单化，生态系统功能衰退。滇池流域分布有丰富的矿产资源，其中，前期已探明并开采的矿点有五百多个，虽然为区域经济的快速发展提供了宝贵的资源支持，但在过去相当长的一段时间，流域内的矿产资源开发尤其是"五采区"(五采区是指采矿区、采沙区、取土区、采石区、砖瓦窑地)处于无序甚至混乱的发展状态，致使流域内的生态环境遭受严重污染和破坏。为保护滇池流域的生态环境，从 2007 年 5 月起，昆明市全面开展了滇池流域和其他重点区域禁止挖砂采石取土工作。截至 2009 年 9 月，昆明市已在滇池流域关停了 437 家矿山。在大量矿山关停后，"五采区"生态环境问题在一定程度上得到缓解，但在一定时间和范围内，"五采区"尤其是废弃的矿区环境污染和生态恶化的状况还将持续存在。二是自然生态环境脆弱而敏感，在人类各种经济社会活动的扰动下，景观破碎，植被衰退，生态退化，因土壤侵蚀带来的面源污染成为影响湖泊，尤其是影响临近湖岸湖滨水环境的主导因素，因水源涵养能力丧失成为削弱湖泊水资源自我更新、水环境自我修复的重要约束力量。尤其是滇池南部大面积的富磷带，在上述两个方面的共同作用下，引起大量磷素入湖，成为流域重要的磷素来源和湖泊富营养化发展的重要驱动力。

近年来，昆明市牢固树立绿化是第一环境，第一基础设施，第一生态要素，第一景观要素的理念，以加快面山恢复为目标，着力推进滇池流域"五采区"改造，力争将昆明市建成集湖光山色、滇池景观、融人文景观与自然风光为一体的森林式、环保型、园林化、可持续发展的高原湖滨特色生态城市。由于滇池面山矿区及废弃采矿点数量众多、分布零乱、前期治理严重不足，加之滇池流域自然环境的特殊性、矿区生态环境问题的复杂性、水热土配置特点使植被修复存在很大的困难，以及其与滇池水环境质量的紧密关联性，使生态恢复和面源污染控制的一般常用技术在滇池流域的适宜性和有效性受到严重制约。从流域生态格局出发，滇池面山地区的生态环境整治十分重要，但科技支撑条件不足的情况十分突出。

有鉴于此，本课题拟在滇池面山区域开展以面源污染控制与生态重建为导向的技术研发和工程示范，旨在探索一套适宜于滇池流域主要矿区(包括磷矿采掘区、弃土(渣)场、采石(沙)场)污染控制与生态恢复的技术体系，形成一组适合水热土配置协调性差的常规造林修复困难地区的植被修复及涵养水源的技术组合，并构建具有一定规模和较好效益的示范工程，为解决湖泊面山污染控制与生态重建提供科技支撑和样板工程。

5. 滇池流域是以山地骨干地貌为主的半封闭区域，面源污染的发生和产生过程复杂，整治难度大，面山及流域山地的生态功能恢复是综合防控污染、提高陆地环境质量支撑湖泊健康的重要突破口

1)滇池面山的基本特点及解决面山环境问题的关键区域

滇池流域的很多面山邻接滇池水体，与滇池水体的距离较近，对滇池水体的直接影响较大。以小流域的分水岭为界，结合水库和流域区山地分布的海拔范围，将滇池流域面山划分为 12 个分区(柴河水库流域、小河流域、甸尾河流域、松花坝水库流域、宝象河水库流域、果林水库流域、洛龙河上游流域、横冲水库流域、松茂水库流域、大河水库流域、双龙水库流域、西山散流)。在滇池流域，北部平坦的湖盆地和台地已被建成为昆明的主城区，东部大多地势平缓的湖盆地成为已建或规划待建的东市区，这些区域的面山相对湖泊距离较远，人类的扰动强度不大，生态质量较高，当前进行修复重建的紧迫性不十分突出；滇池西部面山陡峭，而且是国家森林公园，保护和恢复的空间很小；相形之下，南部地区的面山，连接和贯通山地、半山地、湖盆地和水体，且这些面山区域废弃矿场及弃土场、富磷带集中分布，成为面山一带面源污染治理和生态建设的关键地区。

2)流域城市化、工业化快速推进，农业用地面积减少并不断向面山坡台地、水源区域转移，面山的生态压力持续加大

滇池流域过渡区是重要的鲜切花和特色蔬菜生产基地，也是农业面源污染的重要策源地。随着城市化、工业化进程的加速，以及湖滨退耕任务的强化与农业用地面积减少，必将使过渡区土地高强度使用，并不断向坡台地、水源区域转移，进而促使更多的化肥、农药的使用，导致该区域向滇池水体释放大量 N、P 污染。

占流域 60%面积的山地及其产生的径流是滇池的生态水源，全流域水资源总量的60%～70%为农业用水，使山地和农区的水资源和水环境得到提升是滇池水污染治理取得成效的重要条件。滇池流域面源污染物的重要贡献来自山地，尤其是面山一带。该区域不仅面积大，而且这些区域森林生态系统、草地生态系统、农田生态系统的退化使其涵养水源的功能降低、水土流失严重，造成地表径流和河流污染物含量增加，增加了水体的污染负荷。同时，在河道、沟渠的治理中没有采用基本的生态功能的工程治理，使河流、沟渠本身丧失了生态净化功能。因此，面山及山地区域的面源污染治理应在径流形成、汇集、流经的每一个过程中都有相应的生态治理技术。

6. 滇池面山"五采区"的面源污染严重,对该区域及富磷带面源污染的防控目前尚缺乏系统的研究和有效的技术储备

1) 滇池流域富磷带是湖泊综合治理的重点区域之一

滇池流域是我国著名的富磷带区域,也是我国三大磷矿基地之一。富磷带主要分布在滇池流域南部和东南部,伴随磷的溶蚀产生的溶解态磷和土壤侵蚀输移的颗粒态磷,对湖泊的污染贡献突出。初步估计流域内富磷带的面积近 $300km^2$,占流域面积的 10.33%。富磷带表层土壤中的含磷量远远高于本地土壤背景值,溶解态磷含量达到 $52\sim160mg/kg$,远远高于本地土壤正常溶解态磷平均含量($17.8\sim32.0mg/kg$)的水平。每年从富磷带和矿区携带入湖的磷污染负荷数量惊人,成为导致滇池湖泊富营养化加速发展的一个重要原因。

在面源污染中,长期以来对滇池富磷带的问题研究较少,缺乏系统的研究工作,对富磷带磷的动态和输移掌握水平很低,对富磷带污染治理的复杂性和艰巨性估计不足,亟须开展富磷带磷的输移特征、对滇池的污染贡献及其控制的综合研究。

2) 滇池面源污染治理和生态修复迫切需要突破富磷带污染及其治理的科技瓶颈

滇池流域近年来虽然各方面的治理取得显著成效,但是磷的污染负荷呈现递增的态势。据初步推测认为,流域南部和东南部的富磷带持续增大的磷的输移可能是其中的一个重要成因。在滇池流域面源污染方面,包括富磷带在内的多头来源的磷的污染贡献,加剧了面源污染解析和诊断的复杂性,对它的研究和整治也是湖泊污染与恢复生态学领域的重大科技难题。

长期以来,对滇池富磷带的研究不多,对富集区磷的输移及其对湖泊的影响重视不够。一方面,认为富磷带输移出来的磷主要是颗粒态磷形式,可能对湖泊的富营养化影响不大,而事实上无论颗粒态还是无机或有机态磷,一旦进入湖泊都会构成湖泊内源性的污染负荷,随时都有可能释放出来成为制约湖泊水质的重要因素;另一方面,认为"悬浮颗粒态磷"是靠地表径流搬运完成的,只要做好防治水土流失工作就算完成了治理,而事实上,颗粒态的磷化学形态是多变的,可以经物理作用、化学作用和生物作用转变为溶解态的磷,经过地表径流转移进入湖泊,而且一旦其溶解进入土壤溶液和地表径流,再进行治理难度将显著加大。因此,如何有效治理富磷带面源污染对于滇池治理十分关键。

7. 滇池面山生态修复和水源涵养功能的修复任务艰巨,科技支持下的有序推进有待突破

滇池面山植被结构单一,水土保持功能低下。滇池流域的山地和面山植被经过长期的人类干扰和破坏,植物群落结构单一,虽经多年的持续恢复,但植物群落的水源涵养与持水保土功能依然十分低下;同时,流域内持续不断的矿产开发和土石开采,公路建设、房地产开发、市政基础设施建设等的不断扰动,使区域内水土流失问题依然十分突出。因此在科技支持下如何突破面山生态修复和涵养水源功能修复对滇池水环境的综合整治十分关键。

1.2.2　国内外已有的其他科技成果

1. 国外相关技术现状与发展趋势

世界范围内,农业引起的面源污染是目前水体污染中最大的治理问题之一。美国环保局 2003 年的调查结果显示,农业面源污染是美国河流和湖泊污染的第一大污染源,导致约 40%的河流和湖泊水体水质不合格(李秀芬等,2010)。在欧洲国家,农业面源污染同样是造成水体、特别是地下水硝酸盐污染的首要来源,也是造成地表水中磷富集的最主要原因,由农业面源排放的磷为地表水污染总负荷的 24%~71%。目前,国内外对农业面源污染的治理研究集中在“汇”的治理方面(刘超翔等,2003),主要是通过一些生态技术(如:多水塘系统、缓冲带、湿地系统、土壤渗滤等),外加一些监测、管理手段。人工池塘系统和人工湿地在过滤和去除面源污染物方面具有不可替代的作用。沟渠池塘系统在某种程度上具有氧化塘、湿地功能,在一个小型区域内包括了蓄水塘、导流沟的具有截、蓄、导、排等功能的沟道工程技术,水塘可以同周围环境进行水、养分的交换,同时降低流速,使悬浮物得到沉降,对污染物有很强的滞留和净化能力。人工湿地的植被及其根系对径流进行滞留、过滤,吸收过量 N、P,对进入水体的径流进行有效净化。但这些生态工程只适用于平原地区、湖滨带、河岸滩、村镇周边等地形比较平坦的地带,是对面源污染“汇”的治理。而对面源污染“汇”的治理相当于环境工程的“末端治理”,在输入污染物低于生态工程的净化能力时,生态工程能起到较好的作用,但当“源”的输入超过人工湿地和缓冲带的吸纳和净化能力时,这些生态工程对面源污染的控制将失去作用。尤其在农业用地化肥施用量不断加大、坡耕地水土流失极其严重的情况下,汇入水体的面源污染物已远远超出了“过渡带”人工生态工程和自然生态系统的净化能力,它们的作用显得十分微弱。因此,农业山区面源污染“源”的控制研究应该是目前面源污染控制研究的重点,把源-流-汇结合起来集中控制也是目前国内外相关研究的热点(吴永红等,2011;杨林章等,2013a)。

从面源污染治理的空间特征来看,临近湖泊的面山成为湖泊最重要的景观,更成为确保湖泊生态健康的前沿区域,也是化解流域面源污染问题的重要屏障。从国际上来看,发达国家的面山治理大多采用“清空居民,给自然修复让路”的理念,而发展中国家大多人地矛盾十分突出,往往采取保护与利用相结合的方式进行。在面山治理的技术选择上,欧美国家十分强调自然恢复更新,凡是人退后自然能够恢复的,大多不进行过多干预,而人口压力比较大的区域,针对面山往往大多采用人工促进自然更新的方式进行,并把湖泊的面山修复与化解面源污染、涵养水源、景观建设有机结合起来开展工作。

对于乡村分散型生活污水,目前国外大都以分散型污水处理模式为主,分散型模式以其布局灵活、施工简单和管理方便等特点,在世界各地得到广泛应用。到目前为止,采用分散型模式处理的国家日渐增多,并取得了很好的成果。污水处理的最高目标是实现资源消耗的减量化(reduce)、产品价值再利用(reuse)和废弃物质再循环(recycle),水资源的利用要实现从“供水-用水-排水”的单向线性水资源代谢系统向“供水-用水-排水-回用”的闭环式水资源循环系统过渡。

在地中海地区,西班牙的 Carrión de los Céspedes 实验工厂所开展的关于小镇和村庄聚集体的污水治理技术已成为欧洲和整个地中海地区的参考典范,他们的技术主要有:植物过滤器(green filter)、稳定塘(stabilisation ponds)、人工湿地(constructed wetlands)、泥炭过滤(peat filters)、厌氧池和过滤器联合体(anaerobic pond and trickling filter combination)、旋转生物接触器(rotating biological contactor)等(Fahd et al.,2007)。在日本,家庭或公共区域产生的生活污水大都经过了净化槽的处理(水落元之等,2012)。这种技术结合了物理、化学和生物处理技术,构筑物中包括厌氧、好氧、沉淀和消毒等单元,具有占地少,安装简单灵活、处理效果好、回用方便等优点。挪威人口稀少,其中约25%的人口居住在没有任何集中污水收集系统的乡村地区。当地环境管理局规定,1~7户家庭组成的小型社区可以使用自己的就地处理系统。这些就地污水处理系统一般包括化粪池、配水系统和土地渗滤系统。在土壤渗透性差而不能使用土地渗滤法处理的场合,常常使用预制的集成式微型处理设备。该设备可以处理所有的家庭生活污水(杂排水及大便器排水),具体处理方法为先使用化粪池预处理,然后进行生物处理、化学处理,或者两者联合处理。

我国的科研院所针对我国村落分散、经济发展水平较低的实际进行了点状面型的污水处理方面的研究,新研究成果也不断涌现(陈吉宁等,2004;杨林章等,2018)。例如,复合植物浮床式人工湿地研究;绿色污水处理工艺研究;化学生物强化处理技术;村镇无害化、资源化水处理技术研究等。然而由于缺乏恰当的管理,村镇分散型污水处理技术尚未得到充分研究与开发,适合推广的技术与装置更少,与现代集中式污水处理方法相比,现有的传统村镇分散型污水处理要么采用的是原始技术(例如传统的水厕所或粪坑),要么技术含量低(化粪池)。此外还有池塘、人工湿地和竖流式渗滤系统等自然处理技术。即使是采用具有高级合理技术的分散型式处理系统,其实际上就是大型处理厂常用技术的微缩形式(如滴滤池或普通活性污泥工艺)。

2. 国家863、973、支撑等科技计划

本项目是国家重大科技专项水体污染控制与治理专项"十一五"阶段滇池项目第四课题"滇池流域面源污染调查与系统控制研究及工程示范课题"的延续。在"十一五"水专项的支持下,结合滇池流域面源污染全面治理和新农村建设及区域农业产业结构优化升级的需要,提炼了一整套适合不同的尺度和治理单元需求的协调高效农业和环境保护的水-土-肥资源优化利用、源-汇-流过程综合管理体系,形成了对有效治理滇池农村面源污染的技术支撑,为全流域内推广应用提供了理论指导和技术储备,为"十二五"的后继研究奠定了良好的基础。

本项目与国家重点基础研究(973)计划、高技术发展(863)计划和支撑计划关联。其中973计划项目"湖泊富营养化过程和蓝藻水华暴发机理研究"、十五水专项863计划项目"滇池入湖河流水环境治理技术与工程示范"、九五攻关计划(支撑计划)项目"滇池水污染治理技术与工程示范"已经完成,"十一五"期间国家水专项滇池各课题正陆续进入总结和检查验收阶段。除此之外,中国科学院研究生院承担的国家863项目"城郊面源污水综合控制技术研究与工程示范"(2005AA60101002)、国家科技支撑计划课题"农村生态环境污染源控制关键技术研究"(2006BAJ10B04)、中科院知识创新工程重要方向项目

"废水处理过程中系统调控与微生物响应关系研究与工程示范"、国家科技支撑计划课题"沿白洋淀高风险农业面源污染综合防控技术研究与示范"（2007BAD87B04）、国家科技支撑计划项目"农村分散型污水收集及预处理关键设备与示范"（2009BAC57B01）等形成的技术被引入本书的研究中。

这些科学技术研究及示范工作加深了对滇池全流域管理和湖泊富营养化的认识，取得了一批实用技术成果，推进了未来滇池污染治理的科技进步。

3. 地方各类科研计划

"十一五"期间，云南大学除了承担国家重大科技水专项滇池项目面源污染防控课题外，还开展了"云南高原受损的生态修复机理与对策"研究，围绕严重水土流失地区的生态修复开展了系列工作，并被列入国家级重点学科生态学学科建设的重要内容；在特殊环境微生物的筛选和利用方面取得显著突破，其中部分研究工作将被引入瘠薄环境的生态修复中；云南省、昆明市在滇池流域开展了九大高原湖泊面源污染调查与控制的示范工作，尤其在农村面源污染的自然湿地处理方面，规模较大，有很好的示范作用。

1.2.3 面源污染防控的科技需求

依据对滇池现状及"十二五"预期的分析评价，在"十一五"滇池水专项实施的基础上，结合昆明市农业局、林业局、环境保护局、滇池管理局、水利局等相关单位的具体意见、专家论证意见，以及《滇池流域水污染防治规划（2011—2015 年）》（征求意见稿）及其补充报告的实施情况，明确滇池水专项"十二五"的科技需求主要涵盖五大类：系统方案设计、面源控制、区域性排水系统（城市面源与河道）治理、内源削减与滇池生态修复、综合技术示范及管理决策支撑。其中涉及滇池流域农业、农村、面山面源污染防控及水源涵养方面的科技需求体现在以下几个方面。

1. 湖滨退耕区湖岸生态功能修复与面源污染控制的技术与工程示范

随着"四退三还一护"政策的实施，环湖公路的建设，滇池流域湖滨区与外围区域土地利用出现了较大的差异。大棚拆除以后，原大棚种植区耕作层季节性淹没带来了污染物析出问题。湖滨鱼塘退出以后，杂草丛生，沼泽化迅速，景观差。环湖公路与湖滨带保护区之间存在部分农业设施，污染影响较大，但暂无明确的政策要求。针对上述情况，需要进行专门的研究，制定一个通盘的解决方案。

2. 流域过渡区污染减负型农业发展和新兴农业控污减排的关键技术与工程示范

在新型都市农业发展模式的基础上，针对滇池流域过渡区的花卉、蔬菜生产，开展源头控制技术研究，减少化肥农药的滥用浪费，提高产品价值；收集利用水资源，减少面源污染输出。针对滇池流域养殖业退出，原主要作为饲料的农作物秸秆需寻求新出路的问题，将作物秸秆进行就地综合处理、资源化利用，并开展示范，引导农业的顺利转向。

3. 面山水源涵养林保护与清水产流功能修复技术与工程示范

针对滇池流域入湖水普遍水质较差的问题，对面山及其他区域开展水源涵养、水质净化和清水输送的系统技术研究和示范。山地区域重点开展水源涵养与景观功能兼顾、能快速成林的涵养林建设技术研究和示范，在坝平地区重点开展农田回归水的近自然净化技术研究和示范。通过对有效地建立泥沙拦蓄、养分综合利用、水资源调蓄、清水输送水网系统进行技术研究，并进行示范。

在磷矿开采废矿区，开展边坡改造与植被恢复、矿区泥沙拦蓄与水资源回收利用技术研究示范。在排土场进行边坡整理、堆场稳定处理、表土恢复、土地快速复垦技术研究和示范。在高含磷荒山区域研究开发微生物等技术，提高表土的抗冲刷能力，综合运用微生物、植物等相关知识，降低磷的流失。在磷矿区、高含磷荒山区域对冲沟进行坡度改造、护坡处理、水资源回收利用等技术研究，尽量减少高含磷泥沙向下游输移，并对技术进行示范。

针对滇池流域面山的采砂场、采石场、弃土场，以及景观差、植被稀少、水土流失严重的问题，从景观改善、生态功能修复、减少面源污染的角度出发，对该区域的边坡、场区进行土地整理、植被恢复、保水、水资源收集回收利用等技术研究和示范，加快该区域的生态功能修复。

4. 流域都市清洁农业及水源涵养林保护的管理技术集成与应用

在"十一五"期间，由于滇池流域城市规模进一步扩大，农业用地日趋减少，城市对农产品的需求增大，农业从业人员无法在短期内转业，以及整个社会经济水平的增长等原因，综合导致滇池流域农业日趋工业化、都市化，面源污染压力越来越引起人们关注。因此，昆明市政府近期出台了都市农业发展规划，从而滇池流域农业面临新的发展机遇，流域面源污染控制面临新的突变可能。在此关键时刻，需要及时引导，筛选基于流域农业农村面源污染有效防范的都市农业产业结构和空间格局，引导滇池流域农业向低污染高产出的方向转移。配合城乡一体化的需要，从恢复面山生态功能角度出发，系统制定改善面山景观和水土涵养功能的方案，重点整治磷矿区、采砂采石取土的矿点。

为实现新形势下都市农业的健康发展，保证相关方案与技术的顺利实施，需要对相关工程技术组配模式与支撑条件进行分析。研究重点包括经济政策、行政措施、地方法规及监督机制，并在示范区试行。

针对滇池流域土地利用格局发生重大变化带来的新形势，如何有效利用有限农田解决相当数量农民的生存发展问题，实现土地高产出情况下的低污染排放；完成少雨、贫瘠面山区域水源涵养、污染控制与景观改善，以及五采区复垦等目标，不仅需要科技技术支持，还需要管理技术来统筹协调，并为政府决策和行政管理提供支持。

由于滇池流域土地利用格局调整的措施推进非常快，所以国家重大水专项作为引导和支持技术的研究开发活动，亟须快速推进。

1.3 滇池流域面源污染防控技术整装路线

1.3.1 目标设计

1.总体目标

针对滇池面源污染在空间上高度离散、在时间上十分集中、污染负荷居高不下、对流域水环境影响突出的特点，从流域生态学、恢复生态学的角度，运用环境工程、系统工程和农业生态工程的理论和方法，以维护滇池流域生态安全、提高陆地生态系统对湖泊的生态服务能力为目标，开展以滇池流域都市清洁农业与水源涵养林保护为重点的面源污染削减技术研究及工程示范，化解都市农业及面山污染对滇池的影响，提高流域陆地生态系统对滇池水资源可再生性维持和水环境质量走向良性发展的支持能力；优化配置流域生态结构，提高农业水土资源的综合利用效率，改善农村的生态环境条件，探寻流域面源控制与区域生态功能提升及农村综合发展的良性互动机制；为滇池全流域水环境好转提供理论指导和技术支持，为我国高原湖泊和严重富营养化湖泊的面源污染治理提供借鉴，为完成国家水专项湖泊主题的科技工程目标做出贡献。

2."十二五"阶段目标

围绕湖盆区城市化迅猛扩张、农业结构快速变化、流域面山生态退化、水源涵养功能难以达到湖泊治理的要求等突出问题，研究新形势下流域农业及面山污染特征与水源涵养特征，提出都市服务型农业发展路径和面山污染防控及水源涵养林分区恢复和保护技术路线；以小流域或汇水区为控制单元，引导发展适于湖滨退耕区的非农产品型清洁农业、过渡区的污染减负型农业，研究集成低污染农业生产技术、农田水肥资源循环和减量化利用技术，面山矿区废弃地及富磷区原位生物修复与异位处理技术、水源涵养和面源控制的山地植被构建技术，在典型区域集中进行技术应用和工程示范，建成万亩农田面源污染综合防控示范区，示范区面源污染污染物排放总量减少30%以上，水源涵养能力提高20%以上，提炼并形成"结构减污、源头控制、过程削减、循环利用"的流域面源污染整体优化防控的技术体系和路线图；通过"优化结构、合理布局、科技支撑、管理保障"措施，探寻耦合流域农业与面山污染控制与水源涵养林保护的长效良性互动机制，为流域农业面源污染的有效防控、面山生态系统的改善以及流域清水产流功能的恢复提供数据支撑、技术支持和运行管理对策。

3.对流域水质改善目标的支撑作用

在滇池都市农业发展、面山及其面源污染产生的代表区域，以小流域/汇水区为生态控制单元，重点围绕湖滨退耕区、过渡区污染减负型农业、面山水源涵养区等涉及的面源污染，研发面源污染系统削减和清洁农业发展的集成技术和关键技术；通过万亩的工程示范,使示范区面源污染负荷削减达到30%以上,对整个项目污染控制目标贡献率达到10%,林地水源涵养能力提高 20%,农业水土资源的综合利用效率提高 20%以上,示范区内农户、村落、农村的环境条件显著改善,示范区沟渠和河流水质提升一个层次。

在本研究的基础上,瞄准滇池流域面源污染全面治理、面山生态景观建设和新农村建设及区域农业产业结构优化升级的需要,提炼一整套适合不同的尺度和治理单元需求的协调景观功能、生态功能、环境功能、经济功能的山地生态修复技术体系以及协调高效农业和环境保护的水-土-肥资源优化利用、源-汇-流过程综合管理体系,形成对有效治理滇池农村面源污染和面山环境的技术支撑,为流域内推广应用、全面遏制流域面源污染状况、改善滇池入湖河流的水质创造保障条件,提供化解面源污染的系统方案。

1.3.2　技术路线及任务设置

1. 三阶段实施的技术路线图

根据国家水专项的顶层设计,"十一五"期间主要完成面源污染的家底调查、系统控制方案研究和工程示范,"十二五"期间主要围绕城市快速发展、都市农业及面山区域面源污染产生的重点区域和关键环节进行技术研发和工程示范,基本建立都市清洁农业发展与水源涵养林保护的技术体系和贮备;"十三五"期间在全流域开展污染防控工作,基本化解面源污染制约滇池水环境好转的瓶颈问题。为此,三阶段的技术路线图见图 1-9。

2. "十二五"技术路线

针对滇池流域"四退三还"(在滇池外海环湖交通路以内退塘、退耕、退人、退房进行还湖、还林、还湿地工作)工程大力推进、流域农业向着都市服务型发展,以及面源污染发生的新变化,在"十一五"诊断流域面源污染特征和治理方案的基础上,结合流域内山地特殊的作用和面山在滇池水环境综合整治及流域生态系统健康中的重要地位,研究新形势下都市清洁农业发展和面源控污减排的方案和途径;以小流域或汇水区为控制单元,研制适于湖滨退耕区、过渡区不同环境功能导向、不同农业发展形态的面源污染综合防控的关键技术及集成技术,基于面山防控面源污染和维护景观功能的需要,对主要特殊区域和人工扰动区域(如矿山废弃地、退化山地)进行综合研究,形成适合面山不同环境功能导向、不同发展形态的面源污染综合防控与生态修复的关键技术及集成技术,在典型区域集中进行技术应用和工程示范,引导流域都市服务型农业和山地尤其是面山地区的转型发展,提高该区域水源涵养、污染削减、景观维护等生态服务能力,探寻流域山地面源防控与生态建设的互动机制,为流域农业和面山面源污染有效防控、改善湖泊的陆地支撑条件、恢复流域清水产流功能提供数据支撑及理论技术支持。其技术路线框图详见图 1-10。

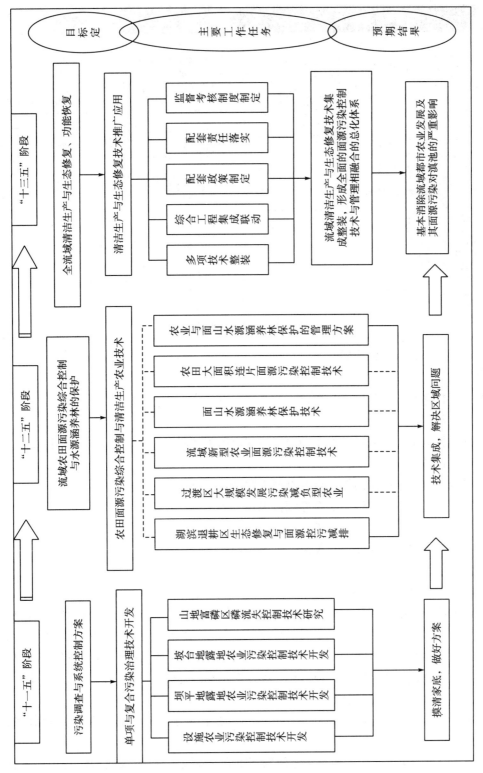

图1-9 三阶段实施的技术路线图

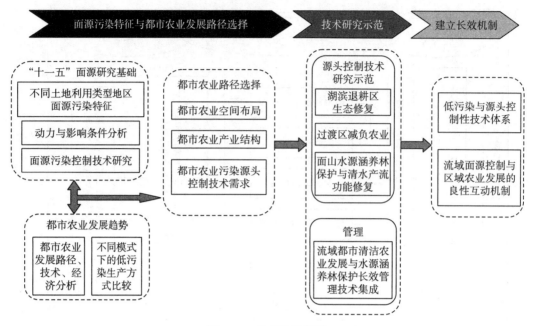

图 1-10 技术路线框图

3. 任务设置

1）主要任务及任务整体设计思路

（1）主要任务

根据项目对本课题的任务要求和课题拟解决的关键科学技术问题，结合目标需要，主要围绕五大任务开展工作：

①流域万亩农田面源污染综合控制技术与工程示范；

②流域新型农业面源污染综合控制技术与工程示范；

③流域湖滨退耕区面源污染综合控制技术与工程示范；

④流域面山水源涵养林保护关键技术与工程示范；

⑤流域都市农业发展与面源污染防控的管理技术及应用。

（2）任务的整体设计思路

对于滇池流域都市清洁农业发展而言，在湖滨退耕区要实现从以前的提供产品向提供服务转变，对于过渡区主要是污染减负型的产品生产，在面山区域主要是提供服务。以上不同空间地带上不同区域的功能往往是多目标的，需要科学优化；各功能的实现需要科技支持和系统的方案，还需要管理技术和手段提供保障。为此本课题按此思路进行设计。

（3）任务设计的主要层次和模块

依据"十二五"滇池治理的科技需要，分 3 个层次开展"十二五"水专项本课题的总体设计：

①研究思路与方案：研究新形势下流域都市农业及面山水源涵养能力，提出都市服务型农业发展路径和面源控污减排及水源涵养林保护的技术路线。

②研发技术并进行工程示范：以小流域或汇水区为控制单元，引导发展适宜的湖滨退

耕区生态恢复与面源控污减排、过渡区都市污染减负型农业,研究集成低污染农业种植技术、农田水肥资源循环和减量化利用技术,面山矿区废弃地原位生物修复与异位处理技术、水源涵养和面源控制的山地植被构建技术,在典型区域集中进行技术应用和工程示范,建成农田和水源涵养林保护综合示范区。为此,分别针对湖滨退耕区、过渡区、面山水源涵养区的面源污染特点,开展防控的关键技术研究与工程示范工作。

③探寻机制与长效运管对策:探寻耦合流域农业面源污染控制与水源涵养林保护的长效良性互动机制,为流域农业面源污染的有效防控、面山生态系统的改善以及流域清水产流功能的恢复提供数据支撑、技术支持和运行管理对策。

2)主要任务与"十一五"相关内容的衔接关系

"十一五"期间面源课题主要完成全流域面源污染的家底调查、系统控制方案研究,在湖滨区围绕设施农业和过渡区的传统农业进行工程示范,"十二五"期间主要在滇池流域城市化快速推进使面源污染格局出现新变化的基础上,对面源污染产生的重点区域(农田和面山)和关键环节(污染控制、生态修复、水源涵养)进行技术研发和工程示范,基本建立解决面源污染的技术体系,为下一步全面解决流域面源污染问题提供技术储备。

3)主要任务与国家和地方重大规划、工程的结合情况

"十一五"以来,云南省委、省政府以前所未有的重视程度和工作力度,进一步完善了治理思路,采取有力措施,紧紧抓住国家加大"三湖"治理力度的机遇,坚定不移地实施六大工程(环湖截污和交通、外流域引水及节水、入湖河道整治、农业农村面源治理、生态修复与建设、生态清淤),全面提速滇池治理。完成滇池综合治理五大任务:一是转变发展方式,统筹城乡发展;二是点面结合,全面开展入湖污染治理;三是采用多种措施,修复和保护生态环境;四是通过水资源调配,解决流域缺水问题;五是加强科技示范和监管能力建设。争取在较短时间内取得明显成效。

本课题将对六大工程的农业农村面源治理、生态修复与建设提供技术支撑。

1.3.3 研究示范区的选择

本课题涉及流域都市农业和面山面源污染研究以及在滇池全流域内实施控制方案,工作重点在位于新宝象河子流域的宝象河示范区,在宝象河示范区中缺乏典型性的示范工程内容,选择在滇池流域南部目前规划为重点农业区的晋宁柴河流域,这里在"十一五"期间初步建立了农业及面山污染控制示范区。整个示范区及其控制面积达到10km²。

宝象河示范区位于滇池的东北部,地理坐标为东经102°41′~102°56′,北纬24°58′~25°03′,流域面积440km²,南北跨度近30km,约占整个滇池流域的10.3%。流域内乡村人口57870人,采矿用地7863亩,灌草丛29634亩,灌木林地42420亩,果园25205亩,旱地100274亩,水浇地10645亩,水库坝塘21722亩,有林地157968亩。柴河示范区位于滇池流域南部、柴河流域下段,该河发源于晋宁县六街乡干海村甸头,河道长14.2km,流域面积298km²,流经六街、上蒜和晋城3个乡镇,11个村委会,24个村民小组,人口11413人,耕地面积11086.5亩,流域中的上蒜镇和六街乡分布有大面积的蔬菜基地。柴河示范区位于段七、洗澡塘地段,区域内农村人口2849人,灌草丛及采矿用地3025亩,

灌木林地 13215 亩，旱地 26490 亩，水浇地亩 57315，水库坝塘 58560 亩，水田 495 亩，有林地 13155 亩，鱼塘 16680 亩。

示范工程包括四个方面：湖滨退耕区面源污染综合控制与生态功能修复工程示范、过渡区大面积连片农田及新型农业面源污染防控工程示范、面山水源涵养林保护工程示范、流域都市农业发展与面源污染防控管理技术应用。

示范工程的布局示意图见图 1-11。

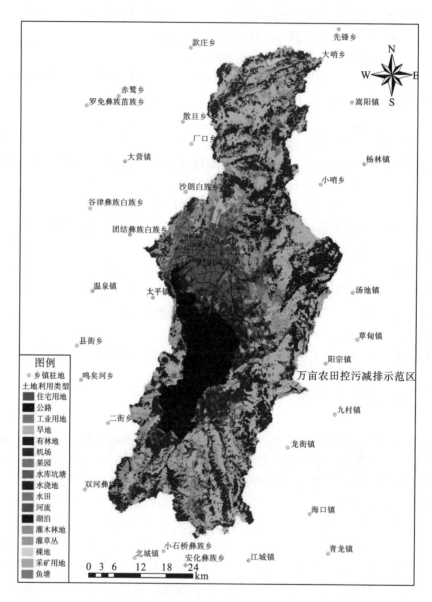

图 1-11　滇池流域农田面源污染防控示范工程布局图

第二章 流域万亩农田面源污染综合控制的技术体系与工程实践

农田面源污染是滇池水体污染的重要来源,该区域农田污染的主要症结在于滇池流域适合耕种的土地临近湖泊和城市,高强度的土地使用及大水大肥的生产方式,在高度集中的降雨条件下,使耕地中的大量氮磷进入湖泊。如何在城市化快速推进的背景下正确引导都市农业向清洁农业方向发展,将产业推上去,同时将污染降下来,使数万个农户按照统一的思路从事生产活动,需要环境技术、农业技术、管理技术的单项突破和整合集成,是工作的难点之一。

2.1 技术整装与技术体系构建及工程应用设计

2.1.1 瞄准的主要问题

滇池流域农田面源污染的主要问题在于:

(1)化肥高强度使用。2009 年度滇池流域化肥 TN、TP 施用量分别达到 3.0 万 t 和 1.3 万 t,氮、磷的排放强度分别为 $180\sim590kg/hm^2$、$72\sim593kg/hm^2$,氮排放平均值分别是世界、美国和日本的 7.6 倍、6.3 倍、2.9 倍,磷排放平均值分别是世界、美国和日本的 8.5 倍、7.3 倍、3.2 倍;

(2)农田产生的大量秸秆没有得到有效处理,随意堆放,一定条件下转化为面源污染;

(3)流域降雨集中,面源污染存在旱季积累、雨季输出的特征,面源输移水平高,对滇池影响程度大。

为此,农田面源污染控制的主要方法就是:在源头减少农田污染负荷,对农田径流及其污染进行阻断与拦截,对农田废水进行收集和处理,对流域农田废弃物进行综合处置(农田固废安排在"第三章 流域新型农业面源污染综合控制的技术体系与工程实践"中介绍),提高农业产生的环境友好水平。

2.1.2 目标

根据滇池水污染防治规划对流域农业面源污染防治的总体要求,结合滇池过渡区大面积农田面源污染的现状条件,围绕流域农田的空间布局及农业生产的特点,本子课题研发和整合农田污染负荷削减技术、农田径流污染控制技术、农田废水收集与处理技术、少废农田工程技术等构建流域农田面源污染控制体系,并通过万亩级的大面积工程示范取得显著降低农田面源污染的效果。

2.1.3　重点任务

1. 农田污染负荷控源减排技术与工程示范

利用滇池流域大量花卉生产过程中产生的废弃物,生产生物碳及碳基尿素,就地生产用于改善农田土壤,减少氮磷流失;研发和生产解磷微肥,发展农田水分调控技术,优选肥料种类,引进缓释肥、控释肥,形成控水控肥综合技术,降低农田土壤中可能产生面源污染的源强;研究改进肥料与施肥方式(深施、条施、穴施),优化施肥量与施肥时间,形成肥料综合控制技术;开发和集成氮磷养分高效利用品种遴选技术、控污滴灌技术、节肥调控技术、水肥循环利用技术,形成设施农业水肥综合控制与循环利用集成技术。以上形成的技术系统,可减少农田水肥使用量,提高水肥效率,降低土壤污染负荷,达到控源减排的技术效果。

技术目标和示范工程目标:研发和集成上述技术,形成农田污染负荷控源减排技术体系;建立核心技术示范区,面积达到 3000 亩,在示范区降低常规化肥施用量20%以上,示范区水肥利用率提高 20%,增加效益 10%以上,汇水区中农田面源污染负荷输出降低20%以上。

本研究包括如下六个方面的技术内容。

1) 生物碳基尿素生产与施用控制农田氮磷流失关键技术

生物碳施入能显著提高土壤阳离子交换量,能促进作物对氮和磷的吸收,吸附土壤氮而减少土壤氮淋失,提高作物产量。将生物碳施入土壤,使得碳长期保存在土壤中,减少固体废弃物不合理处置过程中 CH_4 和 CO_2 等温室气体的排放。利用生物碳减少集约化农业生产过程中氮磷向水体流失。国内外生产生物碳技术已有较多研究和报道,用棉花秸秆生产生物碳已具有中式生产线规模。滇池流域有大量花卉废弃物,为生物碳生产提供了大量廉价原料,就地生产用于农田土壤,可以减少氮磷流失。但是,对花卉废弃物生产生物碳的研究少有报道。依据棉花秸秆生产生物碳的工艺原理和设备,进行针对性改造,可望实现花卉废弃物生物碳生产线。

另外,目前生物碳大多单独使用,或者与矿物肥料混合使用。该技术虽然能够减少氮流失,但是每亩使用量较高,而且,单独施用均匀度难以把握。为此,生物碳基尿素技术开发与生产可有利于减少生物碳施用过程中的人工成本。

关键技术与设备的研发与示范:以棉花秸秆生产生物碳工艺与设备为基础,研发花卉废弃物生产生物碳工艺、技术和关键设备;以复合肥生产技术、工艺和设备为基础,研发生物碳基尿素生产工艺、技术和关键设备;在不同农田生态系统(花卉、蔬菜、水稻田)中,开展生物碳基尿素施用的技术研究,评价生物碳基尿素施用对于减少氮磷向水体迁移的效果。

本研究要达到的技术经济指标：花卉废弃物生物碳生产工艺一套，设备一套，达到投产运行标准，并满足示范区生物碳需求量；生物碳基尿素生产工艺一套，设备一套，达到投产运行标准，满足示范区 10%的氮肥需求量；生物碳基尿素农用技术地方指南三套(花卉、蔬菜、玉米)；生物碳矿物肥料混合型肥料配方三个(花卉、蔬菜、玉米)；生物碳基尿素推广面积占示范区面积 5%,生物碳矿物肥料混合型肥料示范面积占示范区面积 15%。

2) 生态解磷微肥的开发利用与少磷肥农业生产技术

滇池流域过渡区农田中总磷含量高，但不能有效提供给作物进行利用，新施加的磷肥除了部分供给作物利用外，一部分磷转化为有机磷进入土壤磷库，一部分无机磷极易在地表径流作用下流失成为面源污染。通过开发具有解磷作用的特殊微生物类群，经过微生物工程改造，提高微生物的解磷作用及其适应性，并研发生产解磷微肥，发展少(免)磷肥耕作技术，显著降低磷肥的使用量，在源头上降低农田磷的污染负荷。

本研究要达到的技术经济指标：筛选高效解磷微生物工程菌株 3～4 株，解磷微肥生产工艺一套，设备一套，获得产品并满足工程示范的需要；解磷微肥农用技术地方指南三套(花卉、蔬菜、烟草)；解磷微肥混合型肥料配方三个(花卉、蔬菜、烟草)。

3) 露地农田控水控肥技术体系

针对滇池流域露地农田水肥特征和大面积连片作物生长的养分需求特性，以控源减排为目标，研究确定各农田利用方式下作物不同生育期的需水定额，通过灌溉控制降低过多水分对土壤养分的溶解作用；对农田植物的营养进行调控，遴选和应用平衡施肥、肥料深施、缓释肥、控释肥、生物肥、有机肥等成熟技术，形成大面积农田肥料科学使用的技术体系和应用规程，避免化肥不合理使用带来的农田污染负荷的持续上升。

本研究要达到的技术经济指标：形成滇池流域露地农田水分系统控制技术指南一套，滇池流域农田肥料科学施用技术指南一套；示范区露地农田的水肥控制面积占总面积的 50%以上，化肥施用量减少 20%。

4) 设施农业水肥综合控制与循环利用集成技术

重点研发氮磷养分高效利用品种遴选技术、控污滴灌技术、节肥调控技术、水肥循环利用技术、生物覆盖技术等，并进行组装，形成设施农业水肥综合控制与循环利用集成技术，改变设施农业大水大肥的生产方式，减少水肥的使用量，降低设施农业的污染负荷。

本课题组已经开发形成的单项技术效果为：设施农业氮磷养分高效利用品种可减少氮磷投入量 10%～20%。控污滴灌技术可防止产生地表径流和土壤深层渗漏，减低氮磷流失 30%～55%；减少杂草和病虫害生长，减少了化学农药对土壤的污染；在比喷灌和浇灌节水 35%～75%并省水省工情况下增产 25.3%。节肥调控技术可减少氮磷用量 15%～50%，从而获得"节本增收"的效果；水肥循环利用技术，每循环利用一次，氮流失减少 30%、磷流失减少 20%。本研究将整合这些技术，形成示范。

本研究要达到的技术经济指标：形成滇池流域设施农业水肥集成控制技术指南 4 套(针对不同类型的花卉、蔬菜)，示范区设施农业的水肥控制面积占总面积的 50%以上，化肥施用量减少 30%。

5) 土壤微环境调控减少农田土壤氮流失关键技术

国内外研究证实，元素硫施用能暂时降低土壤 pH，减少氨挥发；元素硫土壤分解过程中形成的中间体具有硝化抑制作用，使得元素硫施用可有效减少氮肥施用过程中氨的挥发以及氮径流和淋溶损失。但是，元素硫施用均匀度难以把握。国内外已有硫包尿素销售，但是，硫包尿素中的含硫量仅考虑包膜效果，没有考虑土壤因素。基于上述原理，针对滇池流域土壤-作物系统，研发与推广适合滇池流域的硫包尿素，对控制尿素施用导致的氮流失具有意义。

本研究会设计适合滇池流域土壤-作物系统的硫包尿素配方三套（花卉、蔬菜、烟草），依托现有硫包尿素设备，与相关肥料厂合作，生产适合滇池流域的硫包尿素；开发针对不同农田生态系统（花卉、蔬菜、水稻田）的硫包尿素施用技术并评价相关技术在减少氮向水体迁移方面的效果。

本研究要达到的技术经济指标：硫包尿素农用技术地方指南三套（花卉、蔬菜、烟草）；元素硫尿素混合型肥料配方三个（花卉、蔬菜、烟草）；硫包尿素农用推广面积占示范区面积 5%，元素硫尿素混合型肥料示范面积占示范区面积 10%。

6）农田减药控污关键技术

根据滇池流域大面积连片农田重大病虫害的发生流行规律，在其防控的关键时期，研究不同农药新产品的防治对象及其作用机制和与蔬菜花卉病虫害特性配套相应的农药种类、精确的使用剂量、科学的用药次数以及交替用药技术；常规化学农药的绿色替代与高效低残安全防控技术；有害生物生态调控技术、自然控制技术、天敌昆虫扩繁及利用技术、物理防治技术。

本研究要达到的技术经济指标：形成滇池流域农田减药控污技术指南两套（花卉、蔬菜），示范区减药控污面积占总面积的 60%以上，常规农药施用量减少 30%。

2. 农田径流污染控制技术体系研究及工程示范

大面积连片农田往往是由具有属性差异的斑块状的地块组成的，对不同属性地块的径流就地处理，是削减大面积连片农田面源污染的关键环节。在不同地块及其形成的小汇水区尺度上，研发和应用农田田间径流拦蓄与污染控制技术、农田微沟渠系统的抑流控污技术、农田植物网格化截流控污技术、坡耕地径流污染拦截与资源化利用技术、农田生态沟渠技术等，减少汇水区中氮、磷随径流和泥沙向下游输移，实现对农田面源污染的过程控制。

本研究的技术和示范工程目标：研发和集成上述技术，形成农田径流污染控制技术体系；建立核心技术示范区，控制面积达到 5000 亩，农田景观多样性指数增加 15%，农田水土流失减少 50%以上，汇水区中农田面源污染负荷输出降低 30%以上。

本任务研究的主要技术内容包括以下四个方面。

1）农田田间径流拦蓄与污染控制技术

通过建设或联通田间小沟渠、水坑、池塘形成径流拦截收集系统，通过闸门、渠道、水坑和池塘形成缓冲调控系统，通过渠道及沉沙池、田间坑、塘及其中的生物，形成净化系统。利用农田田间的有效空间，因地制宜，建设收集系统、缓冲调控系统和净化系统，最大程度地拦蓄径流，增加径流滞留时间，减少径流冲刷和土壤流失，通过其中的生物系统，吸收氮、磷等污染物，拦截和净化径流。

本研究要达到的技术经济指标：形成滇池流域农田田间径流拦蓄与污染控制技术指南一套，示范控制汇水区内泥沙、总氮和总磷去除率分别达到60%、30%和50%以上。

2) 农田生态沟渠系统的抑流控污技术

排灌沟、种植垄沟形成的小沟渠，不仅是农田径流向外输移的初级通道，而且往往成为径流冲刷侵蚀的首要地段。在露地农田、大棚区，优化田间水道、沟渠走向和尺寸，向具有良好集水条件的低洼地、水塘汇集，避免散流入河；通过研发耐涝、耐冲刷、匍匐型生长的植物筛选技术和不同类型草皮水道组合的构建技术，对农田沟渠、水坑进行生态化改造，在不影响行洪的基础上，种植耐涝、耐冲刷、匍匐型生长的植物，提高沟渠对颗粒物的截留能力，减少污染向下游传输。同时，通过利用地形、地势，对农田中的种植沟、排灌沟、地界沟、田间人行通道进行二次造坡、联通、截断等改造，优化现有微沟渠系统结构，通过对农田径流进行合理导流，使其中的水肥资源在田间内得到循序利用，从而增加水资源的利用效率，也可以减少农田面源污染负荷的输出。

本研究要达到的技术经济指标：形成滇池流域农田生态沟渠系统抑流控污技术指南一套，示范控制的汇水区内泥沙、总氮和总磷去除率分别达到20%、15%和20%以上。

3) 坡耕地径流污染拦截与资源化利用技术

针对降水是面源污染负荷输出的主要动力，但是过渡区可利用水资源量严重不足的水资源特点，构筑系列水窖、拦蓄沟、微型坝塘等截污系统，通过导流和引流将坡耕地径流引入截污系统中，在作物缺水时作为临时水源，同时降低径流及其携带面源污染的能力。同时，对水土流失严重、坡耕地集中分布的区域，采用坡面工程技术，包括截流沟、拦沙凼、蓄水沟、鱼鳞坑等工程手段，控制径流冲刷，截留泥沙及其污染。

本研究要达到的技术经济指标：形成坡耕地径流污染拦截与资源化利用技术指南一套，示范控制的汇水区内泥沙、总氮和总磷向外输移量分别减少60%、20%和30%以上，水资源的利用率提高30%。

4) 农田植物网格化截流控污技术

在不同地块间构建多年生集景观、水保、经济作用于一体的植物篱，在农田中形成网格化植物缓冲带，使大面积农田形成的径流污染就地化解到所在的区间化的网格中。

本研究要达到的技术经济指标：形成农田植物网格化截流控污技术指南一套，示范控制的微汇水区内泥沙、总氮和总磷去除率分别达到80%、20%和25%以上，区域内景观多样性指数增加15%，农田生物多样性增加20%。

3. 农田废水收集与处理关键技术与工程示范

农田废水主要包括农田暴雨径流、灌溉尾水等，其特点是不确定性强、冲击负荷高。根据滇池流域农田空间分布、气候条件及可利用土地的状况，本研究选用前置库技术、农田废水仿肾型收集与处理技术、复合型人工湿地技术等，并根据具体条件优化各技术参数，形成对农田废水的末端收集、处置，显著降低农田废水的污染负荷，达到显著降低农田面源污染的效果。

本研究要达到的技术目标：建成前置库工程点3~5个，农田仿肾型废水处理系统4~6个，复合人工湿地2~4组，生态潭3~4个，控制农田面源污染和服务农田面积达到5000

亩，使农田废水收集率达到30%以上，处理率40%以上，农田面源污染负荷削减30%以上。

主要技术内容包括如下四个方面。

1) 农田面源污染控制前置库工程技术

根据滇池流域降雨特点和连片农田地形及可利用性的特点，根据不同片区农田的汇水状况，因地制宜建设前置库。将暴雨径流通过隔栅引入沉沙池，通过配水系统引入湿地或生物塘，通过物理作用、化学作用和生物作用，对农田废水，尤其是暴雨径流及初期雨水进行最大限度地拦截和处理。

本研究要达到的技术经济指标：形成滇池流域农田面源污染控制前置库工程技术指南一套，示范控制的汇水区内泥沙、总氮和总磷去除率分别达到80%、60%和70%以上，显著降低农田径流形成的洪峰高度。

2) 农田废水仿肾型收集与处理技术

按照仿生学的原理，按照生物体最大的解毒和净化器官——肾脏的工作原理，将土地改造成微沟渠分流/入渗系统和导出/汇集系统，并在微沟渠中布设生物系统，植入可随时更换的不同填料，形成仿肾型废水处理系统。将农田废水引入系统中，使农田废水通过土壤自身的综合作用、生物系统的分解作用、填料系统的吸附作用得到消解，部分水分通过土壤渗滤进入土壤系统中，达到削减污染、降低径流、增加土壤入渗的效果。本研究在前期工作基础上，重点解决的问题主要包括：

(1) 农田废水污染负荷与入渗削减动力参数；

(2) 地表微沟渠分流/入渗系统的设计参数优化；

(3) 地表微沟渠导出/收集系统的设计参数优化；

(4) 微沟渠分流/入渗系统和导出/汇集系统的整合设计；

(5) 生物系统的物种筛选与组装；

(6) 基于不同废水特征的填料系统的遴选与组装。

本研究要达到的技术经济指标：形成滇池流域农田废水仿肾型收集与处理技术指南一套，示范控制的微汇水区内泥沙、总氮和总磷去除率分别达到90%、40%和60%以上，水分入渗率增加20%。

3) 农田面源污染控制复合型人工湿地技术

根据农田所在区域可利用土地的状况，围绕农田废水的性质，组装水平流表面湿地、潜流湿地和垂直流潜流湿地，创造好氧、缺氧、厌氧等不同生境与基底条件，使农田废水在负荷型人工湿地中得到深度处理。本研究结合实际条件，主要研究的内容包括复合型湿地各项技术参数的选择与优化。

本研究要达到的技术经济指标：形成滇池流域农田废水复合型人工湿地处理技术指南一套，示范控制的汇水区内泥沙、总氮和总磷去除率分别达到70%、50%和70%以上。

4) 农田面源污染控制人工生态潭技术

在过渡区，通过优化规范的田间沟渠网，将周边大棚、露地多余的田间径流引入天然水塘，形成多级稳定塘、滞留池，经过人工提升和改造发挥水塘的生物净化功能，形成生态潭。利用潭内人工构建的生态系统净化水质，为农业灌溉提供水资源，同时削减农田污水进入河道的污染负荷。

本研究要达到的技术经济指标：形成滇池流域农田面源污染控制人工生态潭技术指南一套，示范控制的小汇水区内泥沙、总氮和总磷去除率分别达到90%、70%和80%以上，水分利用率提高20%。

4. 少废农田工程技术与应用示范

滇池流域农田种类多样，土地利用强度高，污染产生程度高。本任务通过研发和应用面源污染控制农田改造技术、农田污染控制的种植技术、少废农田管理技术等，形成滇池流域少废农田工程技术体系，并进行规范化应用，在前面农田污染控源、径流控制、农田废水处理的基础上，进一步降低农田系统的面源污染贡献水平。

本研究要达到的技术目标：研制滇池流域少废农田工程技术体系，并形成技术指南一套；示范区面积达5000亩，示范区化肥施用量减少20%，泥沙、总氮和总磷分别降低40%、20%和30%，农业生产效率提高20%，科技进步水平提高30%。

本研究主要内容包括如下三个方面。

1)面源污染控制农田改造技术

在坡耕地区域实施等高种植台地改造、截流沟、生物埂、沉沙池、支沟土石工程等，并按山坡走势进行"长藤结瓜式"梯级布设，做到沟坎、塘坝、水池、水窖等集雨控污设施合理布局，形成集雨用水与控源减排有机结合的山地面源污染控制系统；在坝平地区域实施截流沟、沉沙池、田间防护林(草)带等工程技术手段，拦截径流，控制农田水土流失，降低土壤侵蚀和面源污染输移速度。

本研究要达到的技术经济指标：形成滇池流域农田面源污染控制农田改造技术指南一套，示范控制的小区内泥沙、总氮和总磷减少量分别达到60%、40%和50%以上，水分利用率提高20%，农业生产综合效益提高20%。

2)农田污染控制的种植技术

根据滇池流域推进"四退三还""减花禁菜""东移北扩"的发展战略，研究水改旱、粮改草、花改林、菜改苗的具体技术和支撑条件；发展和优化适宜滇池农业生产条件的具体种植模式(水稻-蔬菜；蔬菜-蔬菜；蚕豆-花卉；花卉-花卉；烟草-小麦)；主要围绕滇池流域不同花卉和蔬菜(叶菜类、茄果类、葱蒜类、根菜类)的生产条件和种植方式，从"品种选择→育苗→移栽→田间管理→采收栽培"把控全程面源污染的环节，重点通过肥-药-水在各环节的改良和优化，综合控制，实现污染防控。

本研究要达到的技术经济指标：形成滇池流域主要农作物农田面源污染控制的种植技术指南六套(两类花卉、四类蔬菜)，示范控制的小区化肥和农药施用量分别减少30%和20%，农业生产综合效益提高20%。

3)少废农田管理技术

农田种植管理技术：对不同农田的栽培条件及其对临近入湖河流的影响程度进行环境友好程度分级，划分为最适种植区、次适种植区和不适宜区；在合理区划基础上，根据不同种类的花卉和蔬菜种植过程中对水肥条件的需求及环境友好程度，对种植的品种结构和空间分布进行优化。

农田最佳养分管理技术：把握滇池流域主要农作物和经济作物的大田环境需水、需肥规律，确定农作物施肥量、施肥时间、灌溉量、灌溉时间，根据作物需水和需肥生理指标及环境条件实现水肥精准化管理，达到灌溉及施肥的科学化和精准化。

本研究要达到的技术经济指标：形成滇池流域少废农田管理技术指南一套，提高示范区中主要农作物的种植结构和空间布局的环境友好程度；示范区化肥和农药施用量分别减少 10% 和 1%，农业生产综合效益提高 10%。

2.1.4 解决的技术难点、关键技术与创新点

针对滇池过渡区农田种植结构复杂、土地利用强度高、药肥施用长期居高不下的特点，围绕发展高效农业和环境友好型农业的需要，以提高资源利用效率和生态环境保护为核心，以新肥料及肥料结构调整为切入点，以节地、节水、节肥、节药、节种、节能、资源综合循环利用和农业生态环境建设保护为重点，引进节约型的耕作、播种、施肥、施药、灌溉技术，在源头上减少农田面源污染的产生；研发和利用农田面源污染的径流控制技术、废水收集处理技术、少废农田工程技术等，减少面源污染的输移水平；吸收和借鉴循环农业、生态农业、集约农业等有利于节约资源和保护环境的各种农业形态的优势，并与农业面源污染控制技术、新型农业发展技术进行整装示范，促进滇池流域农业从过渡期向环境友好型发展。

2.1.5 研究范围与示范区及示范工程

研究对象针对整个滇池流域，技术研究和示范区域以宝象河流域及柴河流域为重点，整个示范区控制面积达到 10000 亩。

2.1.6 预期成果

以汇水区为控制单元，形成大面积连片农田面源污染综合治理和系统防控的技术体系；形成万亩农田面源污染控制示范区，显著降低现有农业的面源污染；在过渡区初步形成污染减负型农业经济发展新格局。主要技术指标包括以下两方面。

1. 污染控制

建成农田面源污染综合防控示范区，规模达到 10000 亩，农田总氮、总磷和总悬浮物削减率分别为 30%、40% 和 50% 以上；农田面源污染输出率降低 30% 以上，氮磷肥施用减少 30% 以上，氮磷化肥利用率提高 10%；试验示范区域的农业综合效益增加 10%。

2. 关键技术突破

突破以生物碳控氮磷、以生态解磷微肥发展免磷肥生产的农田环境新技术，整合滇池流域过渡区农田控源减排与水肥循环联合控污技术，形成滇池流域农田面源污染综合控制技术体系。

2.1.7　依托工程

本子课题的依托工程主要为滇池水环境污染治理"十二五"规划、昆明市"十二五"规划中农业、林业、水利、新农村建设等涉及滇池流域面源污染治理的工程内容。依托的相关工程见表 2-1。

表 2-1　依托工程

序号	项目名称	项目内容及规模	建设年限	工程来源
1	土壤养分长期监测定位点	重点水源区、主要入湖河道周围、滇池沿湖范围内为主要设点区域，建设土壤养分长期监测定位点，对土壤中氮、磷的变化及流失进行取样监测，摸清不同土壤在不同栽培模式下的养分变化状况，计划流域设置定位监测点 200 个	2011～2015 年	昆明市"十二五"规划
2	化肥、农药使用情况监测体系建设	以县、乡一级为统计填报单元，对区域内主要推广运用的化肥、农药品种的使用情况进行定期统计。同时，在污染监控重点区域发放 30 份调查表，进行抽样统计	2011～2015 年	昆明市"十二五"规划
3	农业生产标准化体系建设	推进无公害农产品基地建设，加快无公害农产品、有机、绿色食品质量安全认证，制定安全、生态、环保的种、养殖业生产规范标准	2011～2015 年	昆明市"十二五"规划
4	测土配方施肥	建立流域不同土壤类型、作物施肥指标体系，测土配方施肥推广 30 万亩，缓/控施肥 10 万亩	2011～2015 年	昆明市"十二五"规划
5	滇池流域农村面源污染防控对策优化及关键技术研究示范	基于面源污染防控的全流域农村综合发展路径，研究都市农业模式与转型，开展农业面源污染控制技术示范	2011～2015 年	滇池水环境污染治理"十二五"规划
6	宝象河流域入湖河流清水修复关键技术与工程示范	实施宝象河入河城市面源拦截、城郊面源调蓄沉淀过滤净化、农田面源调蓄净化、宝象河下段及河口滞洪调蓄及氮磷负荷再消减示范工程	2011～2015 年	滇池水环境污染治理"十二五"规划
7	农业滴灌技术示范与推广	示范与推广滴灌技术，减少农田灌溉回归水	2011～2015 年	昆明市"十二五"规划
8	农业 IPM技术推广	以控制种植化学农药施用量、保证农产品安全为目标，合理施用农药 15 万亩；实施 3 万亩 IMP 技术推广，建农药包装物投放池 100 个，控制农业面源污染	2011～2015 年	昆明市"十二五"规划

2.2　整装技术：大面积连片、多类型种植业镶嵌的农田面源控污减排技术

根据大面积连片农田面源污染控制的技术需求，以小流域或汇水区为控制单元，研发整合适于过渡区污染减负型农业发展的低污染农田种植布局及栽培技术、农田水肥资源减量化施用和循环利用技术以及农田废弃物收集和循环利用技术，形成多层次、立体化、系统性解决大面积连片农田面源污染的技术体系。

2.2.1　技术需求

由于滇池流域地处亚热带季风气候区，雨季旱季分明，而且大多数降雨主要分布在 5～10 月，雨季也是作物种植和面源污染产生输移的主要时期。雨季地表径流是造成面源

污染输移的主要驱动因素之一。在雨季，地表径流携带大量的污染物，汇入河道，经河道流入滇池。尤其是雨季的暴雨产生的径流量大，携带和转移污染能力强，截留集中治理难度大，从而成为控制入湖污染负荷的关键环节之一。同时，由于湖盆区相对平缓，地下水的埋深较浅和季节性升降作用，加之作物种植时的施肥灌溉量大，导致大量农田的污染负荷通过淋洗及地下水的淘洗作用进入河流及湖泊水体。特别是地下水季节性升降的淘洗作用导致污染物输出极其隐蔽，长期以来并未受到有效地关注和控制，成为农田面源污染物进入水体的重要途径之一。

滇池流域土地资源被高度开发利用，尤其是在湖盆区土地供求关系高度紧张，使农田环境保护专用地空间极其狭小，农田面源污染形成和转移进入河道后削减难度大。由于河道周边及湖泊入河口自然的滩涂湿地几乎完全丧失，导致河道沿途的自净能力低下。因此农田面源污染需要尽可能在源头上就地分散治理。

由于农田污染物输移过程复杂，以及时空变动的不确定性等，加之新昆明建设对湖盆区农业布局和发展的巨大冲击，目前对湖盆区农田面源污染的整体了解和认识停留在经验臆测的水平上，很多判断来自以往的宏观定性描述。由于缺乏以小汇水区为单元的多种农田生态类型连片农田面源污染负荷输出整体状况的连续定位观测资料，当前对湖盆区连片农田氮、磷输移整体特征和面源污染贡献水平的认知尚不能支撑湖盆区连片农田面源污染问题全面治理的需要。因此，这些科学问题已经成为制约滇池流域湖盆区农田面源污染全面整治的瓶颈。

由于缺乏长期的基础研究工作，加之滇池流域土地利用方式变化快，因此农田面源污染治理大都采用单项技术解决某一具体的污染问题。更为重要的是，目前农田面源污染治理所采取的方案及措施仅仅为了解决当下的问题，与未来农业发展模式联系不紧密。这些问题造成治理方案散乱而被动、治理技术集成度低，从而导致连片农田面源污染治理工作总是落在污染问题的后面，治理方案设计及措施缺乏前瞻性及整体性，难以建立基于基础数据支持下的湖盆区连片农田面源污染削减系统方案和具有典型地域特征的治理技术集成体系。因此，这也就是滇池流域农田面源污染采用了大量共性技术但多年治理未果的重要症结所在。

2.2.2　技术组成

面源污染削减分为源头和径流过程控制两个方面。源头控制技术以节水减肥为基础，包括露地农田和设施农田面源污染负荷的就地控制及削减技术；径流过程控制技术以固土控蚀为基础，包括不同层次农田径流的收集和再循环利用技术。

本研究围绕滇池流域农田面源污染发生的主要区域和核心环节开展技术研发，主要有两个技术环节。

1. 农田定水控肥和水分收集循环利用技术

针对湖盆区不同农田利用方式下花卉、蔬菜作物在生育期内水肥养分的需求动态特征和土壤养分释放特性，以控源减排为目标，研究确定各农田利用方式下作物不同生育期的需水定额，并在此基础上进行作物的营养调控、研究确定作物各生育期最适肥料品种（缓释肥、控释肥、生物肥、有机肥)及肥料精确施用数量与方法,建立湖盆区不同农田利用方式下花卉、蔬菜作物的农田低污染排放水肥施用指标体系及模型;同时结合湖盆区农田可利用水资源量严重不足的特点,整合集水控污和节水减污技术,以提高作物水分利用效率、降低农田水分和养分的径流损失和渗漏损失。

2. 农田灰水收集与处理技术

滇池流域旱雨季分明,旱季时农灌用水量严重不足,而雨季时由于覆膜垄沟种植模式和大棚种植模式在滇池流域农田上的大面积应用,导致农田产流产沙量增加,不仅向河道及滇池输入大量污染物,而且还导致了降水资源的浪费。配合田间灰水收集利用与减排手段,重点针对大棚区暴雨径流、田间灰水收集系统溢流水,在小区层次进行收集、净化、循环利用,进一步提高水资源利用率,削减污染物入河负荷。

2.2.3　技术参数

开发生物碳基肥料和生态解磷微肥,实施农田土壤微环境调控、农田水肥一体化、定水节肥、农田废弃物原位处理等以削减面源污染负荷输出源强为目标的农田控水控肥种植管理技术;开发农田田间径流收集与再利用技术,实施不同层次农田集水控污-节水减污-水肥循环利用等以控制面源污染负荷输出过程为目标的面源污染物输移途径关键节点防控技术。在此基础上,利用生态化沟渠、植物缓冲带、坝塘调蓄等技术手段对进入沟渠-水网系统的面源污染物进行再削减,从而形成以小汇水区(农户)为控制单元的大面积、连片农田面源污染输出控制技术体系。

技术主要配置与相关工艺参数如下。

1. 露地农田固土控蚀种植模式

针对露地农田蔬菜种植和管理中面源污染产生、输移的特征,在露地农田配置宽畦全膜覆盖种植技术、节水灌溉技术、旱季免耕技术、减量施肥技术、植保综合技术和集水补灌技术,形成适合该区域的有效削减农田面源污染负荷输出、保持稳产高产的固土控蚀种植模式。

1) 宽畦整地及覆盖

以 180～200cm 为一畦,畦面平整覆膜,畦高 10cm;垄沟底间距 30～40cm;畦面种植 3～4 行蔬菜作物。要求覆盖膜幅度为 200～220cm,厚度为 0.005～0.008mm,抗拉性强,不易破损。

2) 旱季免耕技术

采用小型旋耕机械耕作土壤,每年雨季前(5月底至6月初)耕作 1 次,耕深 10～15cm,同时收集农田残膜。在此期间土壤含水量处于宜耕期内,耕作质量高,抑制杂草效率高,而且有利于作物移栽。雨季后(11月底至12月初)不耕作,减少土壤有机质的损失,避免土壤团聚性能的降低。

3) 减量施肥技术

在上述轮作方式下,解磷菌肥作为基肥一次性施入土壤,作为基肥的生物碳基氮肥在蔬菜种植时分别施入。追肥通过滴灌设施实现水肥一体化。

4）植保综合技术

设置粘蝇板和杀虫灯诱杀害虫，从而减少农药使用次数和数量。

5）集水补灌技术

集水设施由集水渠、沉砂池和集水窖三部分构成。每一千米机耕路两侧 4～5m 的范围内，集水窖密度在 15～20 个为宜。坡台地农田中单个集水窖的集水面应该达到 1800～2000m² 。雨季时，集水窖收集的径流可以针对作物关键生长期间的降水不足进行补灌。同时，可以在雨季来临前 10～15 天进行蔬菜作物的移栽定植，利用集水窖保存的水分对其灌溉。

2. 设施农田节水控肥种植模式

针对设施农田蔬菜及花卉种植和管理中面源污染产生、输移的特征，在设施农田配置水肥高效利用作物品种、水肥一体化技术、减量施肥技术、植保综合技术、田间固废收集处理技术和生态潭技术，形成适合该区域的有效削减农田面源污染负荷输出、保持稳产高产的节水控肥种植模式。

1）水肥高效利用作物品种

筛选在低氮磷水平上生长良好的蔬菜及花卉品种，并在设施农田区域推广。

2）水肥一体化技术

按照作物需水要求，通过低压管道系统与安装在毛管上的灌水器，将水和作物需要的养分均匀而又缓慢地滴入作物根区土壤中。

3）减量施肥技术

基肥采用解磷菌肥和生物碳基氮肥，追肥通过水肥一体化设施进行。

4）植保综合技术

设置粘蝇板和杀虫灯诱杀害虫，从而减少农药使用次数和数量。

5）田间散杂秸秆收集处理技术

在设施农田区域就近布设分散式的散杂秸秆收集处理装置，就地分散处理散杂秸秆，并使其堆制腐熟，转换成有机肥回归农田。

6）生态潭技术

利用设施农田产流系数高的特点，以农户为基本单元，利用空心砖构建生态潭（单体容积 100～150m³ ，控制面积 5～10 亩）及相应排水渠道，收集小雨径流及灌溉尾水，同时对暴雨径流起到拦沙沉淀和排出清水的作用。

3. 沟渠-水网系统生态减污-水资源循环利用技术

针对山地及农田径流、农田回归水，结合田间沟渠断面的改造、沟渠生态系统修复、植物配种，削减农田面源污染。对现有农田沟渠进行改造，利用沟渠坡度再造和联接等手段，优化沟渠水网系统，合理、高效引导来水进入农田灌溉系统，提高水资源的利用效率。该技术主要包括以农户为基本单元的水肥小循环体系和以汇水区为单元的水肥小循环体系。

2.2.4　成套技术的创新与优势

农田面源污染具有分散、量大、强度低、时空变异明显的特点。大面积连片农田面源污染的控制与治理中一直存在着污染途径识别、治理技术整合及控制空间模糊等问题，是国际上公认的环境污染治理难题。

滇池流域农田面源污染问题的症结在于农田过量施肥和污染物雨季集中输出。根据滇池流域连片农田的地形、作物布局、灌排系统和面源污染物产生输移特点，将大面积连片农田划分成不同的小汇水区；以小汇水区为控制单元分别研发和配置"集水控蚀、节水减肥及蓄废削污"等面源污染削减和控制技术，分头实现各个小汇水区内农田面源污染物源头削减和输出过程阻断及拦截，达到"缓产流、固土壤和拦蓄集"的目标，从而降低连片农田面源污染负荷输出强度。

针对滇池流域露地和设施农田镶嵌分布的二元农田景观特征及污染物输移特点，采用"大面积连片、多类型种植业镶嵌的农田面源控污减排技术"，其中，在露地农田区域采用"固土控蚀种植技术"延缓露地农田径流产生，削解径流冲刷动力，收集降雨径流以补充农田灌溉，降低农田的水土流失；在设施农田区域采用"节水控肥种植技术"，优化设施农田管理措施以降低肥料和农药的施用量，循环利用农田尾水，降低农田存量污染负荷的输出；同时在污染物输移环节利用"径流拦蓄及沟渠污染负荷生态化再削减技术"构建以农户为基本单元的农田水肥小循环利用体系和以汇水区为单元的农田水肥大循环利用体系，通过水分的大、小循环，阻截泥沙、集蓄径流以及消纳径流中污染负荷。最终达到大面积、连片农田面源污染负荷全过程削减的目的。

以小流域(汇水区)为单元进行农田面源污染治理单项技术的整合，不仅能发挥各项污染治理技术的单独效果，还能发挥污染治理技术体系的加和效应，更重要的是实现了农田面源污染治理技术体系的在地化。

从"流域万亩农田面源污染综合控制技术与工程示范"的实施效果来看，以小流域(汇水区)为单元形成农田面源控污减排技术体系可以有效地削减农田面源污染负荷的输出，同时也能为农业生产和污染控制的科学管理提供技术平台支撑。

形成的有高原特色的大面积连片、多类型种植业镶嵌的农田面源污染"一调、二减、三控"的治理模式，可推广应用于云南高原湖泊农田面源污染治理工程中，具有较大的技术需求和应用空间。

一调：调整农田种植布局。滇池坝区是花卉、蔬菜的主产区。虽然花卉、蔬菜种植需要施用大量的化肥和农药，也会产生大量的多汁性秸秆(固体废弃物)，但不同花卉、蔬菜品种对肥水的需求存在很大的差异，同时废弃物的产生量也不同。因此，本课题在示范区推广了水肥高效利用的蔬菜、花卉品种的种植，并将高耗水肥花卉、蔬菜品种的连片种植区调整到台梯地区域，通过结合滴灌技术、水肥一体化技术、宽膜覆盖技术和秸秆分散收集处理技术，从而完成了示范区农田种植布局调整，减少了农田面源污染的产生。

二减：减化肥、减农药、减农田散杂秸秆。滇池农田面源污染物主要是化肥、农药和农田散杂秸秆带来的碳、氮、磷等污染负荷，因此，农业面源污染治理的重要手段就是要减少农田面源污染负荷的源头输入。通过开发碳基尿素、解磷菌肥等新型肥料，研发推广适合当地作物特点的水肥一体化、宽膜覆盖、秸秆分散收集处理和农业有害生物综合防治等技术，建成滇池湖盆区农田减污种植成套技术体系。

三控：控制农田径流。在科学分析滇池湖盆区农田面源污染输移过程及关键控制节点等基础上，通过建设多孔砖砌衬生态渠道、田间生态潭和集水窖，完善农田排水渠网布局，避免暴雨径流冲刷设施农田土壤，形成有序的农田径流控排渠网体系，减少农田面源污染负荷的输出。

2.3　技术集成应用与流域万亩农田面源污染综合控制示范工程

2.3.1　地点与规模

万亩农田面源污染综合控制示范工程区位于晋宁县上蒜镇柴河水库下游，包括洗澡塘、李官营、石头、段七、竹园、瓦窑、柳坝、三多、柳坝塘、安乐、上蒜、下蒜、宝兴、细家营、杨户等村庄。示范工程区分布于北纬 24°60′ ～ 24°66′，东经 102°66′ ～ 102°72′ 之间的区域，南北最长 8.03km，东西最宽 5.64km，总面积约 9.35km²。示范工程控制的汇水区位置详见图 2-1。

图 2-1　流域万亩农田面源污染综合控制示范工程位置图

2.3.2　工程内容

本工程内容涉及安乐、柳坝及观音山三个片区。

1.安乐片区工程内容

项目区总占地面积约 83.12hm²，根据项目区现场状况，本方案将项目区划分为四个区域，其中Ⅰ区位于项目区北部面山区域，占地面积约 12.47hm²，主要涉及的工程内容为林地及坡耕地径流拦蓄与资源化利用工程、少废农田清洁生产示范工程；Ⅱ区位于Ⅰ区南部，位于整个项目区西部，占地面积约 24.06hm²，主要涉及的工程内容为农田径流处理工程及农田沟渠系统径流拦蓄与污染控制工程、少废农田清洁生产示范工程；Ⅲ区位于Ⅱ区东侧，位于项目区中部，占地面积约 30.01hm²，主要涉及的工程内容为农田沟渠系统径流拦蓄与污染控制工程、少废农田清洁生产示范工程；Ⅳ与Ⅲ区相接，处于Ⅲ区南侧，位于整个项目区南侧，占地面积约 16.58hm²，主要涉及的工程内容为农田沟渠系统径流拦蓄与污染控制工程、少废农田清洁生产示范工程。

1)产流区污染控制工程

产流区污染控制工程主要采用少废农田清洁生产技术，包括水肥一体化技术应用示范、缓控释肥应用示范、几丁质爽水剂水质净化及诱抗剂生物农药运用示范三部分内容，各工程内容设计如下。

(1)水肥一体化技术应用示范

实施区域：上蒜镇安乐村设施农业大棚蔬菜作物示范区。

实施方案：应用水肥一体化技术，使用滴灌、微喷设备进行灌溉施肥；施用高含量的水溶性配方肥，根据作物生长需求、土壤肥力进行全生育期的水分和养分需求设计，实现水分和养分定量、定时、按比例直接提供给作物。蔬菜 1200 亩，花卉 120 亩。

(2)缓控释肥运用示范

实施区域：安乐村露地栽培的蔬菜及粮食作物示范区。

实施方案：通过测土分析，确定合理的施肥比例，实施缓控释肥应用 900 亩，露地栽培的茄果类实施缓控释肥应用 100 亩。

(3)几丁质爽水剂水质净化及诱抗剂生物农药运用示范

实施区域：安乐村蔬菜、花卉核心种植区域

实施方案：几丁质爽水剂水质净化。一是结合当地污水汇集区开展区域性污水处理系统建设，二是结合滇池流域农田径流减污控污工程，在生态沟和末端湿地应用几丁质爽水剂，在抑制厌氧微生物生长的同时，促进水生植物的生长，通过生态沟和湿地水生植物收割带走水体中的氮磷等营养元素。

植物诱抗剂生物农药的应用：在安乐村项目区域内开展几丁生物农药示范。

产流区污染控制工程工程量详见表 2-2。

表 2-2　总工程量统计表

序号	名称	单位	数量	备注
1	水肥一体化技术应用	亩	1200	蔬菜
2		亩	120	花卉
3	缓控释肥应用	亩	900	玉米
4		亩	100	露地栽培的茄果类

2)径流区污染控制工程

(1)坡耕地径流污染拦蓄与资源化利用工程

坡耕地径流拦蓄与资源化利用工程涉及区域为项目区北部面山区域的Ⅰ区,主要工程内容包括坡耕地径流拦蓄工程及截流沟改造工程。

(2)坡耕地径流拦蓄工程

根据以上分析,坡耕地径流拦蓄工程主要采用水窖作为坡耕地径流收集方式,根据地形将坡耕地划分为若干斑块,每个斑块修建水窖一座,水窖修建于该斑块最低处,用于收集降雨径流,旱季回用于农田灌溉,从源头上减少面源污染的产生。

水量设计:雨水流量采用汇水面积及暴雨强度公式计算,综合径流系数取 0.20,暴雨重现期取 2 年,地面集水时间取 30min。项目区暴雨强度参照昆明市暴雨径流公式进行计算。

水量计算公式:

$$Q = \Psi \cdot q \cdot F$$

式中,Q——降雨径流量,L/s;

　　　F——农田汇水面积,hm^2;

　　　Ψ——综合径流系数,取 0.20;

　　　q——设计暴雨强度,$L/(s \cdot hm^{-2})$。

暴雨强度计算公式:

$$q = \frac{977(1 + 0.641 \times \lg P)}{t^{0.57}}$$

式中,P——暴雨重现期,取 2 年;

　　　t——降雨历时,取 30min。

根据计算,1 亩地产生的降雨径流量为 $7.84m^3/h$。

水窖设计:根据计算,坡耕地降雨径流量为 $7.84m^3/(h \cdot 亩^{-1})$,本方案设计水窖容积为 $15m^3$。为防止水窖中淤泥积累影响水窖使用,在水窖入水口处修建沉砂池一座。水窖平面图及剖面图详见图 2-2 和图 2-3。项目区坡耕地共计 186.90 亩,本方案根据现场地形及坡耕地自然形成的斑块,共设计水窖 50 座。单个水窖主要工程量及材料用量分别见表 2-3 和表 2-4。

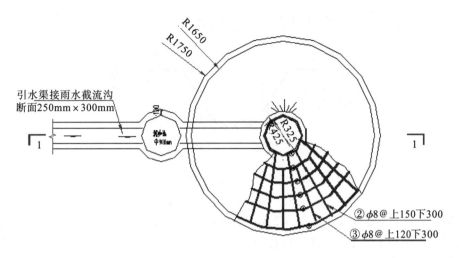

图 2-2　水窖平面图

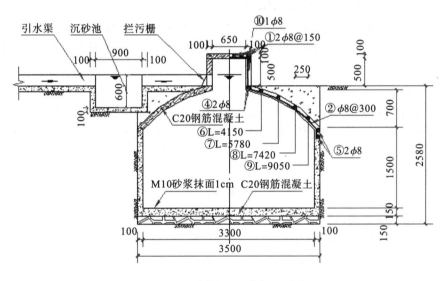

图 2-3　水窖剖面图（单位：mm）

表 2-3　主要工程量

土方/m³	石方/m³	M10 砂浆抹面/m²	C20 混凝土/m³	钢筋安装/kg	块石垫层/m³
18.61	6.2	26.11	4.78	34.24	1.44

表 2-4　主要材料用量

水泥/t	砂子/m³	碎石/m³	钢筋/kg	块石垫层/m³
1.50	3.34	3.74	35.00	1.64

截流沟改造工程：依据现有土沟进行生态沟改造，根据现场实际测量，项目区需改造截流沟约 2000m，截流沟类型为 1 型生态沟，1 型生态沟改造示意图详见图 2-4。

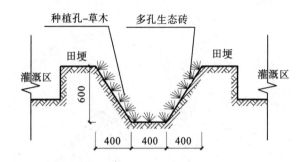

图 2-4　1 型生态沟改造图（单位：mm）

1 型生态沟下底宽 0.4m，上宽 1.2m，沟深 0.6m，坡度为 1∶0.67。其具体做法为在原有沟渠基础上进行平整削坡，然后进行夯实，土层夯实后铺设多孔生态砖，并于孔内种植狗牙根等草本植物。

3）农田沟渠系统径流拦蓄与污染控制工程

项目区单个大棚面积约为 200m²，13～15 个大棚构成一个小区域，相邻大棚之间已修建有简易土沟进行排水，大棚构成的小区域外围需修建改造生态沟及生态集水井用以储蓄雨水。

（1）水量设计

雨水流量通过汇水面积及暴雨强度公式计算，由于大棚为塑料材质，综合径流系数取 0.90，暴雨重现期取 2 年，地面集水时间取 30min。项目区暴雨强度参照昆明市暴雨径流公式进行计算。

水量计算公式：

$$Q = \Psi \cdot q \cdot F$$

式中，Q——降雨径流量，L/s；

$\quad\quad F$——农田汇水面积，hm²；

$\quad\quad \Psi$——综合径流系数，取 0.90；

$\quad\quad q$——设计暴雨强度，L/(s·hm⁻²)。

暴雨强度计算公式：

$$q = \frac{977(1 + 0.641 \times \lg P)}{t^{0.57}}$$

式中，P——暴雨重现期，取 2 年；

$\quad\quad t$——降雨历时，取 30min。

根据计算，1 亩地产生的降雨径流量为 35.29m³/h。

（2）生态沟设计

根据计算，大棚区降雨径流量为 35.29m³/(h·亩⁻¹)，项目区每个大棚区域面积约为 4 亩，则单个大棚区域雨水量约为 140m³，大棚区域周长约 252m。2 型生态沟下底宽 0.4m，上宽 1.2m，沟深 0.6m，坡度为 1∶0.67。为防止生态沟内水体由于流动性较差引起水质恶化现象，本方案设计在生态沟内种植水生植物用以净化水体，水生植物以沉水植物为主，主要有金鱼草、苦草等。生态沟详细做法见图 2-5。项目区修建 2 型生态沟 6000m。

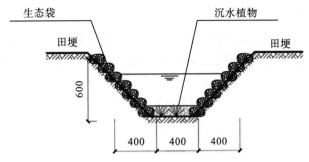

图 2-5　2 型生态沟(单位：mm)

(3)生态集水井设计

生态集水井与生态沟相连，连接处通过可调节活动板调节生态沟与生态集水井水位，生态集水井共分两部分，与生态沟相连部分的主要功能为水质净化，另一部分为大棚灌溉取水区，这两部分由渗滤墙相隔。根据大棚区域闲置土地状况，本方案设计生态集水井单个容积为 20～30m³。项目区位于农村区域，从安全角度考虑，生态集水井四周应设隔离，并安装安全提示牌。生态集水井详图见图 2-6。项目区计划修建生态集水井 50 座。

径流区污染控制工程工程量详见表 2-5。

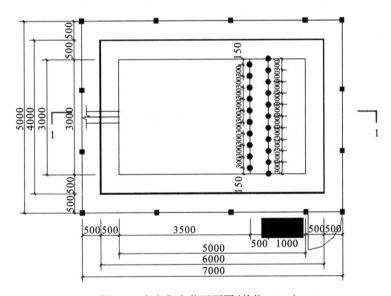

图 2-6　生态集水井平面图(单位：mm)

表 2-5　总工程量统计表

序号	名称	规格	单位	数量	备注
1	水窖	15m³	座	50	
2	1 型生态沟	下底宽 0.4m，上宽 1.2m，沟深 0.6m	m	2000	
3	2 型生态沟	下底宽 0.4m，上宽 1.2m，沟深 0.6m	m	6000	
4	生态集水井	20m³	座	50	

4) 汇水区污染控制工程

汇水量采用汇水面积及暴雨强度公式计算，综合径流系数取 0.30，暴雨重现期取 2 年，地面集水时间取 30min。项目区暴雨强度参照昆明市暴雨径流公式进行计算。

水量计算公式：

$$Q = \Psi \cdot q \cdot F$$

式中，Q——降雨径流量，L/s；

    F——农田汇水面积，hm^2；

    Ψ——综合径流系数，取 0.30；

    q——设计暴雨强度，$L/(s \cdot hm^{-2})$。

暴雨强度计算公式：

$$q = \frac{977(1 + 0.641 \times \lg P)}{t^{0.57}}$$

式中，P——暴雨重现期，取 2 年；

    t——降雨历时，取 30min。

根据计算，1 亩地产生的降雨径流量为 $11.76m^3/h$。农田径流处理系统工程汇水面积约为 183 亩，小时径流量为 $2152m^3$，农田径流处理系统利用原有鱼塘改造而成，本方案设计在原有鱼塘内建设 $700m^3$ 沉淀区，沉淀时间为 20min，可去除大部分总悬浮颗粒物。沉淀区有效水深 1.5m，面积 $470m^2$，沉淀区采用生态渗滤埂形式；同时在处理系统内及沉淀区采用生态浮岛技术进行水质净化，修建人工生态浮岛 $2500m^2$。

汇水区污染控制工程工程量详见表 2-6。

表 2-6　总工程量统计表

序号	名称	单位	数量	备注
1	生态渗滤埂	m	60	
2	1 型生态浮岛	m^2	600	
3	2 型生态浮岛	m^2	350	
4	3 型生态浮岛	m^2	1000	
5	4 型生态浮岛	m^2	550	

2. 柳坝片区工程内容

项目区总占地面积约 $808hm^2$，根据项目区现场状况，本方案将项目区划分为三个区域，其中 I 区位于项目区中部区域，主要为坡耕地大棚种植区，占地面积约 $79.6hm^2$，主要涉及的工程内容为坡耕地大棚种植区径流污染拦蓄与再处理工程；II 区位于 I 区北部，位于整个项目区北部，也是坡耕地大棚种植区，占地面积约 $155hm^2$，主要涉及的工程内容为坡耕地大棚种植区径流污染拦蓄与再处理工程，具体为修建水窖；III 区围绕 I、II 区，位于项目区东南部及西部，主要是比较平缓的大棚种植区域，占地面积约 $573.4hm^2$，主要涉及的工程内容为大棚种植区农田沟渠系统径流拦蓄与污染控制工程(沟渠系统、集水生态潭)、少废农田清洁生产示范工程。

1)产流区污染控制工程

产流区污染控制工程主要采用少废农田清洁生产技术，涉及区域为项目区中的Ⅲ区，包括农田减药控污技术、大棚土壤防侧渗技术、农田废弃物低成本综合处置技术、露地农田控水控肥技术、水肥一体化技术、生物炭基肥料施用技术六部分内容，各工程内容设计如下。

（1）农田减药控污技术

实施区域：昆明市晋宁县上蒜镇柳坝村及段七村。

实施方案：

a.生物防治方案

室内繁殖半闭弯尾姬蜂，然后释放半闭弯尾姬蜂以控制小菜蛾种群数量，减少农药的使用，改善农田的生态环境。室内批量繁殖半闭弯尾姬蜂分三个环节，分别为培育寄主植物甘蓝、培育小菜蛾、培育半闭弯尾姬蜂。

在小菜蛾田间盛发始期，单株平均有小菜蛾幼虫 1.5～2 头时，就在示范区释放半闭弯尾姬蜂蛹，每亩设置 1 个释放点，每个点释放半闭弯尾姬蜂的蛹 100 头；释放的时间应选择晴天上午 9 点～11 点或傍晚。繁殖半闭弯尾姬蜂的工艺流程见图 2-7，工艺参数见表 2-7。

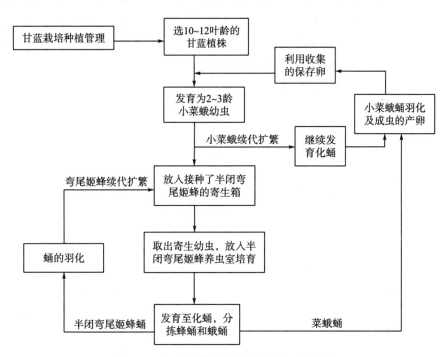

图 2-7　室内扩繁半闭弯尾姬蜂的工艺流程

表 2-7　繁殖半闭弯尾姬蜂工艺参数

序号	名称	规格	数量	用途
1	繁蜂箱	长、宽、高分别为 120cm、60cm、180cm，中间分隔 3 层	25 个	半闭弯尾姬蜂寄生小菜蛾的箱子
2	养虫架	长、宽、高分别为 160cm、125cm、60cm，中间分隔 3 层	100 个	饲养小菜蛾幼虫和半闭弯尾姬蜂幼虫

序号	名称	规格	数量	用途
3	产卵箱	长、宽、高分别为 25cm、30cm、25cm	25 个	小菜蛾产卵箱子
4	育苗盘	长、宽、高分别为 31.5cm、21.0cm、7.5cm	100 个	育甘蓝苗的盘
5	塑料盆	口直径为 15.5cm，高 4.0cm	2500 个	移栽甘蓝的盆
6	试管	外径、管长分别为 12mm，100mm	150 个	收集昆虫
7	放蜂盒	—	1000 个	释放天敌的盒子
8	吸虫器	—	30 个	吸取成虫
9	镊子	—	50 把	拣幼虫
10	甘蓝种子	京丰 1 号	3kg	育甘蓝苗
11	蜂蜜	—	15 瓶	补充蜂营养

性引诱剂和昆虫诱捕器布局设置：利用专用蔬菜花卉害虫性引诱剂和昆虫诱捕器诱杀害虫，可以降低害虫繁殖蔓延的速度，有效控制虫害发生，同时减少农药的使用量和使用次数。在示范区设置诱捕器诱杀甜菜夜蛾、斜纹夜蛾、小菜蛾，诱捕器在田间按棋盘式分布，如图 2-8 所示，参数见表 2-8。图 2-8 中"×"代表诱捕器。甜菜夜蛾、斜纹夜蛾诱捕器每亩安放 1 个，小菜蛾诱捕器每亩安放 3 个。诱捕器距离地面 80～100cm，诱芯每个月更换 1 次。

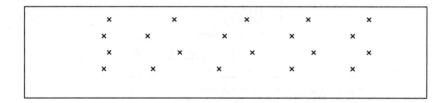

图 2-8　诱捕器田间布局图

表 2-8　诱捕器使用参数

序号	名称	每亩参数	用途
1	小菜蛾诱捕器、诱芯、粘虫板	3 个	诱集小菜蛾
2	甜菜夜蛾诱捕器、诱芯	1 个	诱集甜菜夜蛾
3	斜纹夜蛾诱捕器、诱芯	1 个	诱集斜纹夜蛾
4	木棍	每个诱捕器配套 1～2 根木棍	支撑诱捕器

b.物理防治

杀虫灯布局设置：利用害虫的趋光性诱杀蔬菜和花卉的害虫，可减少蔬菜、花卉上农药的使用量和使用次数，从而减少柴河流域污染负荷。在示范区设置杀虫灯，每盏杀虫灯控制面积 50～60 亩；杀虫灯在田间按直线形分布，见图 2-9，参数见表 2-9。图 2-9 中 💡代表杀虫灯，杀虫灯设置高度为灯底边距离地面 1.2～1.7m。

图 2-9 杀虫灯田间布局图

表 2-9 杀虫灯使用参数

序号	名称	参数	用途
1	电杆、电线	—	通电
2	杀虫灯	安装 1 个/50 亩	诱杀趋光性害虫
3	袋子	10 天更换 1 次袋子	收集昆虫

粘虫板田间设置：利用害虫对颜色的正趋性，采用黄色或蓝色粘板可以控制害虫的虫口密度，减少农药的使用量和使用次数。黄色粘板主要诱杀斑潜蝇、白粉虱、叶蝉成虫及有翅蚜；蓝色粘板诱杀蓟马、白粉虱、斑潜蝇成虫。粘板在田间按棋盘式分布，如图 2-10 所示，使用参数见表 2-10。每亩设置 20～40 块粘板，粘板的高度略高于作物的生长点。

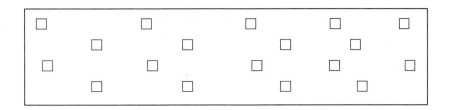

图 2-10 粘虫色板田间布局图

表 2-10 粘虫色板的使用参数

序号	名称	数量	用途
1	黄色粘虫板	每亩 20 块	诱杀趋黄性的害虫
2	蓝色粘虫板	每亩 20 块	诱杀趋蓝性的害虫
3	木棍	1 块粘板配套 1 根木棍	支撑粘板

c.农业防治

农业防治是综合防治的基础，选择抗病的品种，深翻耕作层，对作物进行科学合理的间套轮作，加强田间的管理，保持田园的清洁卫生，通过农事操作创造有利于作物生长而不利于病虫害发生的环境，这样可以减少作物病虫害的大量发生，增强农田的生态调控。农业防治主要通过技术培训和科普宣传方式，由农户操作实施。

d.化学防治

在蔬菜、花卉病虫害监测基础上，以预防为主、综合防治的方针，在病虫害防治适宜期辅助其他防治措施。通过技术培训和科普宣传，提高农民科学合理的使用农药的能力，选择一些高效低毒的生物制剂农药或化学农药使用。

(2)大棚土壤防侧渗技术

实施规模：30个大棚，每个大棚1亩。

实施内容：在大棚土壤边缘内侧铺设农用塑料布，高度40cm。

施工方案：清除土层表面杂物、油污、砂子，凸出表面的石子、砂浆疙瘩等应清理干净，清扫工作必须在施工中随时进行。

工艺流程：基面处理→挖开土层→铺设塑料布→覆土→组织验收。

注意事项：注意农用塑料布保护工作，以防止后道工序对布膜的破坏，从而影响整体防水层的防水性能；应加强对有关施工人员的教育工作，使其自觉形成成品保护意识；同时采取相应措施，切实保证防水层的防水性能。

(3)农田废弃物低成本综合处置技术

装置及部件的尺寸及设计参数：

①1型堆肥桶：堆肥筒体 $\Phi1500mm×1200mm$，穹顶高300mm，进料口600mm×500mm，出料口500mm×400mm(2个，对称布置)，竖向通气管 $\Phi100mm$(隔4cm打一个8mm的孔)。共计15套。

②2型堆肥桶：堆肥筒体 $\Phi1400mm×1200mm$，穹顶高300mm，进料口600mm×500mm，出料口500mm×300mm(2个，对称布置)，出液管DN25mm，净容积1.23m^3，侧面上半部2/3处打一圈孔(隔15cm打一个5mm的孔)。共计250套。

1型、2型堆肥装置的设计图如图2-11和图2-12所示。

装置适用范围：1型堆肥桶适用于多汁类蔬菜废弃物，废弃物含水率50%～90%(55%～65%为佳)，碳氮比(15～40)∶1((20～30)∶1为佳)，pH为5.5～8.5；2型堆肥桶适用于高纤维秸秆与多汁类蔬菜混合物。

装置运行方案：单个装置占地约2.25m^2(1.5m×1.5m)，装置安装于柳坝片区示范点对应农户大棚附近的平整空地(地面上铺设数块砖块，适当加大装置底部与地面的距离)，亦可放置在附近的混凝土排水渠上方。多汁类蔬菜废弃物适当晾晒，与高纤维秸秆混合后(秸秆切碎至2cm为佳)，从顶部的进料口投入堆肥装置，并投加适量腐熟堆肥作为菌种(投加量约占物料总的20%，若秸秆比例较高，可喷洒适量EM菌)，充分混匀，经7～40天发酵(多汁废弃物腐熟周期为7～10天，高纤维秸秆腐熟周期为30～40天)，物料腐解为稳定的有机肥料，从装置底部的出料口出料，施用于农田或用作土壤改良剂。

设计规模：1型堆肥装置15套；2型堆肥装置250套。

(4)露地农田控水控肥技术

首部枢纽设计：首部枢纽设计包括过滤器及水泵的型号选择。滴灌系统水源为井水，有一定的含沙量，所以选用旋流水砂分离器加筛网组合过滤器。根据设计扬程及设计流量选择电泵，其配套功率及效率为：出水管用DN＝55mm，选175QJ20-54/5型井用潜水泵，每台泵的流量为20m^3/h，扬程54m，配套功率5.5kW。

滴灌管的选择：灌水器间距为0.3m；灌水器流量为2.1L/h；设计工作压力0.05MPa。

毛管的布置方式：毛管选用 $\varphi16PE$ 贴片式滴灌管带，管壁厚为0.4mm，内径为15.2mm。

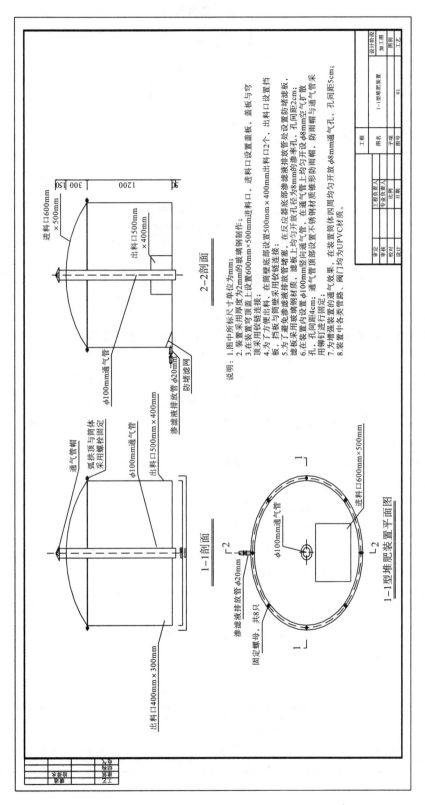

图2-11 1型处理蔬菜废物堆肥装置设计图

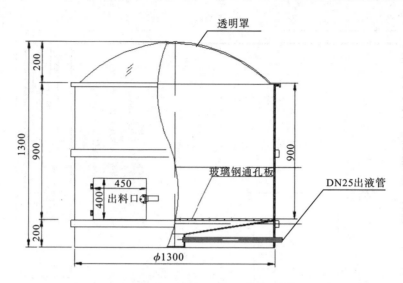

图 2-12　2 型处理蔬菜废物堆肥装置设计图(单位：mm)

注：侧面上半部 2/3 处打一圈孔(隔 15cm 打一个 5mm 的孔)。

系统管网布置：灌区管网布置，均按三级管道即主管、支管(辅管)、毛管布置。主管、支管分别为 φ90PVC，辅管采用 φ63PVC，置于地面。

滴灌管带按垄铺设：间距约 85cm，滴头间距 30cm。主要管道铺设应尽量放松扯平，自然畅通，不应拉的过紧，不应扭曲。滴灌带在将垄顶刮平后铺设。

合理确定作物的灌溉制度：根据水量平衡与历年经验值，滴灌周期一般为 3 天，每次滴灌时间为 1~1.5h。

示范规模：示范区Ⅲ区段七村露地蔬菜地 890m^2，约 1.3 亩。

(5)水肥一体化技术应用示范

实施区域：柳坝片区段七村的大棚耕地、平坝耕地。

实施方案：应用水肥一体化技术，使用滴灌、微喷设备进行灌溉施肥；施用高含量的水溶性配方肥，根据作物生长需求、土壤肥力进行全生育期的水分和养分需求设计，实现水分和养分定量、定时、按比例直接提供给作物。

实施面积：水肥一体化主要适用于蔬菜种植，推广使用面积 700 亩。

(6)生物炭基肥料施用技术

实施区域：柳坝片区段七村，施用配方碳基尿素 100t。

实施方案：生物炭基肥施用方案详见表 2-11。

表 2-11　生物炭基肥施用方案

配方炭基尿素/(kg/亩)	施用方式	施肥时间及肥料用量/(kg/亩)		成本估算/(元/t)	示范区用肥量/t
		基肥	追肥		
56~80	按垄撒施	22.4~32	33.6~40	2400~2800	100

产流区污染控制工程工程量详见表2-12。

表2-12　总工程量统计表

序号	名称	规格	单位	数量	备注
1	农田减药控污技术		亩	200	
2	大棚土壤防侧渗技术	每个大棚1亩	个	30	
3	农田废弃物低成本综合处置技术				
3.1	1型堆肥桶	Φ1500mm×1200mm，穹顶高300mm	套	15	
3.2	2型堆肥桶	Φ1400mm×1200mm，穹顶高300mm	套	250	
4	露地农田控水控肥技术		亩	1.3	
5	水肥一体化技术		亩	700	
6	生物炭基肥技术		吨	100	配方炭基尿素

2）径流区污染控制工程

（1）大棚种植区农田沟渠系统径流拦蓄与污染控制工程

大棚种植区农田沟渠系统径流拦蓄与污染控制工程涉及区域为项目区Ⅲ区。

水量设计：雨水流量采用汇水面积及暴雨强度公式计算，综合径流系数取0.20，暴雨重现期取2年，地面集水时间取30min。项目区暴雨强度参照昆明市暴雨径流公式进行计算。

水量计算公式：

$$Q = \Psi \cdot q \cdot F$$

式中，Q——降雨径流量，L/s；

　　　F——农田汇水面积，hm^2；

　　　Ψ——综合径流系数，取0.20；

　　　q——设计暴雨强度，$L/(s \cdot hm^{-2})$。

暴雨强度计算公式：

$$q = \frac{977(1 + 0.641 \times \lg P)}{t^{0.57}}$$

式中，P——暴雨重现期，取2年；

　　　t——降雨历时，取30min。

根据降雨量977mm，计算1亩地产生的降雨径流量为7.84m^3/h。

a.集水生态潭设计

集水生态潭与生态沟相连，连接处通过可调节活动板调节生态沟与生态集水井水位，集水生态潭共分两部门，与生态沟相连部分主要功能为净化水质，另一部分为大棚灌溉取水区，这两部分由渗滤墙相隔。根据大棚区域闲置土地状况，本方案设计生态集水井单个容积为20m^3。项目区位于农村区域，从安全角度考虑，生态集水井四周应设隔离，并安装安全提示牌。项目区计划修建生态集水井40座。

b.生态沟渠系统设计

结合当地情况，项目区有三条沟渠（编号3#、4#、5#）需进行清理及生态沟渠改造。

3#沟渠：原有沟渠为长600m、宽1m的土沟沟渠，将其改建为生态沟渠，生态沟渠下底宽 0.4m，上宽 1.2m，沟深 0.6m，坡度为 1∶0.67。具体做法为在原有沟渠基础上改造或新建，首先进行土方开挖，然后平整削坡、夯实，土层夯实后铺设多孔生态砖，并于孔内种植狗牙根等草本植物；将原有长 420m 的沟渠单边加高 50cm。

4#沟渠：长 2000m 沟渠——改建生态沟渠，扩 80cm，设计深度 80cm，清淤 20cm。

5#沟渠：槽子沟 1050m——改造为生态沟渠、生态陷阱。

另外，在湾村与柳坝村交界处，用长 5m、直径 1m 的涵管及长 8m、直径 0.8m 的涵管进行沟渠疏通。

c.生态陷阱设计

本项目将项目区槽子沟改建为生态沟渠，并在其中修建生态陷阱沟渠，长度共计 1050m，平面示意图及纵切面示意图分别如图 2-13 和图 2-14 所示。

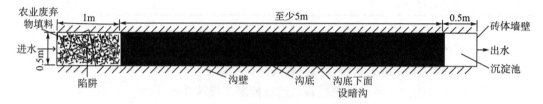

图 2-13　生态陷阱平面示意图

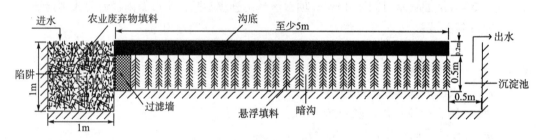

图 2-14　生态陷阱纵切面示意图

根据实际情况，现将槽子沟设计为生态沟渠结合生态陷阱的形式，截面具体尺寸如图 2-15 所示。

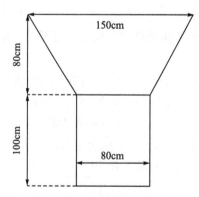

图 2-15　槽子沟改建生态沟渠、生态陷阱截面尺寸示意图

注：上方为生态沟渠，下方为生态陷阱

d.农田垃圾收集工程

农药袋收集池、生态沤肥池建设采用农户自愿原则，经调查，项目区需新建农药袋收集池 80 座，生态沤肥池 400 座。

工程设计：本方案推荐生态沤肥池设计尺寸为 L(长)×B(宽)×H(高)=2.72m×2.48m×1.05m，有效容积 2.5m³；农药袋收集池设计尺寸为 L×B×H=1.44m×1.44m×1.15m，有效容积 1.0m³。

地质要求：工程对地质无特殊要求，地下水位较高地区，需要做防渗处理。

建设地点：在农户田间地头建设，物料随产随投。

管理体制：项目区沤肥池、农药袋收集池建设后，应通过宣传教育及时改变农户在路边、农田内乱丢乱弃的习惯。

(2)坡耕地传统种植区径流污染拦蓄与再处理工程

坡耕地大棚种植区径流污染拦蓄与再处理工程涉及区域为项目区Ⅰ区、Ⅱ区。

根据以上分析，坡耕地径流拦蓄工程主要采用水窖作为坡耕地径流收集方式，根据地形将坡耕地划分为若干斑块，每个斑块修建水窖一座，水窖修建在该斑块最低处，用于收集降雨径流，旱季回用于农田灌溉，从源头上减少面源污染的产生。

根据计算，坡耕地降雨径流量为 7.84m³/(h·亩⁻¹)，本方案设计水窖容积为 15m³。为防止水窖中淤泥积累影响水窖使用，在水窖入水口处修建沉砂池一座。本方案根据现场地形及坡耕地自然形成的斑块，共设计水窖 50 座。在坡耕地依据径流方向与途径，修建集水窖。

(3)坡耕地大棚种植区径流污染拦蓄与再处理工程

坡耕地大棚种植区径流污染拦蓄与再处理工程主要为大棚台地单元微循环系统，该系统主要由环大棚沟渠及末端集水回用池塘构成。采用砖砌沟渠，修建长度约 2500m，沟渠规格为 0.3m×0.6m，修建集水池塘约 20 个，容积为 10m³，水池内分 3 格，具体由施工单位根据实地台地地形，确定具体工程后修建。

径流区污染控制工程工程量详见表 2-13。

表 2-13　径流区总工程量统计表

序号	名称	规格	单位	数量	备注
1	大棚种植区农田沟渠系统径流拦蓄与污染控制工程				
1.1	集水生态潭	20m³	座	40	
1.2	生态沟渠系统				
1.2.1	3#沟渠	生态沟渠下底宽 0.4m，上宽 1.2m，沟深 0.6m	m	1020	600m 改建生态沟，420m 单边加高 50cm
1.2.2	4#沟渠	生态沟渠下底宽 0.4m，上宽 1.2m，沟深 0.6m	m	2000	改建生态沟渠
1.2.3	5#沟渠	生态沟渠上宽 1.5m，沟深 0.8m；生态陷阱 0.8m×1.0m	m	1050	上方生态沟渠，下方生态陷阱
1.2.4	沟渠疏通	长 5m，Φ1m；长 8m，Φ0.8m	m	13	涵管 2 根
1.3	农药袋收集池	L×B×H=1.44m×1.44m×1.15m	座	80	砖砌
1.4	生态沤肥池	L×B×H=2.72m×2.48m×1.05m	座	400	砖砌
2	坡耕地传统种植区径流污染拦蓄与再处理工程				
2.1	水窖	15m³	座	50	

续表

序号	名称	规格	单位	数量	备注
3	坡耕地大棚种植区径流污染拦蓄与再处理工程				
3.1	水池	$10m^3$	座	20	
3.2	砖砌沟渠	$0.3m×0.6m$	m	2500	

3. 观音山片区示范工程内容

项目区总占地面积约 215.16hm²，根据项目区现场状况，本方案将项目区划分为四个区域。其中Ⅰ区位于项目区北部区域，占地面积约 75.88hm²，主要涉及的工程内容为农田径流拦蓄与污染控制技术、少废农田清洁生产示范工程；Ⅱ区位于Ⅰ区南部，位于整个项目区西南部，占地面积约 60.32hm²，主要涉及的工程内容为农田径流拦蓄与污染控制技术、少废农田清洁生产示范工程；Ⅲ区位于Ⅱ区东侧，位于项目区东南部，占地面积约 40.20hm²，主要涉及的工程内容为农田径流拦蓄与污染控制技术、少废农田清洁生产示范工程；Ⅳ与Ⅲ区相接，处于Ⅲ区北侧，位于整个项目区东北侧，占地面积约 38.76hm²，主要涉及的工程内容为农田径流拦蓄与污染控制技术、少废农田清洁生产示范工程。

产流区污染控制工程主要采用少废农田清洁生产技术，涉及区域为项目区Ⅰ区、Ⅱ区、Ⅲ区、Ⅳ区，包括水肥一体化技术应用示范、生物解磷肥料施用技术、农田减药控污技术及栽培技术四部分内容，各工程内容设计如下。

1）水肥一体化技术应用示范

实施区域：观音山片区的大棚耕地、平坝耕地。

实施方案：应用水肥一体化技术，使用滴灌、微喷设备进行灌溉施肥；施用高含量的水溶性配方肥，根据作物生长需求、土壤肥力进行全生育期的水分和养分需求设计，实现水分和养分定量、定时、按比例直接提供给作物。

实施面积：水肥一体化主要适用于蔬菜种植，推广使用面积 100 亩。

2）生物解磷肥料施用技术示范

实施区域：观音山村的大棚耕地、平坝耕地或坡耕地。

实施方案：施用解磷肥 10t（2500 元/吨）。

施用方法：将菌肥均匀撒施于土面上，然后用机械或人工将菌肥均匀混入耕作层 0～20cm 的土壤中，之后移栽。

3）农田减药控污技术

实施区域：昆明市晋宁县上蒜镇宝兴村、竹园村。实施面积共 200 亩。辐射带动示范面积 500 亩。

实施方案如下：

（1）生物防治

a.田间释放半闭弯尾姬蜂，控制小菜蛾种群数量

室内繁殖半闭弯尾姬蜂，然后释放半闭弯尾姬蜂以控制小菜蛾种群数量，减少农药的使用，改善农田的生态环境。室内批量繁殖半闭弯尾姬蜂分三个环节，分别为培育寄主植物甘蓝、培育小菜蛾、培育半闭弯尾姬蜂。

在小菜蛾田间盛发始期，单株平均有小菜蛾幼虫 1.5～2 头时，就在示范区释放半闭弯尾姬蜂蛹，每亩设置 1 个释放点，每个点释放半闭弯尾姬蜂蛹 100 头；释放的时间应选择晴天上午 9 点～11 点或傍晚。

b.性引诱剂和昆虫诱捕器布局设置

利用专用蔬菜、花卉害虫性引诱剂和昆虫诱捕器诱杀害虫，可以降低害虫繁殖蔓延的速度，有效控制虫害发生，同时减少农药的使用量和使用次数。在示范区设置诱捕器诱杀甜菜夜蛾、斜纹夜蛾、小菜蛾，诱捕器在田间按棋盘式分布，如图 2-8 所示，参数见表 2-8。

(2) 物理防治

a.杀虫灯布局设置

利用害虫的趋光性诱杀蔬菜和花卉的害虫，可减少蔬菜、花卉上农药的使用量和使用次数，从而减少柴河流域污染负荷。在示范区设置杀虫灯，每盏杀虫灯控制面积 50～60 亩；杀虫灯在田间按直线形分布，见图 2-9，使用参数见表 2-9。

b.粘虫板田间设置

利用害虫对颜色的正趋性，采用黄色或蓝色粘板可以控制害虫的虫口密度，减少农药的使用量和使用次数。黄色粘板主要诱杀斑潜蝇、白粉虱、叶蝉成虫及有翅蚜；蓝色粘板诱杀蓟马、白粉虱和斑潜蝇成虫。粘板在田间按棋盘式分布，如图 2-10 所示，使用参数见表 2-10，每亩设置 20～40 块粘板，粘板的高度略高于作物的生长点。

(3) 农业防治

农业防治是综合防治的基础，选择抗病的品种，深翻耕作层，对作物进行科学合理的间套轮作，加强田间的管理，保持田园的清洁卫生，通过农事操作创造有利于作物生长而不利于病虫害发生的环境，这样可以减少作物病虫害的大量发生，增强农田的生态调控。农业防治主要通过技术培训和科普宣传方式，由农户操作实施。

(4) 化学防治

在蔬菜、花卉病虫害监测基础上，以预防为主、综合防治的方针，在病虫害防治适宜期辅助其他防治措施。通过技术培训和科普宣传，提高农民科学合理地使用农药的能力，选择一些高效低毒的生物制剂农药或化学农药使用。

4) 大棚生态基质、半基质栽培技术

实施区域：柴河流域观音山片区宝兴村、竹园村。

其余内容见"2.2.3　实施方案"。

2.3.3　实施方案

1. 大棚生态基质、半基质栽培技术

实施规模：基质种植 3 个大棚，半基质种植 3 个大棚，对照为 2 个大棚。

1) 基质种植

配方：蛭石：玉米秸秆=6：4(体积比)。

作物：生菜。

种植方案如下：

（1）品种选择

生菜属喜冷凉的耐光性作物，耐寒性、抗热性不强，一般秋冬季和春季栽培。适合无土栽培的品种很多，如'大湖366'、'皇帝'适合四季栽培，'马来克'适合秋冬季栽培。

（2）播种育苗

生菜的种子很小，先把种子裹上一层硅藻土等含钙物质，再将草炭和蛭石按 3∶1、尿素 2g/盘、磷酸二氢钾 2g/盘、消毒鸡粪 10g/盘混配作为育苗基质，装入直径 8～10cm、高 7.5cm 的塑料钵中，然后浇透水，再将经浸种、催芽的种子播入营养钵内。将温度保持在 15～20℃，以利于种子发芽。以后灌适量清水以补充水分。为使生菜能够连续供应市场，可以每隔 1 周播种 1 次。出苗后到 2～3 片真叶即可定植。

（3）栽培技术

a.栽培槽的构造：建槽大多数采用砖，3～4 块砖平地叠起，高 15～20cm，不必砌。为了充分利用土地面积，栽培槽的宽度为 96cm 左右，栽培槽之间的距离为 0.3～0.4m，填上基质，施入基肥，每个栽培槽内可铺设 4～6 根塑料滴灌管。

b.基质配比：蛭石∶玉米秸秆=6∶4（体积比）。注意基质应先腐熟再使用。

c.施肥及浇水：定植之前，先在基质中按每立方米基质混入 10～15kg 消毒鸡粪、1kg 磷酸二铵、1.5kg 硫铵、1.5kg 硫酸钾作基肥。定植后 20 天左右追肥 1 次，每立方米追 1.5kg 三元复合肥（有效氮、磷、钾含量均≥15%）。以后只须灌溉清水，直至收获。

d.定植：每个栽培槽可栽植 4～5 行生菜，株行距在 25cm 为宜。

（4）采收

不结球生菜长到一定大小即可采收，结球生菜则需要在叶球形成后采收，采收时可连根拔出，带根出售，以表示系无土栽培产品，能够引起人们更大的兴趣，且有比较高的售价。采收后可经过初加工，即采用保鲜膜包装上市，可取得更好的经济效益。

2）半基质种植

配方：基质∶大棚土壤=4∶6（体积比）。

作物：生菜。

种植方案如下：

（1）栽培模式

采用大、中棚生产，冬季覆盖草帘或保温被保温，棚内也可增加第二层膜保温；夏季覆盖遮阳网，加大通风降温；春秋与外界光温基本一致，栽培时采取高密度育苗，分散稀植培养。育苗期：一般春秋 15～20 天，夏季 20 天，冬季 20～25 天。稀植培养：春秋季 20～25 天，夏季 10～15 天，冬季 25～30 天。

（2）品种选择

选择美国大速生、荷兰结球生菜、玻璃生菜、结球生菜、花叶生菜和凯撒等品种。

（3）育苗

采用平畦育苗或穴盘育苗。

a.平畦育苗

苗床苗畦整地要细，床土力求细碎、平整，1m^2 施入腐熟细碎的农家有机肥 10～20kg、磷肥 0.025kg，撒匀，然后翻耕掺匀，整平畦面。播种前浇足底水，水流满畦后略停一下，待水渗下土层后，再在苗畦上撒一薄层过筛细土，厚 3～4mm，随即撒籽，播量为 2g/m²～3g/m²。

b.穴盘育苗

选择长 52cm、宽 28cm、高 5.5cm，128 孔型的黑色塑料穴盘，选用蔬菜专用育苗基质或自己配制。自配基质：草炭、珍珠岩、蛭石以 3：2：1 混合，然后每立方米加入腐熟粉碎的干鸡粪 10～15kg、尿素 500g、磷酸二铵 600g、土壤杀菌剂(50%多菌灵可湿性粉剂 200g、70%甲基托布津可湿性粉剂 150g，稀释喷雾)搅拌均匀，基质达到"手握成团、松手即散"状态即可，及时填装穴盘。将填装好的穴盘平放在塑料大棚内，床面要求平整、土质疏松，专业育苗棚可铺一层砖或厚塑料膜，防止根透出穴盘底部往土里扎，有利于秧苗盘根。棚架上用塑料薄膜和遮阳网覆盖，有防风、防夏季暴雨、防强光和降温作用。到出圃时，幼苗根系已长满穴孔并把基质裹住，很易拔出，不易受伤。

c.种子处理

播前对种子进行处理。气温适宜的季节，用干种子直播。在夏季高温季节播种，种子易发生热休眠现象，需用 15～18℃的水浸泡催芽后播种，或把种子用纱布包住浸泡约半小时，捞起沥去余水，放在 4～7℃的冰箱冷藏室中 2 天再播种，或把种子贮放在-5～0℃的冰箱里存放 7～10 天，以打破种子休眠，提高种子发芽率。2～3 天即可齐芽，80%种子露白时应及时播种。

d.播种深度

将表土层(10cm)按基质：土壤=6：4(体积比)配制。生菜种子发芽时喜光，在红光下发芽较快，所以播种不宜深，播深不超过 1cm。播后上面盖薄薄一层蛭石，浇水后种子不露出即可。苗畦育苗撒籽后，覆盖过筛细土，厚约 0.5cm。经低温催芽处理后的种子，播后在畦上覆盖一层塑料薄膜，2～3 天见种子露白再撒一层细土，以不见种子为宜。

e.苗期管理

使用穴盘育苗，播种后把温度控制在 15～20℃，3～4 天出齐苗。由于出苗率有时只有 70%～80%，需抓紧时机将缺苗孔补齐。苗期温度白天控制在 15～18℃，夜间控制在 10℃左右，不宜低于 5℃。要经常喷水，保持苗盘湿润，小苗有 3 叶 1 心后，结合喷水喷施 1～2 次叶面肥(0.3%～0.5%尿素加 0.2%磷酸二氢钾水溶液)，并要注意防治温室病虫害。在气温较低的季节育苗或夏季为防晒、防雨水冲刷，都宜覆盖塑料薄膜或草帘，小苗出土后先不撒掉覆盖物，等小苗的子叶变肥大，真叶开始吐心时，再撒去覆盖物，并在当天浇一次水。特别是在天热的季节，要在早晚没有太阳暴晒的时候撒除覆盖物，随即浇水，浇水后还需上一层过筛的细土，厚 3～4mm。夏季育苗要防止子苗徒长，采取适当的遮阴、降温和防雨涝的措施，苗出真叶后进行间苗、除草等工作。在 2～3 片真叶时进行分苗。分苗用的苗畦要和播种畦一样精细整地、施肥，分苗当天先把播种畦的小苗浇一次水，待畦土不泥泞时挖苗，移植到分苗畦，按 6cm×8cm 的株行距栽植，气温高时宜在午后阳光不太强时进行分苗，分苗移植后随即浇水，并在苗畦上盖上覆盖物，隔 1 天浇第 2 次水，一般浇 2～3 次水后即能缓苗。

(4)定植

a.定植时间。缓苗后撤去覆盖物，之后松土一次，适时浇水，苗有 3～5 片真叶时，即可定植。定植时间因季节不同而差异较大：4～9 月育苗的，一般苗龄 20 天左右、3～4 片叶时定植；10 月至次年 3 月育苗的，苗龄 30～40 天、4～5 片真叶时定植为宜。

b.茬口安排与地块选择。在年初制定种植计划时，即应安排好每一茬生菜前后茬的衔接和土地的选择。为保证产量和质量，应注意以下几点：生菜生长快速，怕干旱，也怕雨涝；要选择肥沃、有机质丰富、保水保肥力强、透气性好、排灌方便的微酸性土地；生菜是菊科植物，前后茬应尽量与同科作物如莴笋、菊苣等蔬菜错开，防止多茬连作。

c.整地、施肥。整地要求精细，基肥要用质量好并充分腐熟的畜禽粪，露地用量每亩 2000～3000kg，加复合肥 20～30kg；保护地需 3000～5000kg。做畦应根据不同的栽培季节和土质而定。一般春秋栽培宜做平畦，夏季宜做小高畦，地势较凹的地宜做小高畦或瓦垄畦，如在排水良好的沙壤地块可做平畦。在地下水位高、土壤较黏重、排水不良的地块应作小高畦。畦宽一般为 1.3～1.7m，定植 4 行。

d.起苗栽植。起苗前浇水切坨，多带些土。穴盘育的苗在种前喷透水，定植时易取苗，且成活率高。苗床育的苗在挖苗时要带土坨起苗，随挖随栽，尽量少伤根。种植时按株行距定植整齐，苗要直，种植深度掌握在苗坨的土面与地面平齐即可。开沟或挖穴栽植，封沟平畦后浇足定植水。定植后温度白天保持在 20～24℃，夜间保持在 10℃以上。

e.定植密度。不同的品种及在不同的季节，种植密度有所区别。一般行距 40cm，株距 30cm。大株型品种在秋季栽培时，行距 33～40cm，株距 27cm，每亩栽苗 5800 株；冬季栽培时，可稍密植，行距 25cm，每亩栽 6500 株。株型较小的品种，如奥林、达亚、凯撒等在夏季生产，宜适当密植，行距 30cm，株距 20～25cm，每亩栽苗 6200～8000 株。

(5)田间管理

a.浇水。浇透定植水后中耕保湿缓苗，保证植株不受旱。缓苗期后，要看土壤墒情和生长情况掌握浇水的次数，一般 5～7 天浇 1 次水，沙壤土 3～5 天浇 1 次水。春季气温较低时，土壤水分蒸发慢，水量宜小，浇水间隔的时间长；春末夏初气温升高，干旱风多，浇水宜勤，水量宜大；夏季多雨时少浇或不浇，无雨干热时又应浇水降低土温。生长盛期需水量多，浇水要足，使土壤经常保持潮润。叶球结成后，要控制浇水，防止水分不均造成裂球和烂心。保护地栽培，在开始结球时，田间已封垄，浇水应注意既要保证植株对水分的需要，又不能过量，以免湿度过大。

b.施肥。以底肥为主，底肥足时生长期可不追肥。至结球初期，随水追 1 次氮素化肥促叶片生长；15～20 天追第 2 次肥，以氮、磷、钾复合肥较好，每亩施肥 15～20kg；心叶开始向内卷曲时，再追施一次复合肥，每亩施 20kg 左右。

c.中耕除草。定植缓苗后，为促进根系的发育，宜进行中耕、除草，使土面疏松透气，封垄前可酌情再进行一次。

d.病虫害防治。病虫害应以预防为主，加强田间管理。蚜虫危害多在秋冬季和春季，可用乐果乳剂、一遍净(吡虫啉)等喷雾防治。若有地老虎危害，可用 90%敌百虫 800 倍液喷洒地面防治。菌核病多发生在 2～3 月，可用 70%甲基硫菌灵可湿性粉剂 500～700 倍液或 50%扑海因可湿性粉剂 1000～1500 倍液喷雾防治。软腐病在高温多雨月份易发生，可用浓度 47%加瑞农可湿性粉剂 1000 倍液或 72%农用硫酸链霉素可溶性粉剂 4000 倍液及时喷雾，霜霉病可用 75%百菌清可湿性粉剂 500 倍液喷雾，采收前 15 天停药。

(6)采收

生菜的采收宜早不宜迟，以保证其鲜嫩的品质。当植株具有 15～25 片叶、株重 100～300g 时，及时采收。每亩可采收 1500kg。采收时去除根部黄叶，散叶生菜用扎绳 3～5 株一捆，结球生菜可单独包装。

2. 大棚土壤防侧渗技术

实施规模：30 个大棚，每个大棚 1 亩。

实施内容：在大棚土壤边缘内侧铺设农用塑料布，高度 40cm。

施工方案：清除土层表面杂物、油污、砂子，凸出表面的石子、砂浆疙瘩等应清理干净，清扫工作必须在施工中随时进行。

工艺流程：基面处理→挖开土层→铺设塑料布→覆土→组织验收。

3. 农田废弃物低成本综合处置技术

1)装置及部件尺寸设计参数

1 型堆肥桶：堆肥筒体 $\Phi1500mm\times1200mm$，穹顶高 300mm，进料口 600mm×500mm，出料口 500mm×400mm(2 个，对称布置)，竖向通气管 $\Phi100mm$(隔 4cm 打一个 8mm 的孔)。共计 5 套。

2 型堆肥桶：堆肥筒体 $\Phi1400mm\times1200mm$，穹顶高 300mm，进料口 600mm×500mm，出料口 500mm×300mm(2 个，对称布置)，出液管 DN25mm，净容积 $1.23m^3$，侧面上半部 2/3 处打一圈孔(隔 15cm 打一个 5mm 的孔)。共计 50 套。

2)堆肥装置运行方案

装置适用范围：1 型堆肥桶适用于多汁类蔬菜废弃物，废弃物含水率 50%～90%(55%～65%为佳)，碳氮比(15～40)∶1((20～30)∶1 为佳)，pH 为 5.5～8.5。2 型堆肥桶适用于高纤维秸秆与多汁类蔬菜的混合物。

3)装置运行方案

单个装置占地约 $2.25m^2$(1.5m×1.5m)，装置安装于观音山片区示范点对应农户大棚附近的平整空地(地面上铺设数块砖块，适当加大装置底部与地面的距离)，亦可放置在附近的混凝土排水渠上方。

多汁类蔬菜废弃物适当晾晒，与高纤维秸秆混合后(秸秆切碎至 2cm 为佳)，从顶部的进料口投入堆肥装置，并投加适量腐熟堆肥作为菌种(投加量约占物料总量的 20%，若秸秆比例较高，可喷洒适量 EM 菌)，充分混匀，经 7～40 天发酵(多汁废弃物腐熟周期为 7～10 天，高纤维秸秆腐熟周期为 30～40 天)，物料腐解为稳定的有机肥料，从装置底部的出料口出料，施用于农田或作为土壤改良剂。

设计规模：1 型堆肥装置 5 套；2 型堆肥装置 50 套。

4. 面源污染仿肾型收集与再削减技术

实施区域：项目区Ⅰ区，汇水面积约 1000m^2。

工艺流程：查阅历年降雨资料并分析径流中总悬浮颗粒物、总磷、溶解态磷、总氮的含量，根据降雨量和总悬浮颗粒物含量确定沉砂-滤砂系统的规模；根据降雨量、相关面源污染物的浓度确定所需的填料和植物的量；根据降雨量、汇水面积、径流量和水力停留时间、水力负荷、流量、流速等水力参数设计集水/排水沟渠的尺寸。

主要技术参数的确定如下：

1) 沉砂池的参数确定

根据斯笃克溢流公式，在一定流量下，当溢流速度小于或等于颗粒沉降速度时，该粒径的颗粒将会沉降。沉砂池的面积决定着一定流量下的溢流速度，根据斯笃克溢流速度公式：

$$V_{OR} = Q / A_s = \leqslant \omega \tag{2-1}$$

式中，V_{OR}——溢流速度，m/s；

Q——流量，m^3/s；

A_s——沉砂池面积，m^2；

ω——沉降速度，m/s。

$$\omega = gD^2 \times (P_s - 1) / (18V) \tag{2-2}$$

式中，D——沉砂临界粒径，m；

g——重力加速度，m/s^2；

V——黏度系数；

P_s——泥沙比重。

根据项目区的降雨分析，将流量设定为 0.099m^3/s。通过综合考虑径流中的泥沙含量、经济条件和项目需求等，将沉砂池的沉砂效率设定为 70%。以径流中颗粒物的粒径分析结果为依据，达到所需沉砂效率时去除泥沙的临界粒径为 0.05mm，由式(2-1)和式(2-2)计算得出，当沉砂池的容积达到 50m^3(5m×5m×2m)时，去除效率可达 70%以上。

2) 草滤带相关参数的确定

草滤带的效率受流量、坡降、草株间距、草的曼宁糙率系数、过水宽度和草滤带长度等因素影响。流量和草的曼宁糙率系数可认为是已知因素，由于受地形等实际条件的限制，坡降、草株间距和过水宽度的可选择性较差，因此，决定草滤带效率的主要因素为草滤带的长度。根据项目需求和立地条件，将草滤带的去除临界粒径设定为 0.05mm，根据沉降速度公式求出沉降速度 ω=2.7017×10^{-3}m/s；项目区草滤带的坡降 E=2%，草滤带草株间距 S 设定为 3mm，草的曼宁糙率系数 η 为 0.35，草滤带宽度为 B=9m，过流流量为 q=0.1m^3/s，根据曼宁公式：

$$D_f = (q\eta)^{0.6} / E^{0.3} = 0.1157(m) \tag{2-3}$$

式中，D_f——草滤带径流深，m；

q——单位宽度径流量，m^3/s；

η——曼宁糙率系数；

E——草滤带坡降，%。

实际草滤带径流深度设计为11cm，在误差允许范围内。

草滤带内流速：$V_s = (1/\eta) \times \dfrac{2}{3} D_f \times \dfrac{1}{2} E = \dfrac{q}{D_f} = 0.096 \text{m/s}$；

间距参数：$R_s = (S \times D_f)/(2D_f + S) = 0.00148 \text{m}$；

根据肯塔基大学研究的经验公式，去除参数 X 为

$$X = 0.82(V_s \times R_s / V) \times (L_m \times \omega \times D_f / V_s) - 0.91 \tag{2-4}$$

式中，L_m——草滤带长度；

V——运动黏滞度，一般为 10^{-6}。

依据去除参数 X 与泥沙去除率的经验关系，当 $X=10$ 时，泥沙去除率在98%以上，可满足工程要求，从而求得草滤带长度约为48.3m，因此，设定草滤带长度为50m。

3）植物组合与填料组合的选择

根据对单个填料及填料组合的吸附性能的测试，选择填料组合为"陶粒-铁矿渣-炉渣-碳渣"；通过对不同植物组合下，径流水质净化效果的对比，植物组合选择"香根草-高羊茅-黑麦草-早熟禾-狗牙根"。

（1）技术设计

技术设计包含设计思想和设计内容两方面。设计思想：根据项目区的气候、地形等条件，通过最小的投入，实现对项目区径流中面源污染物的去除率达到最大。设计内容：重点为植物拦砂坝设计。选择项目区内生物量大的入侵物种紫茎泽兰的秸秆作为植物拦砂坝的材料，从上而下选择多个"壶口"地形，呈阶梯状依次建若干个植物拦砂坝，当径流经过时，将大颗粒的泥沙和碎石截留，防止下游沟渠系统的堵塞，并且可以减少颗粒态磷、氮的流失和泥沙输出。根据径流强度适当改变植物拦砂坝的数量，在径流产生强度大的位置增加拦砂坝的体积与数量。

（2）沉砂池设计

由于项目区内泥沙含量大，需沉砂能力较强的沉砂系统，而沉淀池作为应用较为广泛的沉砂方式，技术较为成熟，对于去除一定粒径的泥沙具有较好的效果。根据当地的降雨量和径流量，建一个或多个矩形沉淀池，其长、宽、高的尺寸以使表面水力负荷 q 在0.8～3.0为宜。

（3）草滤带参数设计

针对项目区泥沙量大、颗粒态磷含量高的特点，为更好地去除泥沙，设置了草滤带对径流中的泥沙进一步去除。由于受项目区立地条件的限制，草滤带的坡降和宽度可选择性较小，根据对草滤带的去除效果的要求，设定草滤带长度为30m。

（4）沟渠系统的参数设定

根据实验结果，沟渠系统达到要求的去除效果时，水在沟渠系统中的停留时间需大于20min。根据项目区的降雨量和汇水面积，并考虑充分发挥填料和植物的吸附作用，沟渠的长度设置为约610m，沟渠上宽1.5m，下底宽0.5m，沟深1m，截面积为1m²，沟渠形式为多孔砖生态沟。

（5）产流区污染控制工程工程量

产流区污染控制工程工程量详见表2-14。

表 2-14　总工程量统计表

序号	名称	规格	单位	数量	备注
1	水肥一体化技术		亩	100	
2	生物降解磷肥料施用技术		吨	10	降解磷肥料
3	农田减药控污技术		亩	200	
4	栽培技术	1 亩/个	个	8	
4.1	基质栽培	1 亩/个	个	3	
4.2	半基质栽培	1 亩/个	个	3	
4.3	对照	1 亩/个	个	2	
5	大棚土壤防侧渗技术	1 亩/个	个	30	
6	农田废弃物低成本综合处置技术				
6.1	1 型堆肥桶	Φ1500mm×1200mm，穹顶高 300mm	套	5	
6.2	2 型堆肥桶	Φ1400mm×1200mm，穹顶高 30mm	套	50	
7	面源污染仿肾型收集与再削减系统				
7.1	植物拦砂坝				
7.2	沉砂池	5m×5m×2m	座	1	
7.3	草滤带	5m×10m	m²	50	
7.4	生态沟渠	沟渠上宽 1.5m，下底宽 0.5m，沟深 1m	m	610	

5. 径流区污染控制工程

农田径流拦蓄与污染控制技术涉及区域为项目区Ⅰ区、Ⅱ区、Ⅲ区、Ⅳ区。

水量设计：雨水流量采用汇水面积及暴雨强度公式计算，综合径流系数取 0.20，暴雨重现期取 2 年，地面集水时间取 30min。项目区暴雨强度参照昆明市暴雨径流公式进行计算。

水量计算公式：

$$Q = \Psi \cdot q \cdot F$$

式中，Q——降雨径流量，L/s；

$\qquad F$——农田汇水面积，hm^2；

$\qquad \Psi$——综合径流系数，取 0.20；

$\qquad q$——设计暴雨强度，$L/(s \cdot hm^{-2})$。

暴雨强度计算公式：

$$q = \frac{977(1 + 0.641 \lg P)}{t^{0.57}}。$$

式中，P——暴雨重现期，取 2 年；

$\qquad t$——降雨历时，取 30min。

根据降雨量 977mm，计算 1 亩地产生的降雨径流量为 7.84m³/h。

集水生态潭设计：集水生态潭与生态沟相连，连接处通过可调节活动板调节生态沟与生态集水井水位，集水生态潭共分两部分，与生态沟相连部分的主要功能为水质净化，另一部分为大棚灌溉取水区，这两部分由渗滤墙相隔。根据大棚区域闲置土地状况，本方案设计生态集水井单个容积为 20～50m³。项目区位于农村区域，从安全角度考虑，生态集水井四周应设隔离，并安装安全提示牌。项目区计划修建生态集水井 40 座。

生态沟渠系统工程：据实地统计，项目区有两条沟渠(编号 1#、2#)需进行清理及生态沟渠改造。1#沟渠：对原有长 1200m、宽 0.8m 的沟渠进行清淤；对长 1184m、宽 0.8m 的土沟改建成生态沟渠、生态陷阱。结合当地情况，生态沟渠依据现有土沟进行改造或新建。生态沟渠下底宽 0.4m，上宽 1.2m，沟深 0.6m，坡度为 1：0.67。其具体做法为在原有沟渠基础上改造或新建，首先进行土方开挖，然后平整削坡、夯实，土层夯实后铺设多孔生态砖，并于孔内种植狗牙根等草本植物。2#沟渠：对原有长 1025m、宽 2.5m 的沟渠进行清淤。

生态陷阱：本项目在 1#沟渠改建的生态沟渠中修建生态陷阱，长度共计 1184m。

农田垃圾收集工程：农药袋收集池、生态沤肥池建设采用农户自愿原则，经调查，项目区需新建农药袋收集池 30 座，生态沤肥池 50 座。

工程设计：本方案推荐生态沤肥池设计尺寸 $L×B×H$=2.72m×2.48m×1.05m，有效容积 2.5m³；农药袋收集池设计尺寸 $L×B×H$=1.44m×1.44m×1.15m，有效容积 1.0m³。

地质要求：工程对地质无特殊要求，地下水位较高地区需要做防渗处理。

建设地点：在农户田间地头建设，物料随产随投。

管理体制：项目区沤肥池、农药袋收集池建成后，应通过宣传教育及时改变农户在路边、农田内乱丢乱弃的习惯。

径流区污染控制工程工程量详见表 2-15。

表 2-15　径流区总工程量统计表

序号	名称	规格	单位	数量	备注
1	大棚种植区农田沟渠系统径流拦蓄与污染控制工程				
1.1	集水生态潭	20m³	座	40	
1.2	1#沟渠	生态沟渠下底宽 0.4m，上宽 1.2m，沟深 0.6m	m	2384	1200m 清淤，1184m 改建生态沟渠、生态陷阱
1.3	2#沟渠	长 1025m，宽 2.5m	m	1025	清淤
1.4	农药袋收集池	$L×B×H$=1.44m×1.44m×1.15m	座	30	砖砌
1.5	生态沤肥池	$L×B×H$=2.72m×2.48m×1.05m	座	50	砖砌

6. 关键节点优化提升工程示范内容

项目区沿用"柴河流域柳坝片区农田面源污染综合控制示范工程"，占地面积约 808hm²。

1)产流区污染控制关键节点优化提升工程——山地植被生态恢复工程

根据红头山矿区所处区域的自然环境特点，结合水专项此前的研究成果，围绕树种的生物学特性和生态学特征，首选抗逆性强、根系发达、耐瘠薄、抗干旱、生物量大、生长迅速、对土壤要求不高的优良乡土树种。其次考虑选择病虫害少、吸收有害气体能力强、滞滤粉尘、净化空气、吸收有毒气体的抗污染树种。同时考虑当地采购、价格等方面的因素，最终选取乔木(樱花、柳树)和地被植物(狗尾草、狗牙根)，植物密度及其数量见表 2-16。

表2-16　植行道树、地被植物密度及其数量

名称	规格	造林密度	数量(按600m²计算)
樱花	ϕ=3~5cm	160株/亩	150株
柳树	ϕ=3~5cm	160株/亩	150株
狗牙根	8~10g/m²	14斤/亩	13.5斤
狗尾草	8~10g/m²	14斤/亩	13.5斤

产流区污染控制关键节点优化提升工程工程量详见表2-17。

表2-17　总工程量统计表

序号	名称	单位	数量	备注
1	山地植被生态恢复系统	m²	600	
2	堆肥桶	套	50	

2) 径流区污染控制关键节点优化提升工程——沟渠系统优化提升工程

沟渠系统优化提升工程主要是完善"柴河流域柳坝片区农田面源污染综合控制示范工程"中的沟渠系统,使项目区水体形成完整的水系循环系统。在山洪水径流区域,在现有土沟的基础上建设石砌沟渠,两种沟渠的示意图分别如图2-16和图2-17所示。

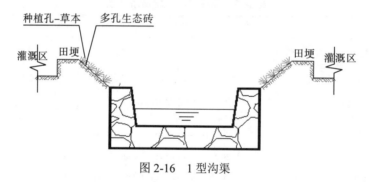

图2-16　1型沟渠

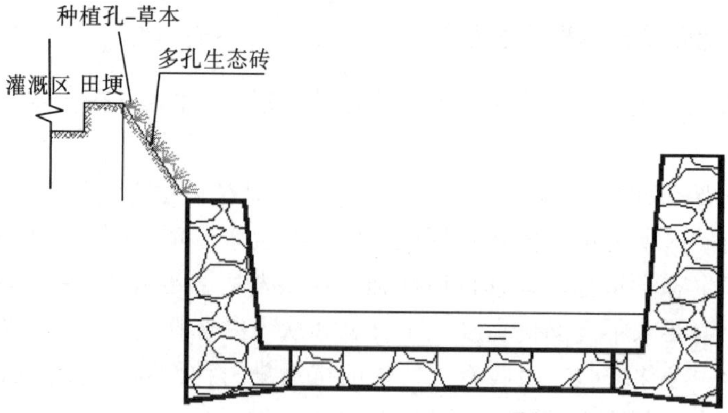

图2-17　2型沟渠

径流区污染控制关键节点优化提升工程的工程量详见表2-18。

表2-18 总工程量统计表

序号	名称	单位	数量	备注
1	沟渠系统优化提升工程			
1.1	段七1#沟渠	m	800	
1.2	段七2#沟渠			
1.2.1	沉砂池	座	1	
1.2.2	沟渠	m	300	
1.3	段七3#沟渠	m	70	

3) 汇流区污染控制关键节点优化提升工程——生态塘体建设工程

汇水量采用汇水面积及暴雨强度公式计算,综合径流系数取0.30,暴雨重现期取2年,地面集水时间取30min。项目区暴雨强度参照昆明市暴雨径流公式进行计算。

水量计算公式:

$$Q = \Psi \cdot q \cdot F$$

式中,Q——降雨径流量,L/s;

F——农田汇水面积,hm^2;

Ψ——综合径流系数,取0.30;

q——设计暴雨强度,$L/(s \cdot hm^2)$。

暴雨强度计算公式:

$$q = \frac{977(1 + 0.641\lg P)}{t^{0.57}}$$

式中,P——暴雨重现期,取2年;

t——地面集水时间,取30min。

根据计算,1亩地产生的降雨径流量为11.76m^3/h。生态塘体建设工程汇水面积约为55亩,小时径流量为647m^3。农田径流处理系统利用原有坝塘改造而成,本方案设计在原有坝塘外建设面源污染仿肾型收集与再削减系统,沉淀时间为20min,可去除大部分总悬浮颗粒物。面源污染仿肾型收集与再削减系统有效水深1m,面积216m^2。同时,在处理系统内及沉淀区采用生态浮岛技术进行水质净化,修建人工生态浮岛600m^2。

塘体中,在人工辅助下,栽培挺水植物。这些植物在生长繁殖过程中能吸收大量的氮、磷等污染物并加以转化和利用。同时,其庞大的根系可吸附颗粒固体污染物,并成为微生物活动频繁的场所,对颗粒污染物可进行降解和利用。最终达到净化水质的作用。

汇流区污染控制关键节点优化提升工程的工程量详见表2-19。

表2-19 总工程量统计表

序号	名称	单位	数量	备注
1	面源污染仿肾型收集与再削减系统	套	1	
1.1	植物拦沙坝			

续表

序号	名称	单位	数量	备注
1.2	生态集水井	1	座	规格 5m×5m×1m
1.3	草滤带	50	m²	规格 5m×10m
1.4	沟渠	120	m	
2	生态塘			
2.1	生态浮岛	600	m²	
2.2	栽植挺水植物	400	m²	
2.3	生态渗滤墙	20	m	

7. 建设过程

2014 年 6 月～2014 年 12 月建设完成安乐片区示范工程；2015 年 6 月～2015 年 12 月建设完成柳坝及观音山片区示范工程；2016 年 11 月～2017 年 5 月建设完成关键节点优化提升示范工程。部分工作如图 2-18～图 2-21 所示。

图 2-18 露地少废农田减污种植集成技术推广

图 2-19 农田减药控污技术推广

图 2-20　农田径流拦蓄与污染控制技术施工现场

图 2-21　坡耕地径流污染拦蓄与资源化利用技术施工现场

2.3.4　后期运行维护

"万亩农田面源污染综合控制技术示范工程"总计完成减污种植技术推广面积13000 亩；建设生态渠道 15580m，生态集水潭 77 个，集水窖 390 个，田间堆沤池 450 个，农药袋收集池 150 个，农田尾水收集处理系统 2 个。云南大学生态学与环境学院(甲方)为该工程提供技术支撑。各片区示范工程均已完成验收，示范工程质量合格，资料完备。工程运行期间(2016～2017 年)各项技术参数达到预期要求。

为使示范工程在课题验收后继续发挥功能、持续运转，对示范区农田面源污染进行有效削减，同时保障当地农业稳产，自 2017 年 6 月 1 日起陆续将该示范工程的相关技术移交给上蒜镇农业技术推广站(乙方)进行后续推广运行，并负责协调示范区村委会对示范工程进行日常维护和管理。甲方继续向乙方无偿提供该示范工程的技术咨询及服务。

2.3.5　示范工程效果：监测方案、运行效果

1. 监测方案

监测指标：河道及沟渠水质监测指标为总氮、总磷和 COD_{Cr}。农田径流监测指标为总氮、总磷和总悬浮物。

河道及沟渠水质监测点位：安乐片区(图 2-22)、柳坝片区(图 2-23)、观音山片区(图 2-24)。

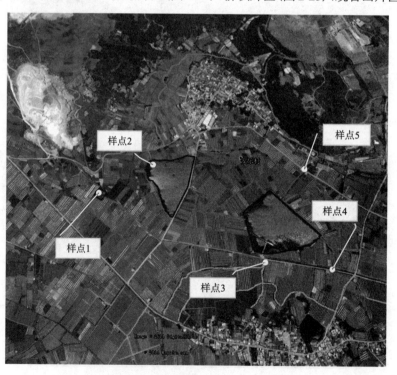

图 2-22　安乐片区监测点位布设图

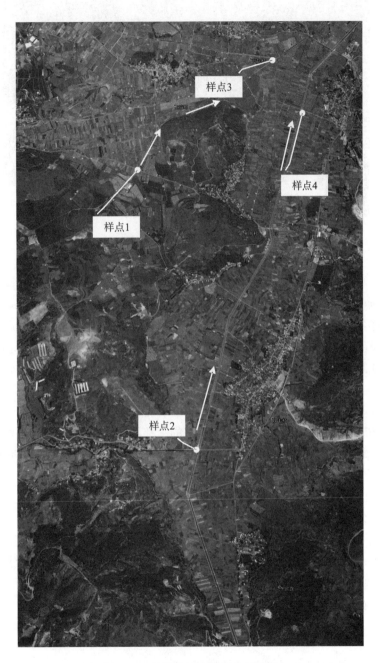

图 2-23　柳坝片区监测点位布设图

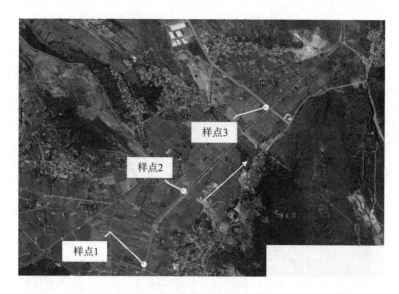

图 2-24　观音山片区监测点位布设图

安乐片区布设 2 个进水口采样点(样点 1 和样点 2)、1 个中段采样点(样点 5)、2 个末段采样点(样点 3 和样点 4)。样点 1 和样点 2 分别位于沟渠循环系统的上端,需分别采集拦蓄池中水样各 1 个;样点 3 和样点 4 分别位于安乐片区主排水渠的交汇点,样点 3 需采集主排水渠及南北沟渠的水样各 1 个(共 3 个),样点 4 需采集主排水渠及北沟渠的水样各 1 个(共 2 个)。样点 5 位于提灌泵房,渠需采集水样 1 个(提灌水水量由安乐村民小组负责记录)。

柳坝片区布设 2 个进水口采样点(样点 1 和样点 2)、2 个末段采样点(样点 3 和样点 4)。样点 1 和样点 3 分别位于排水沟渠系统的上端和末端,需分别采集沟渠中水样各 1 个;样点 2 和样点 4 分别位于柴河河道与沟渠的交汇点,样点 2 需采集柴河河道渠及西沟渠的水样各 1 个(共 2 个),样点 4 需采集柴河河道的水样 1 个。

观音山片区布设 2 个进水口采样点(样点 1 和样点 2)、1 个末段采样点(样点 3)。样点 1 和样点 2 分别位于柴河河道与沟渠的交汇点,样点 1 需采集柴河河道水样 1 个;样点 2 需采集柴河河道渠及西沟渠的水样各 1 个(共 2 个),样点 3 需采集柴河河道的水样 1 个。

监测频率:在示范工程完成前后对沟渠系统及河道各连续监测 6 个月,每月监测 1 次水质和水量。各片区农田径流中总氮、总磷、总悬浮物监测需采集农田毛沟中水样,分别监测坡耕地及坝平地农田暴雨径流不少于 6 次/年。

2. 运行效果

通过测算,露地农田固土控蚀种植模式示范工程(3000 亩)可以将农田径流中的氮、磷分别削减 1.8～2.1t/a、0.30～0.38t/a。其中散杂秸秆就地收集处理装置可将农田氮、磷输出量分别削减 1.4t/a 和 0.30～0.38t/a,径流收集及循环利用设施可将农田径流中氮、磷、总悬浮物和 COD_{Cr} 污染负荷输出量分别削减 0.4～0.7t/a、9～4kg/a、1.0～1.6t/a 和 1.3～2.1t/a。

设施农田节水控肥模式示范工程（10000 亩）可以将农田径流中的氮、磷污染负荷输出量分别削减 3.4～5.3t/a 和 0.4～0.7t/a。其中散杂秸秆就地收集处理装置可将农田氮、磷输出量分别削减 2.1～3.6t/a 和 0.4～0.7t/a，以农户为单元的径流收集及小循环利用设施可将农田径流中氮、磷、总悬浮物和 COD_{Cr} 污染负荷输出量分别削减 0.5～1.0t/a、13～23kg/a、0.9～1.3t/a 和 1.4～2.4t/a，安乐片区径流收集及大循环利用设施可将减农田径流中氮、磷、总悬浮物和 COD_{Cr} 污染负荷输出量分别削减 0.6t/a、23kg/a、1.2t/a 和 1.8t/a。

第三方调查数据显示：与非示范区比较，示范区露地农田固土控蚀种植模式示范提高产量 35%，降低复合肥施用量 44%，降低尿素施用量 18%。与非示范区比较，示范区设施农田节水控肥模式示范平均提高产量 17.8%，节水 14%，降低复合肥施用量 28%，降低水溶肥施用量 23%。

根据第三方监测报告数据，整个示范工程（面积 13000 亩）可以将农田径流中的氮、磷和 COD_{Cr} 污染负荷输出量分别削减 5.2～7.6t/a、0.8～1.3t/a 和 26.2～46.9t/a。

2.3.6　地方配套情况

"万亩农田面源污染综合控制技术示范工程"示范区分布于北纬 24°60′～24°66′，东经 102°66′～102°72′之间的区域，南北最长 8.03km，东西最宽 5.64km，总面积约 9.35km²。示范区包括晋宁区上蒜镇辖区的洗澡塘、李官营、石头、段七、竹园、瓦窑、柳坝、三多、柳坝塘、安乐、上蒜、下蒜、宝兴、细家营、杨户等村庄。该示范工程由晋宁区农业局组织实施，2014～2017 年先后完成安乐片区、柳坝片区、观音山片区及后续的优化提升示范工程的建设。工程总投资 1200 万元。

第三章 流域新型农业面源污染综合控制的技术体系与工程实践

滇池全流域位于昆明市行政区内，随着昆明市及其紧邻地区的快速发展，滇池将沦为城市型湖泊。根据城市型湖泊流域的发展规律，当前农业发展主要满足城市菜篮子、果盘子、米袋子的需要，未来农业发展主要向服务型农业行进。为此，需要围绕这种发展态势，针对滇池流域快速城镇化条件下农业面源污染发展的特点，开展新型都市农业面源污染防控研究和工程实践，解决发展中形成的新型面源污染问题。

3.1 技术整装与技术体系构建及工程应用设计

3.1.1 目标

根据滇池水污染防治规划对流域农业面源污染防治的总体要求，未来农业主要是发展观赏植物、药用植物、珍稀植物的栽培、繁育，形成观赏农业、科普农业、休闲农业、育种农业等。本研究针对滇池流域快速城镇化条件下的农业用地格局、农业产业优化升级和农业发展环境效应，选择生态高值新型都市农业综合发展路径，开展新型都市农业面源污染减排技术和模式研究，从新型都市农业面源污染少排放、新型都市农业面源污染零排放和农田废弃物低成本综合处置三个层面进行综合技术集成和工程示范。

通过技术集成和工程示范，提出都市农业发展类型的遴选方案和组合模式，对都市农业生产过程中形成的面源污染进行综合控制，使滇池流域新型都市农业在生产过程中和产品生命周期中减少资源、物质的投入量和农业废弃物的产生排放量，实现农业经济和生态环境效益的双赢，为滇池流域面源污染管理的决策、水环境保护措施和都市农业发展提供科学指导，为滇池流域都市农业解决环境保护和经济发展问题提供示范。

3.1.2 重点任务

1. 新型都市农业面源污染少排放农业生产综合技术集成与工程示范

滇池流域都市农业发展很快，现已发展成新型设施农业、都市苗圃和都市果园等不同类型的规模化产业形式。主要以追求经济效益为目的，对环境效益关注较少，造成了比传统农业更大的环境威胁。

本研究针对滇池流域现有的新型设施农业、都市苗圃和都市果园三种都市农业类型，以清洁生产为目标，对示范区内采用的农业面源污染物源头控制集成技术、农田径流污染物过程阻断拦截集成技术和农业污染物终端资源化利用集成技术等提出都市农业清洁生产集成技术规范及应用导则，构建新型都市农业面源污染就地减负少排放示范基地。

1) 都市设施农业减污少排放技术集成与工程示范

以都市设施农业汇水区为单元，利用农艺控制技术、工程削减技术、生物降解技术等综合控制技术手段，减少以渗漏损失为主的都市设施农业面源污染物，重点开展以水控肥、以水调肥的节水微灌控污技术、水肥循环利用技术、病虫害生物防治技术以及环境友好型产品的研发与应用，构建都市设施农业面源污染就地减负少排放实用技术示范模式。

通过上述技术的整装示范，在滇池柴河流域建成示范控制区 2500 亩。提高水肥利用率 20%，减少氮磷肥投入量 30% 以上；化学农药投入量减少 40% 以上，农药残留量(土壤、水、农产品)符合国家标准；农业废弃物资源化和无害化处理利用率达到 90%~95%；设施农业农田径流氮磷流失降低 40% 以上；减少成本投入 20%。

2) 都市苗圃降污少排放技术集成与工程示范

针对都市苗圃生物类型复杂，水肥利用率低、水土流失严重的特点，以集水控污和节肥省药减污为手段，提高都市苗圃水肥利用效率、减少农业面源污染物，在充分利用都市苗圃光热资源和水资源的基础上，重点开展"固土控蚀"立体复合种植模式关键技术、生物多样性病虫害防治技术、暴雨径流收集与节灌组合技术、生物覆盖技术、节肥省药技术等的整合集成工作。通过对强化纳污消污的都市苗圃降污少排放技术的集成，降低都市苗圃面源污染输出动力，减少农田面源污染负荷输出。

在滇池宝象河流域建立 250 亩都市苗圃农业面源污染综合防治示范基地。泥沙减排 20% 以上；提高水肥利用率 30%，减少氮磷肥施用 20% 以上；降低苗圃土壤氮磷流失 50% 以上；农业废弃物资源化和无害化处理利用率达到 80% 以上；化学农药投入量减少 30% 以上；减少成本投入 10% 以上；农业生产整体效益提高 15% 以上。

3) 都市果园低污少排放技术集成与工程示范

针对果园高强度营养需求、土壤养分高度分异、土壤养分盈余丰富、地下水氮磷含量高等特点，以减少果园投入成本、降低肥料和农药过度使用带来的环境污染、改善果园的品质以及提高果园的产出率为目的，系统研究果园土壤的养分空间变异特点、土壤养分的供给规律以及果园生长期间的养分需求特性，在示范果园集成应用高效施肥减污技术、根外追肥控污技术和病虫害生物防治技术。

在滇池宝象河流域建立 200 亩具有区域特色的果园种植农业面源污染综合防治示范基地。提出一套适用于果园土壤的高效施肥减污技术模式；肥料施用量减少 20%；提高果园肥料利用效率 10% 以上；减少成本投入 20% 以上；化学农药投入量减少 30% 以上，农药残留量(土壤、水、农产品)符合国家标准；减少成本投入 10% 以上；增产 10% 以上；核心示范区出水口总氮、总磷、氨氮分别降低 10%、15%、20%。

2. 新型都市农业面源污染零排放农业生产的综合技术集成与工程示范

滇池流域已开始进入以城带乡、以工促农的发展新阶段，农业发展的宏观形势发生了重大变化,加快对传统农业的改造、发展现代都市农业显得越来越迫切。随着人们生活水平的提高,农业环境恶化、农产品质量安全水平不高、农业组织化程度较低、市场主体竞争力不强的问题愈加突出。同时,农业土地资源逐年减少、水资源紧缺、基础设施薄弱、资金投入不足、生产能耗和成本不断上升等问题,困扰着滇池流域农业的发展。解决这些问题,要求加快转变农业增长方式,创新农业发展模式,探索一条既能发挥滇池流域比较优势又能克服农业面源污染难题、实现都市农业又好又快发展的路径。

通过研究,提出3种适合不同经济发展水平的都市服务农业发展实用模式,力争每种模式对环境的影响达到最小。

1)新型水产养殖与蔬菜生产耦合的污染零排放农业模式

根据农业生态工程学原理,运用生物间共生互利的关系,实现种养结合,充分利用空间和光、温、热资源,集水产养殖和蔬菜栽培于一体(以高原反季热销蔬菜为种植作物、高原土著鱼为养殖鱼种),采用立体循环水培方法,利用集约化养殖所产生的富营养化养殖水作为供试蔬菜的水分和营养供体,通过工程设计和设施支撑,实现高密度、集约化、节水化、零排放种养殖。特色反季蔬菜种植布局时充分利用高原充足的光、温、热等资源,进行立体种植,实现蔬菜对水肥的多层次吸收、拦截,最大限度地消除富营养化养殖水中的氮、磷等营养物质,使水体达到净化要求后再循环回流使用,从而全面实现体系内物质的循环平衡利用以及能量的自然转换,达到经济效益最大化和环境污染最小化。通过构建系统内新型食物链系统,使整个系统生产循环过程中实现污染物的"全拦截、无渗漏、零排放"。

在滇池宝象河流域进行10亩新型水产养殖与蔬菜生产耦合的污染零排放工程示范。通过本技术研究和工程示范,使农业的空间利用效率增加3倍,经济效益增加3倍以上,地面及地下环境污染物达到零排放。

2)污染零排放的观光-科普-参与型农业发展模式与示范

充分利用蔬菜极限遗传生产潜力,采用蔬菜树式深液流观赏栽培,发展污染零排放都市旅游观光-科普-参与型农业发展模式。蔬菜树式观赏栽培集成设施、环境、生物、营养和信息等技术,具体通过根系营养环境控污构建技术、温室综合环境(温度、湿度、光照等)的调控与管理技术、有机物栽培基质构建技术、根系生长的根圈环境的调控与管理技术、植株营养生长与生殖生长控制与转化的栽培管理技术,使番茄、黄瓜、甜瓜、土豆等作物生长为树状,形成番茄树、黄瓜树、甜瓜树、土豆树等(西红柿挂在树上,一堆又一堆的土豆生长在空中不再是科学幻想)。与普通的栽培相比,树式栽培在更容易对蔬菜根系营养进行调控管理、更容易进行污染控制(采用砖或水泥砌成地下式栽培槽,密闭性好,不漏水)的同时,给蔬菜根系提供了更大的生长空间,最大限度满足蔬菜生长发育的需求,促使其旺盛生长,枝繁叶茂,植株冠幅达到8~10m。与传统的蔬菜品种相比,具有特异性、娱乐观赏性,某些品种兼具食用性好、食用方法多样、营养和保健作用明显等优点,优质优价,使经济效益和农民收益明显提高。

在滇池宝象河流域构建10亩以观光为主,兼有科普、科研和生产功能的两种类型(番茄或土豆)的多蔓长季节树式基质蔬菜树示范工程。通过污染零排放的观光-科普-参与型农业发展模式与示范,其单株年结果可达8000个以上,单株水平展幅达7~9m,株高可通过人为调整达 2～2.5m，单株年产量 30～50kg。果实风味纯正，酸甜适口，营养丰富，成为观光采摘之精品。通过观赏采摘，取得预期经济效益。

3) 污染零排放的无土栽培与工厂化生产技术与示范

针对人们生活水平和对环境要求的提高，以及对食物结构要求的改变，应发展污染零排放的无土栽培与工厂化生产技术模式。该技术模式在农业生产中用于工厂化水稻育秧、工厂化蔬菜育苗和无土栽培蔬菜等方面。污染零排放的无土栽培与工厂化生产技术模式采用设施农业设计与环境控制及栽培管理技术、活体芽苗蔬菜高效无土栽培技术、变废为宝全价富养基质技术(利用秸秆、锯末、菇渣、糖渣、煤灰、垃圾等可再生废弃物制作全价富养基质)、营养液或基质循环利用技术、蔬菜强弱光优化配置立体栽培技术。该技术生产模式生产环节可控，不使用农药，养分和水分处于封闭状态不会流失，降低了环境污染的风险，产品无药害、质量优；操作易、成本低、生产周期短、无时令限制，可全年生产，产量高、上市早、反季生产适应广，能加速农产品的转化和新产业的发展，提高了生产效率，使工厂化、规模化生产经营得以实现，效率高，利于工厂化生产，企业化、规模化、集团化经营，生产者在短期内可获得较好的经济效益，可以大大促进都市农业发展。

在滇池柴河流域构建 30 亩污染零排放的无土栽培与工厂化生产示范基地。通过污染零排放的无土栽培与工厂化生产技术集成和示范，使养分吸收利用率达到 96% 以上(土壤栽培时植物对肥料的吸收利用率不到 50%，而简易、高效的无土栽培营养元素齐全合理又相对封闭，可节省大量肥料)；比露地栽培节水 25%；无农药化肥污染；综合生产成本比常规种植降低 50%；比普通种植增产 4 倍以上(若以香椿苗、蕹菜苗等价格更高的芽菜为主要产品，则获得的利润就更高)。

3. 农田废弃物低成本综合处置技术与示范

针对滇池流域农田固体废弃物总量大、种类多、单种数量少、难以集中等特点，在保持废弃物分类利用原则及兼顾现实与未来农业发展模式的基础上，筛选优化各类农田废弃物低成本就地无害化处理技术和深加工技术，开展农田多汁固体废弃物就地处理和资源化利用集成技术以及农田高纤维秸秆资源化利用集成技术研究。通过工程示范，延长物质循环链，补充部分有机氮源，使示范区农田固体废弃物实现资源化和无害化处理利用。

1) 农田高纤维秸秆资源化利用技术研究与工程示范

农田高纤维秸秆含有丰富的有机、无机营养成分，其中含氮约 0.5%，含磷约 0.12%，含钾近 1%，并且还含有钙、镁、硫和其他各种微量元素，且富含纤维素、半纤维素、蛋白质等有机物质。它们在土壤中分解为腐殖质，可提高土壤有机碳含量。由于对这些资源地开发利用很不够，秸秆成为滇池流域农业生产的废弃物，在收获季节大部分秸秆在田间焚烧，严重污染周边地区的大气及水环境。

本研究针对农田秸秆数量多、分布广、难收集、适口性差、采食率低、高纤维秸秆腐化缓慢的特征，研究开发高纤维秸秆废弃物食用菌基质利用技术、生物菌肥分解技术、秸秆原位还田技术。

高纤维秸秆废弃物食用菌基质利用技术是以农田高纤维秸秆为主料作为食用菌基质栽培替代料，根据不同食用菌的营养需求调节其碳源、氮源、碳氮比、无机盐、pH，筛选出适宜高纤维秸秆废弃物的食用菌品种,集成相应的高纤维秸秆废弃物食用菌基质利用技术。

生物菌肥分解技术包含新型高效生物菌剂和食用菌菌渣的肥料化利用技术,是从生防微生物、解磷微生物中筛选适于菌渣堆肥发酵的功能菌株,加快高纤维秸秆腐熟速率;以堆肥时间、基质腐熟度、功能微生物生物量为指标,获得利于堆肥的碳氮比、水分含量、pH、微生物接种量及添加时段等堆肥参数;以菌肥中功能微生物的活性为标准,选择适合的造粒方法,最终集成相应的堆肥发酵及产品加工配套技术。

秸秆原位还田技术利用翻挖、深埋等措施,减小肥效流失,防止形成二次污染,有利于增加土壤肥力和有机质,并改善土壤结构、补充和平衡土壤养分、改良土壤,对于提高资源利用率、提高耕地基础地力和农业的可持续发展具有重要的意义。

通过上述技术的集成应用,结合课题"万亩农田面源污染控制工程示范",使示范区农田高纤维秸秆固体废弃物资源化和无害化处理利用率达到 90%以上。

2)农田多汁固体废弃物原位处理和资源化利用技术与工程示范

农田多汁固体废弃物如蔬菜瓜果残余物、瓜果藤秧、秸秆青苗等数量庞大,具有明显的季节特征,且大多较为分散,不易收集集中处理。该类废弃物具有丰富的营养元素及微量元素,且含水率相对较高,与高纤维农田废弃物(干燥的秸秆等)相比,降解速率相对较快,因而容易造成营养元素流失,并随着地表径流形成农业面源二次污染。

本课题针对滇池流域农田多汁蔬菜秸秆,开发多汁秸秆田头太阳能增效生物消毒脱臭处理技术、农田多汁固体废弃物原位制肥成套技术,并开展相应工程示范。

多汁秸秆田头太阳能增效生物消毒脱臭处理技术使蔬菜多汁秸秆在田间条件下就可水解、发酵和腐熟后作为有机肥进行利用。采用太阳能增温堆捂处理,提高和保持农田固废多汁蔬菜秸秆水解发酵温度,大幅度提高病原生物的灭杀作用和养分的可利用水平,实现降解、脱水和稳定腐熟化;渗滤液采用水解处理,而后用于固态粪便的水分调整,最终结合农业生产还田利用,使多汁蔬菜秸秆得到资源化循环利用。

农田多汁固体废弃物原位制肥成套技术采用多汁固体废弃物原地切割、粉碎后,通过添加人畜粪便、滇池清淤底泥、城市污泥等方便获取的其他废弃物,调节碳氮比、碳磷比、pH、含水率等指标,并喷施生物菌种,于反应池(如双室堆沤池)内发酵,腐熟后用于农田施肥。该技术既避免了营养元素流失,又可解决由于秸秆直接还田量大而造成的苗期争水、争肥问题。

通过上述技术的集成应用,结合课题"万亩农田面源污染控制工程示范",使示范区农田多汁固体废弃物资源化和无害化处理利用率达到 90%~95%,缩短处理周期 10~15天,降低处理成本 30%以上,农田多汁固体废弃物氮磷流失降低 80%以上。

3)杂散农田废弃物就地循环利用关键技术研究

针对示范区农田废弃物总量大、单种数量少、高度分散、难以集中大量出现的特点,在保持秸秆分类利用原则及兼顾现实与未来农业发展模式的基础上,筛选优化各类型秸秆低成本就地无害化处理技术和深加工技术,采用就近分散式杂散农田废弃物就地循环利用技术(简易分类、定点投放、动态堆捂、循环利用、稳定填埋)。

通过有机肥还田及有机栽培基质的推广应用,使示范区杂散农田废弃物就地循环利用率达到 80%以上。

3.1.3　解决的技术难点、关键技术与创新点

未来滇池流域的农业主要发展观赏植物、药用植物、珍稀植物的栽培、繁育，形成观赏农业、科普农业、休闲农业、育种农业等。围绕这些农业发展方式，根据新型都市农业特征，研究面源污染控制技术，探索构建零污染排放的农业发展模式，并对流域农田废弃物的低成本综合处置进行技术组装和应用，使滇池流域未来农田形成的面源污染具有控污减排(甚至零排放)的解决方案，形成比较完整的综合防控技术体系。

3.1.4　研究范围与示范区及示范工程

研究对象针对整个滇池流域，技术研究和示范区域以宝象河/柴河为重点，新型都市农业污染减控技术示范区控制面积达到 3000 亩，农田废弃物控制技术示范面积涵盖整个农田示范区 10000 亩。

3.1.5　预期成果

(1)基于滇池流域农业产业结构调整后新型农业的面源污染发展一套解决问题的技术体系；

(2)探索构建一种封闭型的零污染排放的新型农业发展模式；

(3)对流域农田废弃物的低成本综合处置方案编制实用技术体系和操作规程。

3.1.6　考核指标

1. 污染控制

形成规模化的新型农业面源污染控制区，新型农业的农田氮磷流失比传统农业降低 70%以上，减少氮磷肥施用 80%以上，农作物秸秆废弃污染物排放量削减 30%，外排水达到地表水Ⅳ类水质要求。

2. 关键技术突破

突破新型农业面源污染的控污减排和零排放技术。

3. 示范工程

新型农业面源污染防控面积达到 3000 亩；农田废弃物控制技术示范面积涵盖整个农田示范区 10000 亩。

建成 3 个不同类型的新型都市农业面源污染少排放模式示范基地(都市设施农业、都市苗圃和都市果园)。农田径流氮磷流失降低 40%以上，减少氮磷肥投入量 30%以上，氮

磷化肥利用率提高 6～10 个百分点；化学农药投入量减少 40%以上，农药残留量(土壤、水、农产品)符合国家标准；农业废弃物资源化和无害化处理利用率达到 90%～95%，缩短处理周期 10～15 天，降低处理成本 30%以上。

建成 3 个不同类型的新型都市农业零排放模式示范工程(新型水产养殖与蔬菜生产耦合的污染零排放农业模式、污染零排放的观光-科普-参与型农业发展模式与示范、污染零排放的无土栽培与工厂化生产技术与示范)。实现体系内物质的循环平衡利用以及能量的自然转换，达到经济效益最大化和环境污染最小化，使整个系统在生产循环过程中实现污染物的"全拦截、无渗漏、零排放"。使高集约化农业的空间利用效率增加 3 倍，经济效益增加 3 倍以上，地面及地下环境污染物达到零排放。

3.1.7　依托工程

本子课题的依托工程主要为滇池水环境污染治理"十二五"规划、昆明市"十二五"农业、新农村建设等涉及滇池流域面源污染治理方面的工程内容。依托的相关工程见表 3-1。

表 3-1　依托工程

序号	项目名称	项目内容及规模	建设年限	工程来源
1.	土壤养分长期监测定位点	重点水源区、主要入湖河道周围、滇池沿湖范围内为主要设点区域，建设土壤养分长期监测定位点，对土壤中氮、磷的变化及流失进行取样监测，摸清不同土壤在不同栽培模式下的养分变化状况，计划流域设置定位监测点 200 个	2011～2015 年	昆明农业"十二五"规划
2.	农业生产标准化体系建设	推进无公害农产品基地建设，加快无公害农产品、有机、绿色食品质量安全认证，制定安全、生态、环保的种、养殖业生产规范标准	2011～2015 年	昆明农业"十二五"规划
3.	滇池流域农村面源污染防控对策优化及关键技术研究示范	基于面源污染防控的全流域农村综合发展路径，研究都市农业模式与转型，开展农业面源污染控制技术示范	2011～2015 年	滇池污染防治"十二五"规划
4.	宝象河流域入湖河流清水修复关键技术与工程示范	实施宝象河入河城市面源拦截、城郊面源调蓄沉淀过滤净化、农田面源调蓄净化、宝象河下段及河口滞洪调蓄及氮磷负荷再消减示范工程	2011～2015 年	滇池污染防治"十二五"规划
5.	农业 IPM 技术推广	以控制种植化学农药施用量、保证农产品安全为目标，合理施用农药 15 万亩；实施 3 万亩 IMP 技术推广，建农药包装物投放池 100 个，控制农业面源污染	2011～2015 年	昆明农业"十二五"规划

3.2　成套关键技术：流域新型农业面源污染综合控制技术

3.2.1　技术需求

"十一五"以来，滇池流域进入以城带乡、以工促农的发展新阶段，农业发展的宏观形势发生了重大变化，加快对传统农业的改造、发展现代都市农业显得越来越迫切。近年来，滇池流域农业产业结构调整后都市新型农业的发展很快，现已发展成新型设施农业、都市苗圃和都市果园等不同类型的规模化产业形式,已成为滇池流域具有较大优势的劳动密集型产业,是当前广大农民的"钱袋子",主要以追求经济效益为主要目的,对环境效应关注较少,造成了比传统农业更大的环境威胁。设施农业作物种类多、复种指数高、生产中施肥打药,以追求高产为目的,农业面源污染严重;都市苗圃生物类型复杂,水肥利用率低、水土流失严重;果园高强度营养需求、土壤养分高度分异、土壤养分盈余丰富、地下水氮磷含量高。上述问题已严重制约都市农业的可持续发展。随着人们生活水平的提高,农业环境恶化、农产品质量安全堪忧,同时,农业土地资源逐年减少、生产能耗和成本不断上升、市场主体竞争力不强的问题愈加突出,困扰着滇池流域农业的发展。

解决这些问题,要求加快转变农业增长方式,创新低消耗、高效益、少污染的节约型、环保型、循环型农业发展模式,探索一条既能发挥滇池流域比较优势又能克服农业面源污染难题的道路,使流域农业向"稳产、优质、低耗、高效、生态、安全"方向发展,有效控制农业面源污染。本研究针对滇池流域都市农业不同类型,以清洁生产为目标,构建滇池流域适合不同经济发展水平的循环型现代生态农业实用模式,研发集约化农区设施农业、果园和苗圃农业面源污染就地削减少排放模式,以及高集约化种养结合循环农业面源污染零排放模式中的主要关键技术、产品和装置,因地制宜地提出滇池流域新型农业不同模式农业面源污染防控集成技术,实现新型农业面源污染减污少排放和零排放,最大限度就地削减农业面源污染负荷,为云南高原湖泊水环境好转乃至全国农业生态环境建设提供技术支撑和示范样板。

3.2.2　技术组成

(1)新型都市农业面源污染少排放农业生产综合技术,包括都市设施农业减污少排放技术、都市苗圃降污少排放技术和都市果园低污少排放技术。

(2)新型都市农业面源污染零排放农业生产的综合技术,包括新型水产养殖与蔬菜生产耦合的污染零排放农业模式、污染零排放的观光-科普-参与型农业发展模式、污染零排放的无土栽培与工厂化生产技术。

(3)农田废弃物低成本综合处置技术,包括农田高纤维秸秆资源化利用技术,农田多汁固体废弃物原位处理和资源化利用技术、杂散农田废弃物就地循环利用关键技术研究。

3.2.3　技术参数

1.设施农业减污少排放技术

由养分高效利用的品种结合基质半基质栽培技术、大棚防渗技术、沟渠排水生物炭滤池技术组成。选用适合无土栽培的蔬菜品种,如'大湖366'、'皇帝'适合四季栽培,'马来克'适合秋冬季栽培。工艺流程和相关参数:将种子裹上一层硅藻土等含钙物质,再将草炭和蛭石按3:1比例、尿素2g/盘、磷酸二氢钾2g/盘、消毒鸡粪10g/盘混配作为育苗基质,装入直径8～10cm、高7.5cm的塑料钵中,然后浇透水,再将经浸种、催芽的种子播入营养钵内。将温度保持在 15~20℃，以利于种子发芽。以后灌适量清水以补充水分。为使生菜能够连续供应市场，可以每隔 1 周播种 1 次。出苗后到 2~3 片真叶即可定植。建槽大多数采用砖，3~4 块砖平地叠起，高 15~20cm，不必砌。为了充分利用土地面积，栽培槽的宽度定为 96cm 左右，栽培槽之间的距离定为 0.3~0.4m，填上基质，施入基肥，每个栽培槽内可铺设 4~6 根塑料滴灌管。定植之前，先在基质中按每立方米基质混入 10~15kg 消毒鸡粪、1kg 磷酸二铵、1.5kg 硫铵、1.5kg 硫酸钾作基肥。定植后 20 天左右追肥 1 次，每立方米追 1.5kg 三元复合肥(15-15-15)。以后只需灌溉清水，直至收获。每个栽培槽可栽植 4~5 行蔬菜，株行距 25cm 左右为宜。

2. 都市苗圃降污少排放技术

该技术由"固土控蚀"立体复合种植模式、生物多样性病虫害防治、暴雨径流收集与节灌组合、生物覆盖和节肥省药等集成。其工艺流程和相关参数如下。

(1)苗木配置模式 2 种(乔木+灌木组合；乔木+灌木+地被组合)。每个苗圃配置植物 2~3 种及以上。喜光乔木 1 种(株、行距为 2m×2m)，喜阴灌木 1 种(株、行距为 1m×1m)，耐阴多年生草本植物 1 种(在行间均匀撒播醡浆草等草种，播种量为 0.4~0.6kg/亩)。以雨水不直接打击到裸地为标准，形成立体、带状交错和相嵌结构。于每年 5 月中旬前完成，确保在雨季来临之前完成苗木配置。根据植株生长势，在早春萌芽前进行第一次修剪，把细弱枝、病虫枝剪去，以利于通风透光，促使孕育更多枝芽，确保雨季枝繁叶茂。第二次于 8 月修剪徒长枝。生长季节草株高 0.3m 以上时刈割，每隔 30~45 天刈割 1 次，生长年刈割 3~4 次；刈割的草覆盖在乔木树下，在距离主干四周 20~30cm 外覆盖刈割的草。

(2)暴雨径流收集与节灌组合配置：乔木和灌木配置滴灌带；根据地形建设生态沟(沟宽 30cm，沟深 30~50cm，长度根据实际情况决定)；生物塘或蓄水池(苗圃面积每 10 亩配置 1 个，长、宽、高分别为 2m、1.5m、1.5m)。

(3)化学肥料推荐施用品种、施用量和施用时间。推荐施用控释肥品种，全年施肥量为：N 8.8kg/亩、P_2O_5 5.86kg/亩、K_2O 17.6kg/亩。地栽苗施肥时间为开春时期 2~3 月，袋栽苗以苗木进场时间和生长状态而定。绿肥种植：头年 9 月底在雨季尚未完全结束前，在苗圃地内均匀撒播绿肥种子，如光叶紫花苕，撒播量为 1kg/亩，待来年雨季防止水土流失。此后每年无须再播种光叶紫花。

(4)农药推荐施用种类和施用量。推荐施用化学农药和生物农药(推荐品种 0.8%阿维·印楝素乳油和 5%天然除虫菌素乳油生物源农药)。40%~50%的化学农药用生物农药替代。施用化学农药次数控制在每年 4 次以下。

3. 都市果园低污少排放技术

该技术由减污套种模式、高效施肥减污技术和病虫害多种防控策略等集成。其工艺流程和相关参数如下。

(1)果园配置减污套种模式 5 种(间套白菜；间套欧洲茴香；间套黑麦草；间套草莓；间套西葫芦)。4 月上旬完成套种。株行距按果农习惯进行。

(2)化学肥料推荐品种、施用量和施用时间。推荐施用控释肥和水溶性肥料，推荐施用总量为: N 19.5kg/亩、P_2O_5 16.25kg/亩、K_2O 26kg/亩。控释肥施用时间为 2 月份,同时整理果园;水溶性肥料追施 3 次。绿肥种植:头年 9 月底在果实采摘完毕后,雨季尚未完全结束前,结合整枝整地,在果园内均匀撒播绿肥种子,如光叶紫花苕,撒播量为 1kg/亩,待来年雨季防止水土流失。此后每年无须再播种光叶紫花。

(3)农药推荐施用种类和施用量。推荐施用化学农药(64%杀毒矾可湿性粉剂和 50%福美双)和生物农药(推荐品种 0.8%阿维·印楝素乳油和 5%天然除虫菌素乳油生物源农药)。40%~50%的化学农药用生物农药替代。施用化学农药次数控制在每年 4 次以下。按 1 盏/20 亩配置太阳能杀虫灯对果园内多种害虫进行诱杀;按 20 片/亩配置色板对蚜虫、白粉虱等小型昆虫进行诱杀;按 5 套/亩配置性引诱剂对果园内常见夜蛾类害虫进行诱杀。

4. 新型都市农业面源污染零排放模式

零排放大棚框架系单棚钢结构,可由连体大棚组成,大棚肩高 3.0m,总高 4.0m。棚顶呈圆弧状,采用双层中空无色聚碳酸酯透明板。零排放大棚内环境温度 20~33℃,相对湿度 45%~85%,养殖水温度 19.0~23.0℃,pH 6.5~7.5。鱼塘每亩产量在 1500kg 以上;鱼塘养殖水循环中水溶氧达 3.28mg/kg,氨氮 1.05mg/kg,总氮 2.93mg/kg,总磷 0.731mg/kg,COD 36.3mg/kg,BOD 10.3mg/kg 以上。零排放大棚种养系统配置水培经济作物种植区、红萍养殖区和水产养殖区。操作平台下部配置鱼类养殖池。操作平台上方配置多层栽培床和蔬菜栽培床,其中多层栽培床设置 4 层,上三层种植蔬菜(或中药材),底层为红萍养殖区。4 层栽培床每层长宽为 3.6m×0.6m。系统内种植绿色植物 8 种以上(薄荷、空心菜、大蒜、白菜、生菜、草莓、石斛和红萍等)。套种模式 3 种:蔬菜组合 1(空心菜+薄荷+生菜+红萍);蔬菜组合 2(空心菜+薄荷+白菜+红萍);蔬菜组合 3(空心菜+薄荷+大蒜+红萍)。

5. 农田废弃物低成本综合处置技术

(1)多汁蔬菜废弃物处理。含水率较高的蔬菜废弃物,如花椰菜、上海青等,宜自然晾晒 2~3 天,适当减小含水率。为提高堆肥速率,建议将蔬菜废弃物适当切碎至 5~10cm。在堆肥装置内覆上一层厚为 5~10cm 的干土(含水量为 10%~20%,粒径小于 0.5cm,下同),以吸收堆肥过程中产生的汁液,并关闭出料口。通过进料口,投加切碎的蔬菜废弃物,投料高度为 20~30cm。投加适量腐熟堆肥(投加量约为蔬菜废弃物的 10%~30%,如首次堆肥,则可不投加腐熟堆肥),腐熟堆肥可平铺于蔬菜废弃物上方,亦可和蔬菜废弃物混匀。再次投加蔬菜废弃物,厚度 20~30cm,然后投加腐熟堆肥,如此重复操作数次,使堆体高度达到堆肥装置顶部,关闭堆肥装置进料口。堆料经 10~20 天处理后,一般即可腐解,从出料口出料后,可作为肥料回田。

(2)高纤维秸秆处理。首先将高纤维秸秆切短至 5cm 左右,然后使其吃透水,控制含水量为 50%~65%。在堆肥装置内覆上一层厚为 5cm 的干土,以吸收堆肥过程中产生的汁液,并关闭出料口。通过进料口,在干土上均匀地铺上一层 20~30cm 厚、吃透水、切短的高纤维秸秆。用适量的水将腐熟剂化开,均匀地淋于秸秆上。微生物菌剂添加量为堆体质量的 0.1%~0.4%。再在秸秆上覆盖一层厚 5cm 的干土。如此重复操作 5~6 次,使堆体高度达到堆肥装置顶部，关闭堆肥装置进料口。收集的渗滤液作为堆体淋水循环使用，每 10 天从进料口均匀淋 1 次；30～40 天即可初步腐解，若翻动一次，效果更好，再经 10 天后从出料口出料，即可回田做肥。

3.2.4　成套技术的创新与优势

高原湖泊集约化农区新型农业水肥联控农业面源污染集成技术针对滇池流域都市农业不同类型，以水肥联控为重点，构建滇池流域适合不同经济发展水平的循环型现代生态农业实用模式，研发集约化农区设施农业、都市果园和都市苗圃农业面源污染水肥联控就地削减"少排放模式"、新型高集约化种养结合循环农业面源污染水肥联控"零排放模式"中的主要关键技术、产品和装置，因地制宜地提出滇池流域新型农业不同模式农业面源污染水肥联控集成技术，实现新型农业面源污染减污少排放和零排放，最大限度就地削减农业面源污染负荷，为云南高原湖泊水环境好转提供技术支撑和示范样板。

1. 成套技术具有一定的科学价值

新型都市农业面源污染少排放技术通过减少化肥和农药的使用量来达到农业面源污染少排放目标，通常必须在保障经济效益的前提下寻求突破口，这一技术符合中国实际并具有中国特色，与发达国家采用以环境保护为主的途径应对农业面源污染的做法有着本质差别。通常情况下化肥农药的盲目减量或减量过度，必将影响经济效益。肥药减量不仅是一个敏感问题，而且在技术上需要不断探索。在减量条件下保证作物的高产稳产性、经济效益和环境效益，要求技术具有很高的技术含量和科学价值。

新型都市农业面源污染零排放技术模式利用云南独特光合、光温、气候生产潜力，整合高原特色蔬菜园艺植物及土著鱼类，依据生物合理的生态位，运用生物间形成的共生互利关系，充分利用空间和能源，构建高集约化零排放循环农业技术模式，实现体系内物质的循环、平衡利用以及能量的自然转换，达到种养结合和污染物"全拦截、无渗漏、零排放"，最大限度地削减污染物排放，从产生面源污染的源头上进行永久性的治理，减少滇池富营养化物质，有利于防止滇池生态环境的恶化。该技术模式不依赖于土壤，采用立体循环水培方法，可有效地减少对自然资源禀赋的依赖，可同时发展种植业和水产养殖业，该技术模式具有系统结构的整体性和稳定性，可大大提高土地利用率和综合生产效率，转变农业增产增收方式，全面提升农业综合能力。高集约化零排放循环农业是一种科技含量高、高投入、高产出、高效益的技术模式，且对滇池流域过渡区乃至全国的花农菜农来说是一个全新的生产方式。

2. 成套技术产生了较好的经济、环境和社会效益

本研究建立了 3 个不同类型的新型农业面源污染防控示范区和示范工程，示范面积达到 4060 亩。其中，在宝象河流域建成都市果园低污少排放集成技术示范区 1260 亩，都市苗圃降污少排放集成技术示范区 250 亩；在柴河流域示范应用设施农业减污少排放集成技术 2500 亩，新型都市农业面源污染零排放示范工程 50 亩，农田废弃物控制技术示范面积

涵盖万亩农田。

通过技术和产品的示范应用，3 个不同类型的新型都市农业(设施农业、都市苗圃和都市果园)面源污染少排放集成技术示范区减少氮磷肥投入量 35%～45%以上，氮磷化肥利用率提高 6.5%～10.6%；化学农药投入量减少 42.1%～50.24%以上，农药残留量(土壤、水、农产品)符合国家标准；农业废弃物资源化和无害化处理利用率达到 92.5%～95%以上。减少肥料和农药成本投入 21.5%～45%以上。示范区内农田径流总氮、总磷、COD 分别降低 41.14%～43.5%、40.31%～41.82%、35.97%～38.71%。新型都市农业零排放模式示范工程空间利用效率增加为原来的 3.05 倍，经济效益增加 3.07～3.64 倍及以上，不施化肥和农药，地面及地下环境污染物达到零排放。

3. 成套技术有一定的应用前景

上述技术、产品和装置为完成"流域新型农业面源污染综合控制技术与工程示范"的相关目标起到了重要的支撑作用。研发和集成相关技术可操作性强，易于推广普及，通过技术培训和当地政府的大力支持更增强了推广应用的现实性和可能性，具有较好的市场前景。该课题的研究成果不仅可全面应用于滇池农业，而且可以为其他重富营养化湖泊水环境面源污染防控提供技术支持，具有较大的技术需求和市场。

3.3 流域新型农业面源污染综合控制示范工程

3.3.1 地点与规模

1. 三种集成技术的应用区域和规模

1) 都市设施农业减污少排放集成技术应用区域和规模

设施农业减污少排放集成技术应用区域为昆明市滇池柴河流域洗澡塘村、安乐村、柳坝村、段七村、竹园村，分布于北纬 24°35′47.2″ ～ 24°38′32.1″，东经102°39′24.6″ ～102°41′05.9″，海拔为 1918～2009m。设施农业减污少排放集成技术核心示范技术区面积200 亩，技术面积为 2500 亩。

2) 都市苗圃降污少排放集成技术应用区域和规模

都市苗圃降污少排放集成技术应用区域为昆明市宝象河流域瓦角村苗圃，见图3-1。它分布于北纬 25°01.198′ ～ 25°02.492′，东经102°50.663′ ～102°51.912′，海拔为 1920～1942m。都市苗圃降污少排放集成技术核心示范技术区面积 20 亩，技术示范面积为 250 亩。

3) 都市果园低污少排放集成技术应用区域和规模

都市果园低污少排放集成技术应用区域为昆明市宝象河流域大板桥镇沙沟村委会葡萄园，见图 3-2 和图 3-3。示范工程具体位置沙沟社区高石村、沙地村、阿地村，分布于北纬 25°02.205′ ～ 25°02.998′，东经102°53.318′ ～102°54.782′，海拔为 1966～2009m。都市果园低污少排放集成技术示范技术区面积为 200 亩，辐射推广面积达到 1260 亩。

图 3-1　宝象河流域苗圃少排放示范工程

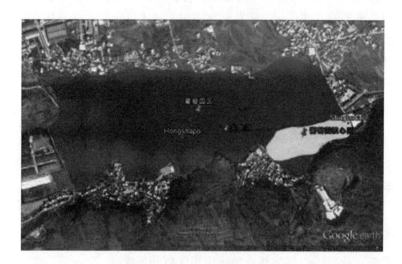

图 3-2　宝象河流域果园示范工程

图 3-3　宝象河流域苗圃果园示范工程

2. 新型都市农业面源污染零排放农业生产的综合技术集成与工程示范

在滇池流域滇池柴河水库管理处建设示范工程，其位于北纬24°35′47.1″，东经102°41′05.1″，面积1207m²，在上蒜江红蔬菜花卉农民专业合作社示范无土栽培育苗50亩。

3. 农田废弃物低成本综合处置技术与示范

农田废弃物低成本综合处置技术与示范区域为昆明市滇池柴河流域洗澡塘村、安乐村、柳坝村、段七村、竹园村，分布于北纬24°38′32.7″～24°38′34.1″，东经102°41′24.6″～102°41′24.10″，海拔为1910～2010m。技术面积为10000亩。

3.3.2　工程内容

(1) 都市设施农业减污少排放示范工程，包括基质半基质栽培、大棚防渗工程、沟渠排水生物炭滤池。

(2) 都市苗圃降污少排放示范工程，包括固土控蚀立体复合种植、生物多样性病虫害防治、暴雨径流收集与节灌组合、生物覆盖、节肥省药技术。

(3) 都市果园低污少排放示范工程，包括果园高效施肥减污、根外追肥控污、暴雨径流收集与节灌组合、农产品安全控释及环保生物资源应用、生物覆盖。

(4) 新型水产养殖与蔬菜生产耦合的污染零排放示范工程，包括水产养殖水全拦截、无渗漏工程、水肥循环利用工程、太阳能利用工程。

(5) 污染零排放的观光-科普-参与型农业示范工程，包括温光环境可控的大型连栋温室、供液系统、栽培槽、树体支撑设施。

(6) 污染零排放的无土栽培与工厂化示范工程，包括工厂化花卉育秧床、工厂化蔬菜育苗床和无土栽培蔬菜床、水肥循环利用工程。

(7) 农田废弃物资源化和无害化处理示范工程，包括无动力太阳能增效生物消毒脱臭堆肥装置。

3.3.3　建设过程

1. 都市设施农业减污少排放集成技术与工程示范建设情况

2014年开始在滇池柴河流域构建设施农业面源污染综合防治示范工程，2015年在上蒜镇建成2500亩设施农业面源污染综合防治示范基地，集成应用都市设施农业减污少排放技术。在示范区发放云南省农科院与云南威鑫农业科技股份有限公司合作研发的水溶性肥(肥料配比为140-80-280)20t、控释肥(肥料配比为15-5-25)38t，并在示范区发放云南省农科院拥有自主知识产权的生物农药(阿维菌素悬浮剂、除虫菌素乳油和阿维·印楝素乳油)，使示范基地农药污染、化肥污染、水质富营养等得到了缓解和控制。

2. 都市苗圃降污少排放集成技术示范工程建设情况

都市苗圃降污少排放集成技术示范工程位于昆明市宝象河流域瓦角村苗圃内,2012~2013 年对拟建立的示范工程地苗圃进行全面系统调查,在 2012 年 10 月~2013 年 12 月掌握了示范区各控制单元的面源污染状况。旱季监测时间为 2013 年 3 月,取土壤样品进行检测;雨季监测时间为 2013 年头三场暴雨后,取水样进行检测。2014 年开始,在示范工程地区开始进行单项技术的示范,对单项技术的效果进行了统计和分析,对单项技术示范后的面源污染物进行了监测。2014 年底示范区全面建设完毕,2015 年进行了一年的集成技术示范,对集成技术的效果进行了全面统计和分析,并在 2015 年 5~10 月连续 6 个月在每个月暴雨后进行采样分析,于 2015 年底全面完成示范任务。

2015 年在滇池宝象河流域瓦角村委会建立的 250 亩都市苗圃农业面源污染综合防治示范基地集成应用苗圃降污少排放技术(内容包括"固土控蚀"立体复合种植模式构建、生物多样性病虫害防治、暴雨径流收集与节灌组合、生物覆盖和高效节肥)。在示范区内为示范苗圃农户提供示范方案和示范指导,发放云南省农科院与云南威鑫农业科技股份有限公司合作研发的控释肥 10t、水溶性肥料 10t,发放绿肥种子 1000kg,并在示范区 20 个苗圃发放云南省农科院拥有自主知识产权的生物农药(阿维菌素悬浮剂、除虫菌素乳油和阿维·印楝素乳油),使示范基地的农药污染、化肥污染、水质富营养等得到了缓解和控制。

3. 都市果园低污少排放集成技术示范工程建设情况

都市果园低污少排放集成技术示范工程位于昆明市宝象河流域大板桥镇沙沟村委会葡萄园,示范工程具体位置为沙沟社区高石村、沙地村和阿地村,2012~2013 年对拟建立的示范工程地葡萄园进行了全面系统调查,在 2012 年 10 月~2013 年 12 月掌握了示范区各控制单元的面源污染状况。旱季监测时间为 2013 年 3 月,取土壤样品进行检测;雨季监测时间为 2013 年头三场暴雨后,取水样进行检测。2014 年开始,在示范工程地区开始进行单项技术的示范,对单项技术的效果进行了统计和分析,对单项技术示范后的面源污染物进行了监测。2014 年底示范区全面建设完毕,2015 年进行了一年的集成技术示范,对集成技术的效果进行了全面统计和分析,并在 2015 年 5~10 月连续 6 个月在每个月暴雨后进行采样分析,于 2015 年底全面完成示范任务。

2015 年在滇池宝象河流域建立 200 亩具有区域特色的葡萄园种植农业面源污染综合防治示范基地,提出了一套适用于葡萄园土壤的低污少排放技术模式(内容包括减污套种模式、高效施肥减污技术和病虫害多种防控策略),辐射推广面积达 1260 亩以上。在示范区内为示范果农提供示范方案和示范指导,在示范区沙沟村、高石头村和阿地村三个自然村发放云南省农科院与云南威鑫农业科技股份有限公司合作研发的控释肥 35t、水溶性肥料 35t,发放绿肥种子 1600kg,并在沙沟村委会三个自然村发放云南省农科院拥有自主知识产权的生物农药(阿维菌素悬浮剂、除虫菌素乳油和阿维·印楝素乳油),使示范基地的农药污染、化肥污染、水质富营养等得到了缓解和控制。

4. 新型都市农业面源污染零排放示范工程建设情况

新型水产养殖与蔬菜生产耦合的污染零排放示范工程规模 520m²。该示范工程建设在上蒜镇洗澡塘村柴河水库管理处，现晋宁县农业局水产站养殖温室大棚内，建设内容包括：500m² 水产养殖池塘防渗处理；20m² 养殖水沉淀池、过滤池和生物吸收氧化池建设；种养殖水循环利用系统工程；种植悬浮盆 48 个；环境参数采集上传系统工程；种养殖智能控制系统 1 套；太阳能供电系统利用工程等。该模式已经运行 3 年。

污染零排放的观光-科普-参与型农业示范工程规模 415m²。该系统在上蒜镇洗澡塘村柴河水库管理处，现晋宁县农业局水产站养殖温室大棚内，建设内容包括：400m² 水产养殖池塘防渗处理；15m² 养殖水沉淀池、过滤池和生物吸收氧化池建设；种养殖水循环利用系统工程；参与型操作平台及相关设施 1 套；温光环境可控的大型连栋温室 400m²；种养殖水肥循环利用系统工程；环境参数采集上传系统工程；太阳能供电系统工程；轨道操作平台工程；温室通风换气系统工程；温室温光自动调节系统工程；养殖水温自动控制系统工程；植物悬浮栽培槽、树体支撑设施建设工作。该模式已运行 2 年。

污染零排放的无土栽培与工厂化示范工程规模 50 亩。在上蒜江红蔬菜花卉农民专业合作社已运行 2 年。

5. 农田废弃物低成本综合处置技术与工程示范建设情况

在柴河流域集成应用农田高纤维秸秆资源化利用技术、农田多汁固体废弃物原位处理和资源化利用技术、杂散农田废弃物就地循环利用关键技术，控制面积 10000 亩。筛选出分解农田高纤维秸秆、多汁固体废弃物和杂散固体废弃物不同的菌剂，已完成难降解高纤维秸秆前处理技术、多汁蔬菜快速堆肥技术和农田杂散固废资源化综合利用技术以及装置的研发，提高了农田固废的降解速度，缩短了堆肥的周期，达到了就地循环、资源化利用农田废弃物的目的。通过运用堆肥还田、生物质裂解炭化以及杂散固废基质化利用等技术，对农田固废进行了分选培肥、高温裂解及基质化栽培，所用技术科学合理，实施过程并不烦琐，且具有低成本、循环化等特点，因此能够广泛适用于对农田固废进行生态处理，具有很好的应用和推广前景。目前正在晋宁县上蒜镇安乐村、竹园村和段七村进行示范。同时在晋宁县安乐、竹园、段七等地应用无动力自通风式好氧堆肥装置 480 套。

3.3.4 运行维护

柴河流域设施农业减污少排放集成技术示范区、新型都市农业面源污染零排放示范工程、农田废弃物控制技术示范区自 2014 年正常运行至今。柴河流域设施农业减污少排放集成技术示范区、农田废弃物控制技术示范区由晋宁县上蒜镇农科站负责运营和维护。柴河流域新型都市农业面源污染零排放示范工程由晋宁县水产站运营和维护。

宝象河流域都市果园低污少排放集成技术示范区和都市苗圃降污少排放集成技术示

范区在 2016 年 9 月后停止运行。2016 年宝象河流域都市果园低污少排放集成技术示范区和都市苗圃降污少排放集成技术示范区由于宝象河道改道、拓宽工程，以及云南省空港经济区土地征收和房屋拆迁安置工程被占用后停止运行。

3.3.5 示范工程效果：监测方案、运行效果

1. 都市设施农业减污少排放技术集成与工程示范

在不影响大棚蔬菜产量和品质的前提下，通过核算，氮磷化肥用量平均减少 35.0%(示范工程推荐施肥量为 N 32.5kg/亩、P_2O_5 26.0kg/亩、K_2O 19.5kg/亩；传统施肥量为 N 50.0kg/亩、P_2O_5 40.0kg/亩、K_2O 30.0kg/亩)，大棚蔬菜肥料利用效率提高 8.92%～9.75%(示范工程大棚蔬菜氮肥利用率为 38.09%、磷肥利用率为 17.5%；传统大棚蔬菜氮肥利用率为 28.34%、磷肥利用率为 8.58%)，化学农药投入量减少 49.02%(示范工程大棚蔬菜化学农药施用次数为 10 次/年，每年投入量为 1300g/亩；传统大棚蔬菜化学农药施用次数大于 22.5 次/年，每年投入量大于 2550g/亩)，成本投入减少 37.34%(示范工程大棚蔬菜肥料每年成本为 1560 元/亩、每年农药成本为 1540 元/亩；传统大棚蔬菜肥料每年成本为 2250 元/亩、每年农药成本为 2750 元/亩)，废弃物资源化和无害化处理利用率达 91.8%以上，设施农田径流总氮、总磷、氨氮和 COD 分别降低 41.14%、40.47%、43.21%和 36.3%。

都市大棚蔬菜降污少排放集成技术示范工程运行调查评估数据见表 3-2。

表 3-2 都市大棚蔬菜示范工程运行调查评估表

调查面积/亩	技术类型对比	施肥量/(kg/亩)	用药量/(g/亩)	用工量/个	肥料成本/(元/亩)	农药成本/(元/亩)	用工成本/(元/亩)	肥料农药用工成本/(元/亩)	产量/(kg/亩)	产值/(元/亩)	综合经济效益/(元/亩)
200	示范技术	N 32.5 P_2O_5 26.0 K_2O 19.5	1300	75	1560	1540	7500	10600	19992.0	23990.4	13390.4
200	传统习惯	N 50.0 P_2O_5 40.0 K_2O 30.0	2550	73	2250	2750	7300	12300	19927.76	23913.3	11613.3
—	示范技术与传统习惯对比	N −17.5 P_2O_5 −14.0 K_2O −10.5	−1250	2	−690	−1210	200	−1700	64.24	77.1	1777.1

注：大棚蔬菜每年按 4 茬计产，蔬菜收购价平均按 1.2 元/公斤计价，人工成本按 100 元/人计算。

设施农田径流产生量 3.375m³×4 月×3 次/月=40.5m³/(亩·年)，设施农田污染物水平和径流排放浓度范围详见表 3-3。径流污染物负荷见表 3-4。

表 3-3　污染物监测结果

类型		排放浓度/(mg/L)						
		总氮	氨氮	总磷	水溶性总磷	五日生化需氧量	化学需氧量	悬浮物
示范技术	5 月	7.28	1.08	1.53	0.49	11.11	68.30	13.25
	6 月	5.16	0.72	1.09	0.35	7.96	47.25	9.92
	7 月	4.66	0.73	1.01	0.35	7.56	44.59	9.22
	8 月	4.48	0.63	0.96	0.29	6.84	40.06	7.63
	9 月	3.85	0.58	0.82	0.25	5.91	36.69	7.93
	10 月	3.49	0.53	0.67	0.28	4.73	34.49	7.49
	平均	4.82±1.34	0.71±0.20	1.01±0.29	0.33±0.09	7.35±2.18	45.23±12.26	9.24±2.19
	T 值	8.791	8.871	8.455	9.571	8.262	9.036	10.349
传统习惯	5 月	11.36	1.69	2.45	0.85	18.25	104.64	22.59
	6 月	7.98	1.20	1.58	0.57	12.75	84.98	15.95
	7 月	7.79	1.03	1.59	0.50	12.36	75.13	14.45
	8 月	7.26	1.08	1.28	0.52	11.98	58.16	14.00
	9 月	6.35	0.96	1.35	0.46	10.08	59.64	13.60
	10 月	4.63	0.76	1.02	0.34	6.58	43.45	9.41
	平均	7.56±2.23	1.12±0.32	1.55±0.49	0.54±0.17	12.00±3.82	71.00±21.90	15.00±4.31
	T 值	8.315	8.709	7.705	7.757	7.702	7.943	8.518
		排放量/[g/(亩·月)]						
示范技术	5 月	280.91	31.95	46.26	15.50	329.16	1970.81	408.69
	6 月	200.92	30.05	42.45	14.30	317.54	1928.72	390.67
	7 月	179.11	25.11	40.81	13.76	305.63	1968.45	381.70
	8 月	165.45	25.32	37.94	13.81	295.79	1840.22	385.51
	9 月	145.93	22.44	28.84	11.46	284.02	1757.04	368.09
	10 月	108.93	19.69	27.21	12.09	253.91	1525.64	310.66
	平均	180.21±54.45	25.76±2.48	37.25±4.16	13.09±1.48	297.68±26.66	1831.82±171.34	374.22±33.82
	T 值	8.782	28.366	24.126	22.321	27.347	26.188	27.102
传统习惯	5 月	462.33	67.49	95.48	32.02	728.86	4340.01	907.33
	6 月	327.61	58.54	68.95	25.40	535.02	3006.79	645.03
	7 月	315.98	40.81	57.57	21.57	468.55	2762.52	636.94
	8 月	294.85	43.68	59.26	22.06	466.02	2669.11	565.02
	9 月	248.01	34.74	51.68	16.71	395.66	2429.16	482.08
	10 月	188.30	26.90	42.48	13.45	321.89	2045.43	408.61
	平均	306.18±92.03	45.36±15.10	62.57±18.34	21.87±6.53	486.00±139.41	2875.50±788.11	607.50±172.78
	T 值	8.150	7.357	8.356	8.205	8.539	8.937	8.612

注：上述数据为第三方监测结果。2015 年示范工程运行连续监测 6 个月（5～10 月）。

表 3-4　设施农业区示范技术和传统习惯泾流污染负荷比较(平均值)

污染物指标	示范技术		传统习惯		示范技术污染负荷减少量/[g/(亩·年)]	示范技术污染负荷减少比例/%
	排放浓度/(mg/L)	排放量/[g/(亩·年)]	排放浓度/(mg/L)	排放量/[g/(亩·年)]		
总氮	4.82±1.34	180.21±54.45	7.56±2.23	306.18±92.03	125.97	41.14
氨氮	0.71±0.20	25.76±2.48	1.12±0.32	45.36±15.10	19.6	43.21
总磷	1.01±0.29	37.25±4.16	1.55±0.49	62.57±18.34	25.32	40.47
水溶性总磷	0.33±0.09	13.09±1.48	0.54±0.17	21.87±6.53	8.78	40.15
五日生化需氧量	7.35±2.18	297.68±26.66	12.00±3.82	486.00±139.41	188.31	38.75
化学需氧量	45.23±12.26	1831.82±171.34	71.00±21.90	2875.50±788.11	1043.68	36.30
悬浮物	9.24±2.19	374.22±33.82	15.00±4.31	607.50±172.78	233.28	38.40

注：上述数据为第三方监测结果。2015 年示范工程运行连续监测 6 个月(5～10 月)。

2015 年，通过对大棚蔬菜示范区的调查、测试和核算，计算出了大棚蔬菜的氮肥利用率和磷肥利用率，大棚蔬菜技术示范区氮肥利用率为 38.09%，传统习惯区氮肥利用率为 28.34%，技术示范区氮肥利用率比传统习惯区氮肥利用率高了 9.75 个百分点；大棚蔬菜技术示范区磷肥利用率为 17.5%，传统习惯区磷肥利用率为 8.58%，技术示范区磷肥利用率比传统习惯区磷肥利用率高了 8.92 个百分点。大棚蔬菜示范工程运行后大棚蔬菜生物量见表 3-5，氮肥利用率和磷肥利用率核算见表 3-6。

表 3-5　都市大棚蔬菜示范工程运行后生物量调查表

项目	技术(对比)	处理	施肥量/(kg/亩)	生物量/(kg/亩)
氮肥利用	示范技术	施 N 区	32.5	4998.00
		缺 N 区	0	3233.71
	传统习惯	施 N 区	50.0	4981.94
		缺 N 区	0	3198.36
	示范技术与传统习惯对比	施 N 区	−17.5	16.06
		缺 N 区	0	35.35
磷肥利用	示范技术	施 P 区	26.0	4998.00
		缺 P 区	0	3918.43
	传统习惯	施 P 区	40.0	5005.50
		缺 P 区	0	3899.28
	示范技术与传统习惯对比	施 P 区	−14.0	−7.50
		缺 P 区	0	19.15

注：蔬菜产量按一茬计算。

表 3-6　大棚蔬菜示范工程运行后氮磷肥料利用表

项目	技术(对比)	处理	施肥量/(kg/亩)	蔬菜植株含 N 量/%	N 总量/(kg/亩)
氮肥利用	示范技术	施 N 区	32.5	0.39	19.49
		缺 N 区	0	0.22	7.11
	传统习惯	施 N 区	50.0	0.40	19.93
		缺 N 区	0	0.18	5.76
	示范技术与传统习惯对比	施 N 区	-17.5	-0.01	-0.44
		缺 N 区	0	0.04	1.35
氮肥利用率	氮肥利用率=(施氮肥区 N 量-无氮肥区 N 量)×100%/氮肥量 技术示范区氮肥利用率：38.09% 技术示范区氮肥利用率=(19.49-7.11)×100%/32.5=38.09% 传统习惯区氮肥利用率：28.34% 传统习惯区氮肥利用率=(19.93-5.76)×100%/50.0=28.34% 技术示范区氮肥利用率-传统习惯区氮肥利用率：38.09%-28.34%=9.75%				
磷肥利用	示范技术	施 P 区	26.0	0.24	12.00
		缺 P 区	0	0.19	7.45
	传统习惯	施 P 区	40.0	0.24	12.01
		缺 P 区	0	0.22	8.58
	示范技术与传统习惯对比	施 P 区	-14.0	0.00	-0.01
		缺 P 区	0	0.01	-1.13
磷肥利用率	磷肥利用率(施磷肥区 P 量-无磷肥区 P 量)×100%/磷肥量 技术示范区磷肥利用率：17.5% 技术示范区磷肥利用率=(12.00-7.45)×100%/26.0=17.5% 传统习惯区磷肥利用率：8.58% 传统习惯区磷肥利用率=(12.01-8.58)×100%/40.0=8.58% 技术示范区磷肥利用率-传统习惯区磷肥利用率：17.5%-8.58%=8.92%				

2. 都市苗圃降污少排放集成技术示范工程

经过 2015 年全年对集成技术的示范应用，在不影响苗圃苗木正常生长和经济效益的前提下，都市苗圃降污少排放集成技术在示范苗圃中的化肥用量平均减少 45%(示范工程推荐施肥量为 N 8.8kg/亩、P_2O_5 5.86kg/亩、K_2O 17.6kg/亩；传统施肥量为 N 16kg/亩、P_2O_5 10.67kg/亩、K_2O 32kg/亩)，氮肥利用率提高 7.3 个百分点(示范工程苗圃中氮肥利用率为 30.9%、传统苗圃中氮肥利用率为 23.6%)，磷肥利用率提高 6.5 个百分点(示范工程苗圃中磷肥利用率为 19.3%；传统苗圃中磷肥利用率为 12.8%)；化学农药投入量减少 50.24% 以上(示范工程苗圃中化学农药施用次数为 4 次/年，每年投入量为 400g/亩；传统苗圃中化学农药施用次数大于 8 次/年，每年投入量大于 800g/亩)；肥料和农药成本投入减少 37.37%(示范工程苗圃中每年肥料成本为 343.00 元/亩、农药成本为 530.00 元/亩；传统苗圃中每年肥料成本为 627.00 元/亩、农药成本为 767.00 元/亩)。农业废弃物资源化和无害化处理利用率达到 95%以上；核心示范苗圃中径流总氮、总磷、氨氮和 COD 分别降低 42.37%、40.31%、43.22%和 35.97%。

都市苗圃降污少排放集成技术示范工程运行调查评估数据见表 3-7。

表 3-7　都市苗圃示范工程运行调查评估表

	面积/亩	集成技术（对比）	施肥量/(kg/亩)	农药量/(g/亩)	用水量/(m³/亩)	用工量/[人天/(年·亩)]	肥料成本/(元/亩)	农药成本/(元/亩)	用工成本/(元/亩)	肥料农药用工成本/(元/亩)
流域上部苗圃	10	示范技术	N 8.8 P₂O₅ 5.86 K₂O 17.6	400	600	25	343	530	2500	3173
	15	传统习惯	N 20 P₂O₅ 15 K₂O 30	1000	1380	29.2	700	800	2920	4420
		示范技术与传统习惯对比	N −11.2 P₂O₅ 9.14 K₂O 12.4	−600	−780	−4.2	−357	−270	−420	−1247
流域中部苗圃	20	示范技术	N 8.8 P₂O₅ 5.86 K₂O 17.6	400	600	25	343	530	2500	3173
	25	传统习惯	N 13 P₂O₅ 9 K₂O 26	1200	1380	31.3	510	1000	3130	4640
		示范技术与传统习惯对比	N −4.2 P₂O₅ 3.14 K₂O −9.4	−800	−780	−6.3	−167	−470	−630	−1467
流域下部苗圃	10	示范技术	N 8.8 P₂O₅ 5.86 K₂O 17.6	400	600	25	343	530	2500	3173
	10	传统习惯	N 15 P₂O₅ 8 K₂O 40	600	1380	31.3	670	500	3130	4300
		示范技术与传统习惯对比	N −6.2 P₂O₅ −2.14 K₂O −22.4	−200	−780	−6.3	327	30	−630	−1127
平均		示范技术	N 8.8 P₂O₅ 5.86 K₂O 17.6	400	600	25	343	530	2500	3173
		传统习惯	N 16 P₂O₅ 0.67 K₂O 32	933	1380	30.6	627	767	3060	4453
		示范技术与传统习惯对比	N −7.2 P₂O₅ 4.81 K₂O −14.4	−533	−780	−5.6	−284	−237	−560	−1081

苗圃示范区内,苗圃示范技术区径流产生量为 12.9m³/(亩·年),其中 2015 年 5 月、6 月、7 月、8 八月、9 月和 10 月的径流量分别为 1.50m³、2.70m³、2.80m³、2.75m³、2.15m³ 和 1.00m³;苗圃农户传统习惯区径流产生量为 15.2m³/(亩·年),其中 5 月、6 月、7 月、8

月、9 月和 10 月的径流量分别为 1.70m^3、3.10m^3、3.30m^3、3.15m^3、2.45m^3 和 1.50m^3，径流污染物排放浓度范围和水平见表 3-8。污染负荷比较见表 3-9。

表 3-8　污染物监测结果

类型		排放浓度/(mg/L)						
		总氮	氨氮	总磷	水溶性总磷	五日生化需氧量	化学需氧量	悬浮物
示范技术	5 月	1.89	0.58	0.11	0.10	1.26	12.52	34.13
	6 月	1.86	0.57	0.10	0.09	1.22	11.24	33.61
	7 月	1.47	0.45	0.09	0.08	0.98	9.65	33.32
	8 月	1.46	0.43	0.08	0.07	0.95	9.06	28.06
	9 月	1.20	0.31	0.07	0.05	0.91	8.65	28.38
	10 月	1.18	0.15	0.08	0.04	1.45	16.54	25.51
	平均	1.51±0.31	0.42±0.16	0.09±0.01	0.07±0.02	1.13±0.21	11.28±2.96	30.50±3.64
	T 值	11.99	6.21	14.70	7.58	12.87	9.34	20.54
传统习惯	5 月	3.05	0.89	0.18	0.16	1.95	19.90	52.04
	6 月	2.50	0.77	0.15	0.14	1.62	15.67	43.26
	7 月	2.27	0.69	0.13	0.12	1.38	13.73	40.34
	8 月	2.21	0.66	0.13	0.10	1.24	14.32	41.17
	9 月	1.93	0.52	0.10	0.08	1.00	10.95	31.54
	10 月	1.44	0.29	0.03	0.04	1.43	8.67	22.70
	平均	2.23±0.54	0.63±0.21	0.12±0.05	0.11±0.04	1.44±0.33	13.87±3.88	38.51±10.14
	T 值	10.12	7.45	5.72	6.05	10.81	8.75	9.30
		排放量/[g/(亩·月)]						
示范技术	5 月	2.84	0.87	0.17	0.14	1.89	18.77	51.19
	6 月	5.03	1.54	0.27	0.25	3.29	30.34	90.74
	7 月	4.12	1.26	0.24	0.23	2.73	27.01	93.30
	8 月	4.00	1.17	0.23	0.20	2.60	24.90	77.17
	9 月	2.59	0.67	0.15	0.11	1.96	18.61	61.01
	10 月	1.18	0.15	0.08	0.04	1.45	16.54	25.51
	平均	3.29±1.37	0.94±0.49	0.19±0.07	0.16±0.08	2.32±0.68	22.70±5.51	66.49±25.94
	T 值	5.89	4.67	6.52	4.98	8.41	10.09	6.28
传统习惯	5 月	5.18	1.51	0.31	0.27	3.32	33.84	88.47
	6 月	7.75	2.39	0.46	0.43	5.02	48.58	134.11
	7 月	7.51	2.26	0.44	0.38	4.57	45.32	133.12
	8 月	6.95	2.08	0.41	0.33	3.91	45.10	129.69
	9 月	4.72	1.27	0.25	0.21	2.46	26.84	77.27
	10 月	2.16	0.44	0.05	0.07	2.14	13.00	34.05
	平均	5.71±2.14	1.66±0.74	0.32±0.16	0.28±0.13	3.57±1.14	35.46±13.74	99.45±40.35
	T 值	6.55	5.49	5.02	5.24	7.64	6.32	6.04

注：上述数据为第三方监测结果。2015 年示范工程运行连续监测 6 个月(5～10 月)。

表 3-9   污染负荷比较

污染物指标	示范技术		传统习惯		示范技术污染负荷减少量/[g/(亩·年)]	示范技术污染负荷减少比例/%
	排放浓度/(mg/L)	排放量/[g/(亩·年)]	排放浓度/(mg/L)	排放量/[g/(亩·年)]		
总氮	1.51±0.31	19.75	2.23±0.54	34.27	14.52	42.37
氨氮	0.42±0.16	5.65	0.63±0.21	9.95	4.3	43.22
总磷	0.09±0.01	1.14	0.12±0.05	1.91	0.77	40.31
水溶性总磷	0.07±0.02	0.98	0.11±0.04	1.68	0.7	41.67
五日生化需氧量	1.13±0.21	13.92	1.44±0.33	21.42	7.5	35.01
化学需氧量	11.28±2.96	136.17	13.87±3.88	212.67	76.5	35.97
悬浮物	30.50±3.64	398.92	38.51±10.14	596.70	197.78	33.15

注：上述数据为第三方监测结果。2015 年示范工程运行连续监测 6 个月(5～10 月)。

2015 年，通过对苗圃示范区内苗木的调查、测试和核算，计算出了苗圃的氮肥利用率和磷肥利用率，苗圃示范技术区氮肥利用率为 30.9%，传统习惯区氮肥利用率为 23.6%，技术示范区氮肥利用率比传统习惯区氮肥利用率高了 7.3 个百分点；苗圃示范技术区磷肥利用率为 19.3%，传统习惯区磷肥利用率为 12.8%，技术示范区磷肥利用率比传统习惯区磷肥利用率高了 6.5 个百分点。苗圃示范工程运行后苗圃生物量调查见表 3-10，氮肥利用率和磷肥利用率核算见表 3-11。

示范工程实施过程中的一些照片如图 3-4～图 3-10 所示。

表 3-10   都市苗圃示范工程运行生物量调查表

项目	技术(对比)	处理	施肥量/(kg/亩)	生物量/(kg/亩)
氮肥利用	示范技术	施 N 区	8.8	1200
		缺 N 区	0	956.9
	传统习惯	施 N 区	16	1600
		缺 N 区	0	1426.7
	示范技术与传统习惯对比	施 N 区	-7.2	-400
		缺 N 区	0	-469.8
磷肥利用	示范技术	施 P 区	5.86	1200
		缺 P 区	0	1091.4
	传统习惯	施 P 区	10.67	1600
		缺 P 区	0	1445.9
	示范技术与传统习惯对比	施 P 区	-4.81	-400
		缺 P 区	0	-354.5

表 3-11　都市苗圃示范工程运行氮磷肥料利用表

项目	技术(对比)	处理	施肥量/(kg/亩)	N 含量/%	N 量/(kg/亩)
氮肥利用	示范技术	施 N 区	8.8	0.41	4.92
		缺 N 区	0	0.23	2.20
	传统习惯	施 N 区	16	0.45	7.2
		缺 N 区	0	0.24	3.42
	示范技术与传统习惯对比	施 N 区	-7.2	0.04	-2.28
		缺 N 区	0	0.01	-1.22
氮肥利用率	氮肥利用率=(施氮肥区 N 量-无氮肥区 N 量)×100%/氮肥量 技术示范区氮肥利用率:30.9% 技术示范区氮肥利用率=(4.92-2.20)×100%/8.8=30.9% 传统习惯区氮肥利用率:23.6% 传统习惯区氮肥利用率=(7.2-3.42)×100%/16=23.6% 技术示范区氮肥利用率-传统习惯区氮肥利用率:30.9%-23.6%=7.3%				
磷肥利用	示范技术	施 P 区	5.86	0.74	8.88
		缺 P 区	0	0.71	7.75
	传统习惯	施 P 区	10.67	0.76	12.16
		缺 P 区	0	0.75	10.79
	示范技术与传统习惯对比	施 P 区	-4.81	0.02	-3.28
		缺 P 区	0	-0.04	-3.04
磷肥利用率	磷肥利用率(施磷肥区 P 量-无磷肥区 P 量)×100%/磷肥量 技术示范区磷肥利用率:19.3% 技术示范区磷肥利用率=(8.88-7.75)×100%/5.86=19.3% 传统习惯区磷肥利用率:12.8% 传统习惯区磷肥利用率=(12.16-10.79)×100%/10.67=12.8% 技术示范区磷肥利用率-传统习惯区磷肥利用率:19.3%-12.8%=6.5%				

图 3-4　苗圃示范工作进行前的状况

图 3-5　苗圃示范工作进行后的状况

图 3-6　示范区植物配置

图 3-7　示范苗圃的绿肥生物覆盖

图 3-8　在示范苗圃进行施肥指导并发放控释肥料

图 3-9　在示范苗圃进行现场培训并发放控释肥料

图 3-10　苗圃示范区标识牌

3. 都市果园低污少排放集成技术示范工程

在不影响果园产量和品质的前提下，通过核算，氮磷化肥量用量平均减少 38.5%（示范工程推荐施肥量为 N 19.5kg/亩、P_2O_5 16.25kg/亩、K_2O 26kg/亩；传统施肥量为 N 32kg/亩、P_2O_5 26.13kg/亩、K_2O 40kg/亩），提高果园肥料利用效率 6.5%～10.6%（示范工程果园氮肥利用率为 26.6%、磷肥利用率为 15.1%；农户习惯果园氮肥利用率为 16.0%、磷肥利用率为 8.6%）；化学农药投入量减少 42.1%（示范工程果园化学农药施用次数为 4 次/年，每年投入量为 520g/亩；农户习惯果园化学农药施用次数大于 9 次/年，每年投入量大于 900g/亩）；成本投入减少 23.46%（示范工程果园每年肥料成本为 624 元/亩、农药成本为 616 元/亩；农户习惯果园每年肥料成本为 900 元/亩、农药成本为 720 元/亩）。果园废弃物资源化处理利用率达 92.5%以上。果园径流总氮、总磷、氨氮和 COD 分别降低 43.50%、41.82%、45.36% 和 38.71%。

都市果园低污少排放集成技术示范工程运行调查评估数据见表 3-12。

表 3-12　都市果园示范工程运行调查评估表

	面积/亩	集成技术(对比)	施肥量/(kg/亩)	农药量/(g/亩)	用水量/(m³/亩)	用工量/[人天/(年·亩)]	肥料成本/(元/亩)	农药成本/(元/亩)	用工成本/(元/亩)	肥料农药用工成本/(元/亩)	产量/(kg/亩)	产值/(元/亩)	综合经济效益/(元/亩)
果园A	3	示范技术	N 19.5 P$_2$O$_5$16.25 K$_2$O 26	520	560	30	624	616	3000	4240	2600	13000	8760
	3	传统习惯	N 30 P$_2$O$_5$30 K$_2$O 50	900	560	30	1005	720	3000	4725	2350	11750	7025
	—	示范技术与传统习惯对比	N −10.5 P$_2$O$_5$−13.75 K$_2$O −24	−380	0	0	−381	−104	0	−485	250	1250	1735
果园B	4	示范技术	N 19.5 P$_2$O$_5$16.25 K$_2$O 26	520	560	30	624	616	3000	4240	2790	13950	9710
	3	传统习惯	N 36 P$_2$O$_5$25 K$_2$O 40	800	560	28	930	640	2800	4370	2400	12000	7630
	—	示范技术与传统习惯对比	N −16.5 P$_2$O$_5$−25 K$_2$O −40	−280	0	2	−306	−24	200	−130	390	1950	2080
果园C	3.5	示范技术	N 19.5 P$_2$O$_5$16.25 K$_2$O 26	520	560	30	624	616	3000	4240	2710	13550	9310
	3.2	传统习惯	N 30 P$_2$O$_5$23.4 K$_2$O 30	1000	560	30	756	800	3000	4556	2300	11500	6944
	—	示范技术与传统习惯对比	N 10.5 P$_2$O$_5$7.15 K$_2$O 4	−480	0	0	−132	−184	0	−316	410	2050	2366
平均	—	示范技术	N 19.5 P$_2$O$_5$16.25 K$_2$O 26	520	560	30	624	616	3000	4240	2700	13500	9260
	—	传统习惯	N 32 P$_2$O$_5$26.13 K$_2$O 40	900	560	29.3	900	720	2930	4550	2350	11750	7200
	—	示范技术与传统习惯对比	N 12.5 P$_2$O$_5$9.88 K$_2$O 24	−380	0	0.7	−276	−104	70	−310	350	1750	2060

注：人工成本按 100 元/(人·天)来计算，2014 年葡萄收购平均价为 5.00 元/kg，西葫芦收购价为 1.00 元/kg，紫花苜蓿、欧洲菊苣和黑麦草的种子钱为 10.00 元/kg，播种量为 1kg/亩。

　　果园示范区内，果园推荐技术区径流产生量为 30.24m³/(亩·年)，其中 2015 年 5 月、6 月、7 月、8 月、9 月和 10 月的径流量分别为 2.60m³、6.35m³、6.40m³、6.60m³、5.18m³ 和 3.11m³；果园农户习惯区径流产生量为 31.92m³/(亩·年)，其中 5 月、6 月、7 月、8 月、9 月和 10 月的径流量分别为 2.95m³、6.58m³、6.67m³、6.75m³、5.50m³ 和 3.47m³。径流污染物排放浓度范围和水平见表 3-13，污染负荷比较见表 3-14。

表 3-13　果园径流同田对比污染物监测结果

类型	月份	排放浓度/(mg/L)						
		总氮	氨氮	总磷	水溶性总磷	五日生化需氧量	化学需氧量	悬浮物
示范技术	5 月	3.22	0.70	0.75	0.29	4.25	29.00	114.83
	6 月	2.74	0.59	0.60	0.25	3.92	24.02	103.26
	7 月	2.38	0.50	0.52	0.21	3.31	18.14	89.83
	8 月	2.16	0.42	0.45	0.19	3.26	17.95	87.99
	9 月	1.92	0.33	0.36	0.16	2.04	14.72	63.74
	10 月	1.89	0.18	0.22	0.12	2.21	21.78	75.38
	平均	2.38±0.52	0.45±0.19	0.48±0.19	0.20±0.06	3.16±0.89	20.94±5.11	89.17±18.42
	T 值	11.28	5.96	6.38	8.08	8.71	10.03	11.86
传统习惯	5 月	5.71	1.12	1.24	0.46	6.72	44.95	180.60
	6 月	5.04	1.07	1.10	0.42	6.12	40.68	173.84
	7 月	4.22	0.86	0.75	0.33	4.92	32.17	126.96
	8 月	3.61	0.69	0.62	0.35	4.65	34.24	130.12
	9 月	2.51	0.60	0.70	0.31	3.18	21.59	103.92
	10 月	1.06	0.25	0.30	0.17	2.62	12.37	52.56
	平均	3.69±1.55	0.77±0.30	0.79±0.31	0.34±0.09	4.70±1.46	31.00±11.07	128.00±43.10
	T 值	6.28	6.83	6.69	9.65	8.53	7.41	7.86
类型	月份	排放量/[g/(亩·月)]						
示范技术	5 月	8.37	1.82	1.95	0.75	11.05	75.40	298.57
	6 月	17.40	3.75	3.81	1.57	24.89	152.53	655.73
	7 月	15.24	3.20	3.33	1.36	21.18	116.10	574.90
	8 月	14.23	2.75	2.94	1.26	21.52	118.47	580.73
	9 月	9.95	1.71	1.86	0.81	10.57	76.25	330.19
	10 月	5.87	0.56	0.69	0.37	6.87	67.74	234.44
	平均	11.84±4.46	2.30±1.16	2.43±1.15	1.02±0.45	16.01±7.40	101.08±33.35	445.76±178.13
	T 值	6.50	4.86	5.20	5.52	5.30	7.42	6.13
传统习惯	5 月	16.85	3.30	3.65	1.36	19.81	132.60	532.77
	6 月	33.18	7.04	7.27	2.76	40.24	267.67	1143.87
	7 月	28.12	5.74	5.00	2.20	32.82	214.57	846.82
	8 月	24.37	4.68	4.16	2.39	31.39	231.12	878.31
	9 月	13.79	3.32	3.84	1.71	17.51	118.75	571.56
	10 月	9.45	1.14	1.13	0.44	8.26	24.80	112.43
	平均	20.96±9.09	4.20±2.08	4.18±2.00	1.81±0.83	25.01±11.81	164.92±89.68	680.96±357.18
	T 值	5.65	4.95	5.12	5.31	5.19	4.50	4.67

注：上述数据为第三方监测结果。2015 年示范工程运行连续监测 6 个月（5~10 月）。

表 3-14 果园径流污染负荷比较

污染物指标	示范技术		传统习惯		示范技术污染负荷减少量/[g/(亩·年)]	示范技术污染负荷减少比例/%
	排放浓度/(mg/L)	排放量/[g/(亩·年)]	排放浓度/(mg/L)	排放量/[g/(亩·年)]		
总氮	2.38±0.52	71.06	3.69±1.55	125.76	54.7	43.50
氨氮	0.45±0.19	13.78	0.77±0.30	25.22	11.44	45.36
总磷	0.48±0.19	14.58	0.79±0.31	25.06	10.48	41.82
水溶性总磷	0.20±0.06	6.12	0.34±0.09	10.85	4.73	43.59
五日生化需氧量	3.16±0.89	96.08	4.70±1.46	150.02	53.94	35.96
化学需氧量	20.94±5.11	606.48	31.00±11.07	989.52	383.04	38.71
悬浮物	89.17±18.42	2674.56	128.00±43.10	4085.76	1411.20	34.54

注：上述数据为第三方监测结果。2015 年示范工程运行连续监测 6 个月(5～10 月)。

2015 年通过对果园示范区内葡萄树和果实的调查、测试和核算，计算出了果园的氮肥利用率和磷肥利用率。果园技术示范区氮肥利用率为 26.6%，传统习惯区氮肥利用率为 16.0%，技术示范区氮肥利用率比传统习惯区氮肥利用率高了 10.6 个百分点；果园技术示范区磷肥利用率为 15.1%，传统习惯区磷肥利用率为 8.6%，技术示范区磷肥利用率比传统习惯区磷肥利用率高了 6.5 个百分点。果园示范工程运行后果园生物量调查见表 3-15，氮肥利用率和磷肥利用率核算见表 3-16。

示范工程实施过程中的一些照片如图 3-11～图 3-21 所示。

表 3-15 都市果园示范工程运行生物量调查表

项目	技术(对比)	处理	施肥量/(kg/亩)	增加生物量/(kg/亩)	
				葡萄果实	植株
氮肥利用	示范技术	施 N 区	19.5	1215	1250
		缺 N 区	0	850.5	810
	传统习惯	施 N 区	32	1058	1086
		缺 N 区	0	730	760
	示范技术与传统习惯对比	施 N 区	-12.5	157	164
		缺 N 区	0	120.5	50
磷肥利用	示范技术	施 P 区	16.25	1215	1202
		缺 P 区	0	1020	990
	传统习惯	施 P 区	26.13	1058	1060
		缺 P 区	0	900	869
	示范技术与传统习惯对比	施 P 区	-9.88	157	142
		缺 P 区	0	120	121

表 3-16　都市果园示范工程运行氮磷肥料利用表

项目	技术对比	处理	施肥量/(kg/亩)	葡萄 N 含量/%	植株 N 含量/%	N 量/(kg/亩)
氮肥利用	示范技术	施 N 区	19.5	0.33	0.38	8.76
		缺 N 区	0	0.21	0.22	3.57
	传统习惯	施 N 区	32	0.38	0.41	8.47
		缺 N 区	0	0.22	0.23	3.35
	示范技术与 传统习惯对比	施 N 区	-12.5	-0.05	-0.03	0.29
		缺 N 区	0	-0.01	-0.01	0.21
氮肥利用率	氮肥利用率=(施氮肥区 N 量-无氮肥区 N 量)×100%/氮肥量 技术示范区氮肥利用率:26.6% 技术示范区氮肥利用率=(8.76-3.57)×100%/19.5=26.6% 传统习惯区氮肥利用率:16.0% 传统习惯区氮肥利用率=(8.47-3.35)×100%/32=16.0% 技术示范区氮肥利用率-传统习惯区氮肥利用率:26.6%-16.0%=10.6%					
磷肥利用	示范技术	施 P 区	16.25	0.18	0.28	5.55
		缺 P 区	0	0.1	0.21	3.10
	传统习惯	施 P 区	26.13	0.23	0.33	5.93
		缺 P 区	0	0.11	0.31	3.68
	示范技术与 传统习惯对比	施 P 区	-9.88	-0.05	-0.05	-0.38
		缺 P 区	0	-0.01	-0.1	-0.58
磷肥利用率	磷肥利用率(施磷肥区 P 量-无磷肥区 P 量)×100%/磷肥量 技术示范区磷肥利用率:15.1% 技术示范区磷肥利用率=(5.55-3.10)×100%/16.25=15.1% 传统习惯区磷肥利用率:8.6% 传统习惯区磷肥利用率=(5.93-3.68)×100%/26.13=8.6% 技术示范区磷肥利用率-传统习惯区磷肥利用率:15.1%-8.6%=6.5%					

图 3-11　果园示范区的减污套种

图 3-12　示范葡萄园内生长茂盛的绿肥

图 3-13 示范葡萄园

国家重大水专项湖泊富营养化控制与治理主题-滇池项目-面源课题

滇池流域农田面源污染综合控制与水源涵养林保护关键技术及工程示范
都市果园减污低排放集成技术与工程

工程简介

解决的关键问题

针对葡萄园高强度营养需求、土壤和地下水氮磷含量高等问题，减少果园投入成本，防止农用化学品过度使用、改善果品的品质，提高果园产出率，实现农业面源污染低排放。

技术原理

按照葡萄园土壤的养分空间变异特点、土壤养分的供给规律以及果园生长期间的养分需求特性，在示范果园应用葡萄园减污套种模式、高效施肥减污技术和病虫害生物防治多种防控策略，构建都市果园降污低排放集成技术。

适用条件

适于快速城镇化条件下的都市城郊果园。

示范内容

1. 葡萄园减污套种模式构建
2. 高效施肥减污技术
   控释配方肥和水溶性肥料用量和方法优化配置
3. 病虫害多种防控防治技术

示范效果

葡萄园降污少排放集成技术使肥料用量减少35%~39%，提高肥料利用效率6.5~10.6个百分点；化学农药投入量减少42.1%以上，农药残留量（土壤、水、产品）符合国家标准；减少成本投入21.5%~25.6%以上；径流总氮、总磷、氨氮分别降低43.50%、41.82%、45.36%。

图 3-14 示范葡萄园标识牌

图 3-15　在示范区对农户进行室内会议培训

图 3-16　在示范区发放控释肥和水溶性肥料

图 3-17　在示范区讲解高效减污施肥技术

图 3-18　技术辐射区梨园标识牌

图 3-19　技术辐射区的梨园中的生物覆盖

图 3-20　在技术辐射区的梨园进行现场指导

图 3-21　技术辐射区内的草莓园多种病虫害防控

4. 新型都市农业面源污染零排放农业生产的综合技术集成与工程示范

2014 年 5 月至 10 月对示范工程蔬菜样和水样进行取样监测,并对零排放模式经济效益进行统计,结果如表 3-17 所示。

本技术研究和工程示范表明,零排放模式与农民传统习惯模式相比,空间利用率增加了约 3.05 倍;同时,养鱼水用于养殖红萍和蔬菜,并经红萍和蔬菜净化后,完全可以循环利用,实现节水 4~5 倍;此外,种植过程中不使用化肥和农药,使得地面及地下环境污染物达到零排放的效果。具体而言(如表 3-17 所示),农民种植薄荷的收益最高,比单纯养鱼多收益 15.99 万元/(年·hm^2),增加 1.78 倍。此外,种植空心菜多收益 14.25 万元/(年·hm^2),增加 1.58 倍;种植大蒜多收益 14.00 万元/(年·hm^2),增加 1.56 倍;种植白菜多收益 2.40 万元/(年·hm^2),增加 0.27 倍;种植生菜多收益 10.20 万元/(年·hm^2),增加 1.13 倍;种植芹菜多收益 4.20 万元/(年·hm^2),增加 0.47 倍;种植韭菜多收益 13.88 万元/(年·hm^2),增加 1.54 倍;种植草莓多收益 6.00 万元/(年·hm^2),增加 0.67 倍;种植石斛多收益 13.5 万元/(年·hm^2),增加 1.50 倍;同时,蔬菜组合种植收益也较好,蔬菜组合 1(空心菜+薄荷+生菜+红萍)、蔬菜组合 2(空心菜+薄荷+白菜+红萍)和蔬菜组合 3(空心菜+薄荷+大蒜+红萍)分别多收益 13.48 万元/(年·hm^2)、6.35 万元/(年·hm^2)和 13.36 万元

/(年·hm²)，分别增加 1.50 倍、0.71 倍和 1.48 倍。

　　通过连续 2 年第三方监测数据显示，经过系统生物氧化塘，循环养殖水总氮平均降低 13%，总磷平均降低 51.3%，总钾平均降低 10.2%，COD 平均降低 16.0%，BOD 平均降低 15.1%。种植系统中，草莓、空心菜、青蒜、油麦菜、白菜、生菜、薄荷 7 种经济作物对循环养殖水体中的 N、P、K、COD 和 BOD 均有良好的吸收或转化作用，其中对总氮的降解率为 31.5%～54.14%，对总磷的降解率为 19.29%～77.47%，对总钾的降解率为 16.12%～55.50%，对 COD 的降解率为 14.3%～75.71%，对 BOD 的降解率为 24.8%～71.9%。

　　本项目已为昆明市 10 个都市农庄提供模式设计。该模式还可为昆明市"十三五"计划建立的 100 个都市农庄提供参考样板。该模式推广到城郊现代农业产业园区，带来了真正的经济效益，改善了生态环境、节能减排。推广零排放生态农业模式应该遵循因地制宜原则，温室框架和栽培床构件均可以利用当地的竹木资源，以大幅降低设施的造价。栽培床上所种植的植物也应是多样性的，例如，反季节蔬菜等都可以在生态大棚内生长，这样可以大大提高生态温室的经济效益。结合以往课题研究基础及云南省的气候条件和优势资源，在滇池流域选址建立零排放生态农业模式示范点，以点带面，推动新的零排放生态温室在滇池流域的应用。

表 3-17　零排放模式经济效益统计

种类	产量/ [kg/(年·hm²)]	单价/ (元/kg)	产值/ [元/(年·hm²)]	成本/ [元/(年·hm²)]	经济效益/ [元/(年·hm²)]	经济效益 增加/倍	收获/ (次/年)
鱼	22500	10	225000	135000	90000		1
空心菜	60000	2.5	150000	7500	142500	1.58	6
大蒜	69000	2	138000	13500	140000	1.56	2
薄荷	18600	9	167400	7500	159900	1.78	6
白菜	96000	1	96000	72000	24000	0.27	6
生菜	99000	2	198000	96000	102000	1.13	8
芹菜	60000	1.5	90000	48000	42000	0.47	3
韭菜	58500	2.5	146250	7500	138750	1.54	3
草莓	15000	10	150000	90000	60000	0.67	2
蔬菜组合 1	177600	按 4 种蔬菜价	171800	37000	134800	1.50	正常收种
蔬菜组合 2	174600	按 4 种蔬菜价	108000	44500	63500	0.71	正常收种
蔬菜组合 3	147600	按 4 种蔬菜价	170550	37000	133550	1.48	正常收种
石斛	4500	80	360000	225000	135000	1.50	1

注：蔬菜组合 1 为"空心菜+薄荷+生菜+红萍"；蔬菜组合 2 为"空心菜+薄荷+白菜+红萍"；蔬菜组合 3 为"空心菜+薄荷+大蒜+红萍"。

5. 农田废弃物低成本综合处置技术与示范

　　2014 年 5 月 25 日～2014 年 7 月 4 日对"农田多汁固体废弃物原位处理和资源化利用技术与工程示范"项目在柴河水库实验基地内放置的多汁蔬菜废弃物堆肥中试装置的运行效果进行了动态监测。检测过程中，分别对多汁蔬菜废弃物的好氧堆肥(翻堆)、自通风好氧堆肥(示范技术)和传统静态堆肥技术的处理效果进行了监测。通过对示范技术处理的多汁蔬菜废弃物样品进行分析检测和结果计算可知,经过 15～20 天处理后,样品有机物去除率达 33%左右,堆料呈弱碱性(pH 8～9),样品无腐臭味,蓬松腐熟。通过对传统静态堆肥技术处理的多汁蔬菜废弃物样品进行分析检测和结果计算可知,经过 40 天处理后,有机物去除率为 30%左右,堆料呈弱碱性(pH 8～9),堆料蓬松,基本腐熟。示范技术处理多汁蔬菜废弃物的周期(15～20 天)比传统静态堆肥技术的处理周期(40 天左右)缩短了 20 天左右。

通过对三种堆肥技术的装置的运行监测及样品分析计算,结果如表 3-18 所示。从表中可知,示范技术与好养堆肥(翻堆)技术效果接近,处理周期为 15～20 天,传统静态堆肥技术的处理周期为 40 天;与传统技术相比,示范技术的处理周期缩短了 20 天左右。

表 3-18　示范技术与其他技术的处理效果对比评估表

技术对比	日期 (运行天数)	挥发物 去除率/%	有机物 去除率/%	pH	备注
示范技术 (自通风好氧堆肥)	2014.5.26(1d)	9.0	9.1	7.80	
	2014.5.28(3d)	12.1	12.0	8.10	
	2014.5.30(5d)	22.0	22.1	8.25	
	2014.6.2(8d)	27.0	27.1	8.37	经过 15～20d 处理后,有机物去除率达 33%左右,堆料呈弱碱性,蓬松腐熟,无腐臭味
	2014.6.5(11d)	29.0	29.0	8.55	
	2014.6.8(14d)	31.9	32.0	8.78	
	2014.6.14(20d)	34.6	33.1	8.97	
	2014.6.24(30d)	35.0	35.1	9.10	
	2014.7.4(40d)	40.1	45.1	9.19	
好氧堆肥 (翻堆)	2014.5.26(1d)	5.0	5.0	7.94	
	2014.5.28(3d)	9.9	10.1	8.04	
	2014.5.30(5d)	28.0	28.1	8.34	
	2014.6.2(8d)	29.9	30.0	8.65	经过 15～20d 处理后,有机物去除率达 38%左右,堆料呈弱碱性,蓬松腐熟,无腐臭味
	2014.6.5(11d)	30.9	30.7	8.82	
	2014.6.8(14d)	37.9	37.8	9.05	
	2014.6.14(20d)	38.9	39.1	9.15	
	2014.6.24(30d)	40.1	45.1	9.28	
	2014.7.4(40d)	45.0	49.8	9.37	
传统静态 堆肥技术	2014.5.26(1d)	2.0	1.9	7.70	
	2014.5.28(3d)	4.1	4.1	7.81	
	2014.5.30(5d)	7.0	6.9	7.87	
	2014.6.2(8d)	13.0	12.9	7.88	经过 40d 处理后,有机物去除率为 30%左右,堆料呈弱碱性,蓬松腐熟,无腐臭味
	2014.6.5(11d)	20.0	19.9	8.03	
	2014.6.8(14d)	22.0	22.1	7.99	
	2014.6.14(20d)	23.9	24.0	7.98	
	2014.6.24(30d)	24.9	25.0	8.10	
	2014.7.4(40d)	30.0	29.8	8.04	

2015 年 4 月 26 日～2015 年 10 月 10 日对柴河流域示范片区多汁蔬菜废弃物堆肥装置的运行状况及效果进行了动态监测。依据安乐、柳坝和观音山三个示范片区内的 10 座示范装置连续 6 个月的动态检测数据可知，示范装置的处理周期为 12～26 天，平均处理周期 19 天；单座装置单批次的处理能力为 1.28～1.35t，平均处理能力 1.31t；单批次腐熟堆肥出料量为 0.85～0.95t，平均出料量 0.90t；示范技术堆肥装置对多汁蔬菜废弃物的资源化和无害化处理利用率(还田率)为 90.2%～96.6%，平均资源化及无害化利用率为 92.2%。

在多汁蔬菜处理工程示范区内，对 210 座示范装置中的 10 座堆肥装置的运行过程及效果进行了连续 6 个月的采样及现场监测。依据堆料在不同时期的理化性质判定蔬菜废弃物的堆肥周期平均为 19 天；通过统计腐熟堆料产生量及还田量，得出示范片区内多汁蔬菜的资源化和无害化处理利用率为 92.2%；统计示范区域内示范装置的处理规模为 210×25=5250 吨/年，并依据示范区域内多汁蔬菜废弃物的产量(9924 吨/年)，计算示范区域内多汁蔬菜废弃物排放减少率为 52.9%。依据示范装置及传统装置的价格(委托单位提供)、处理容量、处理周期等数据，计算示范技术及传统技术的处理成本，以及示范技术的处理成本削减率为 42.3%。相关计算及评估统计数据如表 3-19 和表 3-20 所示。

表 3-19 示范装置处理能力及腐熟堆肥还田统计评估表

日期		示范装置地点	处理周期/天	进料/t	出料/t	还田/t	还田率/%	单座装置年处理固废量/(吨/年)
进料	出料、还田		a	b	c	d	$e=100 \times d/c$	$f=360 \times b/a$
2016.4.26	2016.5.8	安乐	12	1.35	0.95	0.87	91.6	41
2016.5.10	2016.5.28	柳坝	18	1.33	0.90	0.82	91.1	27
2016.6.3	2016.6.26	观音山	23	1.28	0.85	0.78	91.8	20
2016.7.3	2016.7.29	安乐	26	1.30	0.88	0.85	96.6	18
2016.9.26	2016.10.10	柳坝	14	1.30	0.92	0.83	90.2	33
平均			19	1.31	0.90	0.83	92.2	25

表 3-20 示范技术与传统技术处理成本评估表

技术(装置)类别	有效容积/m³	处理容量/t	处理周期/天	单座价格*/元	处理成本**/(元/吨)	处理成本削减率/%
	a	b	c	d	$e=d/(5 \times 360 \times b/c)$	
示范技术	2.0	1.2	20	1500	13.9	42.3
传统技术	2.0	1.2	40	1300	24.1	

注：*单座示范装置的建设成本；**按处理装置使用寿命 5 年计算处理成本。

2014 年 5 月 10 日～2014 年 7 月 28 日对"农田高纤维秸秆资源化利用技术研究与工程示范"示范技术在柴河水库实验基地内高纤维秸秆堆肥中试装置的运行效果进行了动态监测。检测过程中分别对示范技术(预处理+自通风堆肥)和传统技术(静态堆肥)的处理效果进行了监测。通过对示范技术处理高纤维秸秆的样品进行分析检测和结果计算可知，经过 35～40 天处理后，样品有机物去除率达 33%左右，堆料呈弱碱性，样品无腐臭味，蓬松腐熟。通过对传统技术处理高纤维秸秆的样品进行分析检测和结果计算可知,经过79天处理后,有机物去除率接近30%,堆料呈弱碱性,堆料蓬松,基本腐熟。示范技术处理高纤维秸秆的周期(35～40天)比传统技术的处理周期(80天左右)缩短约40天。

通过对两种堆肥技术的装置的运行监测及样品分析计算,结果如表3-21所示。从表中可知,示范技术处理周期为35～40天,传统技术的处理周期为79天;与传统技术相比,示范技术的处理周期缩短了约40天。

表 3-21   示范技术与传统技术的处理效果对比评估表

技术对比	日期 (运行天数)	挥发物 去除率/%	有机物 去除率/%	pH	备注
示范技术 (预处理+自通风堆肥)	2014.5.18(8d)	12.0	10.5	7.70	
	2014.5.25(15d)	18.1	16.0	8.11	
	2014.6.4(25d)	29.0	26.1	8.23	经过35～40d处理后,有机物去除率达33%左右,堆料呈弱碱性,无腐臭味,蓬松腐熟
	2014.6.14(35d)	34.8	33.1	8.37	
	2014.6.29(50d)	35.5	34.0	8.45	
	2014.7.14(65d)	37.0	35.6	8.40	
	2014.7.28(79d)	38.6	37.1	8.55	
传统技术 (静态堆肥)	2014.5.18(8d)	6.0	5.5	6.94	
	2014.5.25(15d)	9.9	7.1	7.54	
	2014.6.4(25d)	14.0	10.1	7.84	
	2014.6.14(35d)	18.9	16.0	8.05	经过79d处理后,有机物去除率接近30%,堆料呈弱碱性,基本腐熟
	2014.6.29(50d)	25.9	23.7	8.12	
	2014.7.14(65d)	31.8	28.8	8.15	
	2014.7.28(79d)	33.9	29.9	8.23	

2016年3月18日～2016年11月2日对柴河流域示范片区高纤维秸秆堆肥装置的运行状况及效果进行了动态监测。依据安乐、柳坝和观音山三个示范片区内的8座示范装置连续8个月(2016年3～10月)的动态检测数据可知,示范装置的处理周期为35～43天,平均处理周期为39天;单座装置单批次的处理能力为1.20～1.32t,平均处理能力为1.25吨;单批次腐熟堆肥出料量为0.44～0.50t,平均出料量为0.48t;示范技术堆肥装置对高纤维秸秆的资源化和无害化处理利用率(还田率)为88.9%～96.0%,平均资源化及无害化利用率为92.9%。

在高纤维蔬菜处理工程示范区内,对90座示范装置中的8座堆肥装置的运行过程及效果进行了连续8个月的采样及现场监测。依据堆料在不同时期的理化性质判定蔬菜废弃物的堆肥周期平均为39天;通过统计腐熟堆料产生量及还田量,得出示范片区内高纤维蔬菜的资源化和无害化处理利用率平均为92.9%;示范区域内示范装置的处理规模为90×11.5=1035吨/年,并依据示范区域内高纤维秸秆的产量(2376吨/年),计算示范区域内高纤维秸秆排放减少率为43.6%。相关计算及评估统计数据如表3-22和表3-23所示。

表 3-22　示范装置处理能力及腐熟堆肥还田统计评估表

日期		示范装置地点	处理周期/天	进料/t	出料/t	还田/t	还田率/%	单座装置年处理固废量/(吨/年)
进料	出料、还田		a	b	c	d	$e=100 \times d/c$	$f=360 \times b/a$
2016.3.18	2016.4.29	安乐	42	1.27	0.50	0.48	96.0	10.9
2016.5.10	2016.6.15	柳坝	36	1.32	0.55	0.50	90.9	13.2
2016.7.8	2016.8.12	观音山	35	1.20	0.54	0.48	88.9	12.3
2016.9.20	2016.11.2	安乐	43	1.20	0.46	0.44	95.7	10.0
	平均		39	1.25	0.51	0.48	92.9	11.5

表 3-23　示范技术与传统技术处理成本评估表

技术(装置)	有效容积/m³	处理容量/t	处理周期/天	单座价格*/元	运行管理费**/(元/吨)	处理成本***/(元/吨)	处理成本削减率/%
	a	b	c	d	e	$f=d/(5 \times 360 \times b/c)$	
示范技术	2.0	1.2	40	1500	3.8	27.8	38.4
传统技术	2.0	1.2	75	1300	0	45.1	

注：*单座示范装置的建设成本；**秸秆预处理生石灰用量 2%(w/w)，生石灰 190 元/吨；***按处理装置使用寿命 5 年计算处理成本。

3.3.6　地方配套情况

晋宁县农业局配套经费修建设施渔棚；昆明市农业局配套建设固体废弃物处理装置 480 套。云天化集团实物配套：无偿提供控释肥和水溶性肥料 45t；威鑫肥料有限公司实物配套：示范用控释肥水溶性肥料 45t。

第四章 湖滨退耕区面源污染综合控制的技术体系与工程实践

近 20 年来，随着滇池流域城乡一体化进程和环湖生态建设加速发展，昆明市加速了城乡园林绿化建设，在滇池外海环湖交通路以内，加大力度开展"四退"（退塘、退田、退人、退房）和"三还"（还湖、还林、还湿地）工作，建设湖岸亲水型湿地带，在环湖公路沿线两侧建设生态林带，同时通过产业结构调整、撤村并镇搬迁和劳动力转移，将该区域内的居民及其住房、生产用房逐步向滇池水体保护的核心区外转移，避免对滇池造成直接污染。另外，在湖滨 500m 范围以内，通过农业产业结构调整等形式，全部取消农业活动，实施退耕还湖，开展生态林带和经济林带建设，做到实用性、生态性和观赏性相统一。这些措施的实施，旨在削减湖滨区农业面源污染，并有利于形成生态保护屏障。在国家水专项推进实施中的 2010 年，整个滇池湖滨"四退三还"工作共完成退塘、退田 44552 亩，退房 91.3 万 m²，退人 16283 人，开展湖滨生态建设 53758 亩，其中湖内湿地 11220 亩，湖滨湿地 18589 亩，河口湿地 3086 亩，湖滨林带 20863 亩。滇池湖滨"四退三还一护"工作的实施，为消除滇池湖滨直接入湖的污染源起到了关键作用，同时提高了湖滨区对入湖污染物的拦截作用。

但是，滇池湖滨"四退三还一护"工作实施以后，一些原本并不突出的环境问题已成为较明显的新问题，需要进一步解决。原来作为农田的湖滨退耕区，大棚拆除后受到地下水的季节性浸泡，原耕作层中存留的养分解吸进入地下水，随着旱季地下水位下降，进入滇池。一些鱼塘退出后，杂草丛生，淤泥堆积，逐步趋于沼泽化，失去了湖滨湿地的净化与景观功能。这些区域离湖近，土地氮磷存赋量大，极容易在径流冲刷和地下水洗脱下直接进入滇池，对湖泊水质产生重要影响。对此问题的解决，是面源污染防控不可或缺的组织部分。事实上，云南省很多高原湖泊都在大力围绕湖滨带进行退耕还湿还林建设，都面临类似的问题。对此问题的解决，对云南高原湖泊治理和我国类似区域环境问题的解决都具有重要的示范作用。

4.1 技术整装与技术体系构建及工程应用设计

4.1.1 目标

滇池流域的湖滨退耕区是浅层地下水汇入滇池水体的必经之路，通过利用大棚退出的机会，在湖滨退耕区对浅层地下水进行最后的净化，这是减少浅层地下水污染的重要措施。

此外，湖滨退耕区也是地表径流输移的最后过程，是对地表径流造成的面源污染进行控制的最后机会。湖滨退耕区原为土地高强度利用、设施农业和渔业养殖十分集中的区域，因生产过程中大水大肥、污染物直接入湖，成为流域面源污染重要区域。

本研究目标，是根据湖滨退耕区的空间特殊性，研究形成综合面源污染控制、苗木生产、园艺农业发展的整地技术，种质选择与种苗培养技术，植物搭配与人工群落构建技术，构建满足湖滨景观、面源污染拦截需要的湖滨生态功能修复与生态缓冲带，在示范区内实现景观-环境-生态功能的显著提升。

4.1.2　重点任务

1. 湖滨退耕区农地坝塘镶嵌状况下的整地技术

滇池湖滨原为滇池季节性淹没区域，地下水位高，芦苇茭草丛生。后经防浪堤建设，加上抽水泵站等人为控制措施，该区域普遍被开发为大棚种植区、水产养殖区，土地开发利用程度高、强度大。耕地、坝塘与沟渠高度镶嵌，土地利用格局复杂多样。实行"四退三还一护"以后，该区域大棚、鱼塘均已退出，甚至居民点也大量退出。湖滨湿地、湖滨林地成为该区域的主要土地类型，仅保留了部分农田和园地。

为充分发挥该区域的生态环境功能，特别是作为流域地表径流、地下径流进入滇池之前最后的净化空间的功能，有必要以现有湖滨湿地、湖滨林地为基础，进一步拓宽空间，完善结构，形成河道、沟渠、池塘、林地、草带综合构成的面源污染净化体系，使污染物入湖之前得到最后一次净化。同时进一步丰富和提升生态景观功能，完善生态结构，降低运行管理成本。

根据湖滨退耕区的现场条件，重点研发地表地下径流塘-土地处理净化系统，在入湖前对地表散流、地下径流做最后的处理。具体包括开发沟渠-河道-池塘径流净化技术、土地快速渗滤技术、表层土壤污染物就地控制技术、沟渠-河道-池塘系统自我维持技术，土地快速渗滤技术等。

1) 削减浅层地下水污染的土地快速渗滤整地技术

在对湖滨退耕区沟渠-池塘系统建设挖方、填方过程中，对沟渠-池塘之间的土地进行改造，通过添加人工填料，改善土壤孔隙率，建立土壤快速渗滤系统，与沟渠-池塘系统匹配使用，形成以净化浅层地下水为主，净化部分地表径流为辅的土地快速渗滤处理系统。

通过土地重整，综合利用沟渠-池塘系统和土壤快速渗滤系统，对过境地下水和地表水中 COD、TN 和 TP 的净化效率达到 30%。相关指标通过测定进出水水质确定。

2) 湖滨退耕区污染就地控制系统技术

该技术主要针对湖滨退耕区（曾作为大棚种植区域），解决表层土壤存量污染负荷高的问题。在雨季，表土中污染物随降雨冲刷直接进入滇池；在浅层地下水位季节性升降的动态过程中，表层土壤中的污染物被淘洗，然后进入地表水体，随即入湖。通过整地，填方堆高，其上种植乔灌木和草本植物，可以减少表层土壤和降雨的接触面积与冲刷强度，降低流失。通过挖方，可以减少与地下水的接触，有效降低浅层地下水的淘洗作用，减少对地下水的污染。

通过土地重整，减少地表冲刷和与地下水的接触，使当地进入地下水和地表水中的COD、TN 和 TP 量减少 30%。相关指标可根据地表冲刷流失情况采用现场对比测定，地下流失采用模拟对比测定。

3) 湖滨退耕区污染削减型经济植物种植的整地技术

针对环湖公路以内仍有部分农业用地的问题，专门开发适于该区域的观赏植物、药用植物、珍稀植物，通过无土栽培、室内栽培、免耕、秸秆覆盖技术等手段的综合利用，降低污染物进入土壤的数量，提高单位土地面积的产出，实现该部分土地经济效益和环境效益的统一。污染控制目标为 COD、TN 和 TP 污染物输出量减少 30%。地表冲刷流失采用现场对比测定，地下流失采用模拟对比测定。

4) 湖滨退耕区面源污染控制植物带构建的整地技术

现在已形成湖滨景观林。针对不便进行扰动的区域的面源污染物流失问题，发展适宜的原位整地技术。由于该区域原为大棚区，现已改种植柳树等植物，但由于受地下水浸泡及降雨冲刷的影响，面源污染物流失将长期存在。在该区域开展草皮覆盖、湿生灌丛种植间种、湿生乔木补栽等技术措施，充分吸收利用固定土壤的养分，减少雨季时种植区的水土流失；减少对景观林、生态草带凋落物的频繁移除或翻动，提高土壤的抗冲刷性能，降低水土流失，形成较为稳定的群落结构，并改善景观效果。污染控制目标为：地表输出入湖径流中 COD、TN 和 TP 基本达到地表水四类标准。相关指标可通过地表径流采用现场测定进行。

2. 退耕区面源污染控制带建设的种质选择与品种优化

在湖滨退耕区，租用 10～30 亩场地，开展沟渠-河道-塘系统所需湿生植物、沉水植物、挺水植物、鱼类、底栖动物的筛选和繁育工作；开展土壤快滤系统所需的地表植物筛选繁育工作；开展观赏植物、药用植物、珍稀植物的筛选繁育工作；开展湖滨景观林补充所需草本、灌木、乔木植物的筛选和繁育工作。在研究实践的基础上，形成以乡土植物为主的、具备生物多样性特征的湖滨区生态缓冲带构建植物名录及相关的繁育技术和种源储备。

1) 湖滨退耕区面源污染控制带树种选择与品种优化技术

以湖滨退耕区生态景观林树种消纳污染负荷能力及景观美学价值为主要依据，对景观效果好、非点源污染物截留净化能力强、管护简便、克生能力弱、有益人群健康的灌木及乔木树种(常绿、落叶结合、树形优美、花果美丽芬芳、不会挥发有害气体等)进行人工筛选和繁育，并开展田间实验。该部分植物主要用于景观林带、就地控制系统和土壤快滤系统。

2) 湖滨退耕区污染削减型经济植物选择和品种优化技术

选择宜于室内栽培、无土栽培、免耕或秸秆覆盖种植的经济植物，通过筛选和繁育，在现场开展实验，研究推广价值。筛选重点领域为盆栽观赏植物种苗、观赏鱼类幼鱼等。主要为环湖公路以内农业用地的转型提供出路。

3) 湖滨退耕区面源污染净化草带品种选择与优化技术

以草被覆盖田面削减其地表散流和生物提取方法净化土壤污染物的原理，筛选景观效果好、非点源污染物截留净化能力强、地面覆盖时间长、生长迅速、萌生能力强、管护简便的多年生草本植物品种。通过测定种植前后区域内非点源水体污染物入湖量的变化、土壤污染物的去除率、植物生物量等指标，筛选无须施肥、非点源污染物截留能力强、对土壤存量污染物具有较好吸收能力、景观效果好的植物种类。通过繁育，为在湖滨景观林地、就地控制系统和土壤快滤系统推广做准备。

3. 退耕区湖滨面源污染控制带建设的自稳态生物群落构建技术与工程示范

根据湖滨退耕区不同生态单元的特征，结合环境、生态、景观、经济功能的需求，以经济可行、环境优先的原则，通过综合整地，建立具有截留净化地表、地下径流，抑制浅层地下水淘洗作用，提高土壤存量氮磷负荷生物高效固定作用和无污染经济植物人工栽培的高效抑流作用等功能的复合生态系统，形成能有效削减湖滨退耕区土壤存量氮磷污染负荷和消纳外区域面源污染输入负荷的自稳态生态系统，为强化滇池流域污染控制的末端系统提供保证。

1) 地表径流沟渠-池塘系统净化技术工程示范

以新宝象河入湖口周边区域为核心，向周边展开，形成扇形控制区，在宽 100～200m，长 5000m 的范围内，建立沟渠-池塘净化系统，在小流域平均降雨量不超过 40mm 的条件下，能保证入河径流 2 小时的停留时间。

2) 削减浅层地下水污染的土地快速渗滤整地技术工程示范

配合沟渠-池塘系统靠湖一侧，在湖滨景观林外围，建成宽 50m、长 2000m 的土地快速渗滤系统，截留净化雨季进入滇池的地下水及地表径流。

3) 湖滨退耕区污染削减型经济植物种植的整地技术工程示范

在新宝象河流域环湖公路与湖滨景观林之间，租用现有农地 100 亩，开展无污染型观赏植物、观赏鱼类的人工种苗培养示范区。

4) 湖滨退耕区面源污染控制植物带构建技术示范

以现有湖滨生态公园为核心，向周边扩张，规模扩大到 2.5km²。该范围将包含上述示范区。示范区内靠湖一侧，形成乔灌草层次分明，从陆生、湿生到水生的景观林带。景观林带由景观效果、生态效果、环境效果均良好，结构完整的植物群落构成。主要树种以乡土树种(柳、水杉、池杉、朴树、银杏、云南樱、滇润楠等)为主；灌丛以月季、火棘、叶子花、蔷薇等为主；草本以覆盖效果良好的陆生草种，芦苇、芦竹、茭草等湿生草种以及金鱼藻、海菜花、马尾草、眼子菜、荇菜、莼菜、莲藕等沉水、浮叶和挺水植物为主。水生动物以草鱼、鲤鱼、鲫鱼、小龙虾、田螺、蚌等为主。

通过湖滨退耕区面源污染控制植物带的建设，将形成一道面源污染截留的最后防线，同时进一步提升滇池湖滨区的生态稳定性和景观价值。

4.1.3　解决的技术难点、关键技术与创新点

削减湖滨退耕区面源污染截留净化的生物群落构建技术：通过筛选合宜的景观植物、经济植物以及动物、微生物种群,搭配构建适合湖滨退耕区不同生态单元的生物群落模式，以控制来自上游的地下径流污染、雨季地表径流的污染、雨季浅层地下水对表层土壤氮磷存量的淘洗作用，最终发挥湖滨退耕区作为面源污染入湖前最后一道屏障的作用。

4.1.4　研究范围与示范区及示范工程

示范区主要定位在宝象河进入滇池的湖滨退耕区,整个示范区控制面积达到 3000 亩。示范工程为滇池流域湖滨退耕区面源污染防控的工程示范。

4.1.5　预期成果

(1)以塘系统为主体,开发能够显著净化地表径流、地下径流的退耕区面源污染控制技术;

(2)以汇水区为控制单元,开发湖滨生态缓冲带与清洁农业发展的关键技术及集成技术;

(3)建成示范区,对关键技术和集成技术进行应用,提炼并形成流域湖滨退耕区面源污染控制带建设实用技术导则。

4.1.6　考核指标

(1)污染控制:示范区污染物总量在平水年景条件下减少 30%以上。

(2)关键技术突破:突破削减湖滨退耕区土壤存量污染负荷的生物群落构建技术。

(3)重要污染控制和环境管理方案:综合“环境-生态-景观-经济”功能的湖滨退耕区管理方案。

(4)示范工程:建成面源污染防控面积达到 3000 亩的示范区。

4.1.7　依托工程

本子课题的依托工程主要为滇池水环境污染治理“十二五”规划、昆明市“十二五”农业、林业、水利、新农村建设等方面涉及滇池流域面源污染治理方面的工程内容。依托的相关工程见表 4-1。

表 4-1　依托工程

序号	项目名称	项目内容及规模	建设年限	工程来源
1	宝象河流域入湖河流清水修复关键技术与工程示范	实施宝象河入河城市面源拦截、城郊面源调蓄沉淀过滤净化、农田面源调蓄净化、宝象河下段及河口滞洪调蓄及氮磷负荷再消减示范工程	2011~2015 年	滇池治理“十二五”规划
2	湖滨退耕区新兴替代农业发展示范	在滇池湖滨退耕地区南部晋宁县发展非农产品型农业,形成综合示范面积 1000 亩	2011~2015 年	昆明农业“十二五”规划
3	滇池湖滨生态林带建设	以环湖公路为界,在滇池环湖公路内核心区之间的区域进行生态林种植	2011~2015 年	昆明林业规划
4	滇池湖滨带生态系统修复途径和综合利用方案研究	选择关键修复区域,重点研究对现有湖滨带功能的提升;研究湿地生物物质资源的规模化利用技术、湿地持续长效运营的管理技术,并与生态农业相结合,提出兼顾生态效益和经济效益的协调模式	2011~2015 年	滇池治理“十二五”规划

4.2　成套关键技术：削减湖滨退耕区土壤存量污染负荷的生物群落构建技术

4.2.1　技术需求

　　湖滨退耕区由原耕地退耕后形成。由于有花、菜种植历史，表层土壤中存留了大量的氮磷元素，随地表径流长期缓慢析出。通过整地，结合景观需要挖低填高，将退耕区分成水体和陆域。陆域采取植被覆盖措施，植被群落结构可采用乔-灌-草、乔-草或灌-草结构。物种以当地植物为主，通过减少冲刷，降低径流中的氮磷污染物输出浓度。

　　在此基础上，将径流排入水体入口。水体采用串联结构，适当分区。水体中沉水植物以自然恢复为主，辅以少量的人工种植措施。沉水植物也以当地物种为主。避免采用大量的浮叶植物或挺水植物覆盖水体。径流通过沟渠塘系统沉淀、吸附和净化后，再流入湖泊。

4.2.2　技术组成

　　湖滨退耕区面源污染控制的主要对象为氮和磷，污染控制的基础为退耕以后避免再次大量施肥。退耕以后，经过一个雨季，氮磷污染会有一个较大幅度的下降，尤其是以硝氮为主的总氮的下降。但是低浓度缓慢流失的径流污染将长期存在，所以退耕区径流污染控制是一个长期任务。径流污染控制的基本思路为：在尽可能避免施肥的基础上，通过恢复良好的植被覆盖，减少径流冲刷带来的养分流失，加上沟渠塘系统对径流进行净化，减少进入湖泊的污染物量。沟渠塘系统需保证足够的停留时间。对没有过境水的沟渠塘系统，满足净化汇水区内形成的径流量即可。对于同时需要净化过境水的沟渠塘系统，停留时间应同时考虑过境水和区间径流。工艺流程如图 4-1 所示。本研究根据不同的条件和需要，

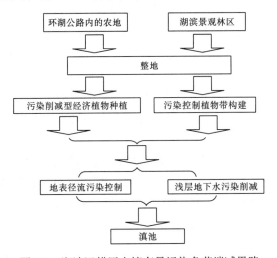

图 4-1　湖滨退耕区土壤存量污染负荷消减思路

分别开发了湖滨退耕区自稳态植物群落配置技术、加硫生物慢滤池反硝化脱氮系统、沟-渠-塘系统净化技术、加硫滴滤池技术 4 项单项技术。

4.2.3　技术参数

通过整地，挖低填高，使退耕区水面面积控制在不少于 10% 的比例。陆域生物群落构建可采用"乔-灌-草"、"乔-草"或"灌-草"结构。以当地物种为主，但具体物种选择可灵活掌握。群落建成后应保证 75% 以上的植被覆盖度。在此条件下径流中氮、磷输出浓度可分别控制在 $1.4\sim6.8$ mg/L 和 $0.4\sim0.5$ mg/L 的水平。水体净化采用沟渠塘系统工艺，分为沉淀池、填料池和复氧池。各区水深 $0.5\sim1.0$ m，总停留时间不少于 5 天。地表径流尽可能收集到沉淀池，然后经填料池和复氧池后排入湖泊。

沉淀池参考停留时间 9 小时。沉淀池以浮叶植物覆盖水面，溢流出水。填料池参考停留时间 78 小时。采用公分石填充，溢流出水。复氧池参考停留时间 40 小时。采用沉水植物恢复溶解氧，溢流出水。氮、磷平均净化效率可分别达到 63% 和 51%。每年旱季对沟渠塘系统进行一次清理，清除枯枝落叶和腐败植物体。

4.2.4　成套技术的创新与优势

针对湖滨退耕区土壤中残留氮磷污染物，并通过地表径流输出，直接入湖，造成长期的面源污染问题，结合我国雨季和热季重叠的气候特点，综合考虑环境、生态和景观效果，提出了"整地-陆域流失控制-沟渠塘系统净化-入湖"工艺。其创新点主要体现在：

(1) 综合景观和径流净化需要，提出了水面面积不少于 10% 的分配比例关系。

(2) 根据土壤中养分下降缓慢，径流中低污染现象将长期存在的问题，结合景观需要，采用良好的植被覆盖，以减轻冲刷的技术方法。同时，对群落结构、盖度和植物的选种提出了指导意见，综合了环境、生态和景观专业理念和工程参数。

(3) 提出了用沟渠塘系统进一步净化径流水质的技术方法。对沟渠塘系统的停留时间、水深和填料、植物提出了要求，对沟渠塘系统的管理提出了要求，兼顾了环境、生态和景观专业需要。

本技术整合到湖滨退耕区湿地建设过程中实施，其整地、陆域生态建设和水体景观建设均为正常建设内容，将本技术提出的思路贯穿在主体建设工程中，无须额外增加投资即可达到相应的环境效果。

本技术不消耗动力，不需要专人管理，由湿地管理人员兼管，每年旱季清理一次沟渠塘系统，即可基本保证正常运行。本技术地表径流中氮、磷输出浓度可分别控制在 $1.4\sim6.8$ mg/L 和 $0.4\sim0.5$ mg/L 的水平，氮、磷平均净化效率可分别达到 63% 和 51% 的水平。

4.3　流域湖滨退耕区面源污染综合控制示范工程

4.3.1　地点与规模

示范工程由 2 个示范工程点构成，其一为海东片区，其位于官渡区海东村，坐标 N 24°55′24″、E 102°43′30″。海东片区分两期建设，一期规模 240 亩，二期规模 450 亩，合计 690 亩。其二为捞渔河片区，其坐标 N 24°49′34″、E 102°46′01″。控制面积为 3000 亩，提升改造其中的 691 亩。

4.3.2　工程内容

示范工程分两个片区。海东片区的主要示范内容是以人工构建为主的"乔-灌-草"生态系统，示范范围限于陆域。通过良好的植被覆盖，实现对面源污染的有效控制。同时，通过人工种植，突出了整体景观效果。二期工程对一期工程进行了部分修正，调整了部分不适宜的植物(叶子花等)，以适宜性强的当地物种替代(云南樱花等)，淘汰了部分养护成本高的草本植物(波斯菊等)，以管护简单的草本植物(三叶草等)替代，有利于长期管理。

捞渔河片区的主要示范内容是半人工构建的近自然型"乔-草"生态系统。乔木基本为人工种植，草本基本靠自然恢复。乔木以 2009 年栽种的中山杉林为主，未作大规模改造；草本植物主要是当地湖滨湿生植物，如芦苇、茭草、蓼、水花生等，同样通过完整覆盖，实现削减面源污染输出的目的。捞渔河片区重点对河口周边湿地进行了"沟-渠-塘"系统改造，建立了完善的布水系统，增加了乔木林湿地系统以净化水质。

1. 海东片区

与云南省环境科学研究院联合进行技术示范。本课题具体负责陆域面源污染控制与生态建设的技术示范任务。

海东片区主要体现景观功能。海东湿地一期工程面积 242 亩，陆地区域 205 亩范围，在耕作层上覆盖约 0.6m 的生土，将污染物含量较高的耕作层封在生土以下。成品草坪铺设 52 亩，地被种植 153 亩。开挖面积 20 亩，保留原有水面 20 亩，种植水生植物 39 亩。成品草坪、地被植物都需要使用肥料。一期工程于 2014 年 4 月完工，二期工程于 2015 年 7 月初完工。除局部草坪外，基本不施肥。2015 年 7 月份开始进行暴雨径流观测场观测，观测场主要对施肥和不施肥的径流输出情况进行对比，在 7~8 月完成两年各连续 5 场暴雨的监测数据。

一期工程内容包括土建(场地平整、园路、园地建筑、零星砖砌体、零星金属构件)、园林绿化(乔木移栽、灌木移栽、地被植物栽植片植)。其中乔木主要品种包括桂花、重阳木、香樟、红花羊蹄荚、中山杉、湿地松、水松、桢楠、乐昌含笑、水石榕、红千层、滇

朴、银杏、水杉、落羽杉、池杉、细叶榄仁、杨树、垂柳、垂丝海棠、红枫、冬樱花、鸡
嗉子、黄槐、紫叶李。灌木包括红绒、杜鹃、叶子花、海桐、黄金榕、红花檵木、扶桑、
米柳、花叶芒、细叶芒。草本包括波斯菊、马鞭草、花叶艳山姜、毛鹃、黄连翘、花叶美
人蕉、火星花、紫娇花、八角金盘、鸭脚木、野牡丹、迎春柳、肾蕨、金森女贞、黄金菊、
紫柳、薰衣草、山念、狼尾花、蓝花鼠尾草、紫叶千鸟花、吊钟柳、红背桂、金叶菖蒲、
满天星、金丝桃、草坪。详细信息如图4-2、图4-3所示。

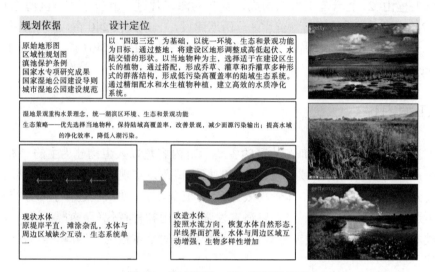

图 4-2　海东湿地一期工程设计思路

充分考虑植物对生境的适应能力，大量采用耐寒耐旱性强的乡土树种，结合色叶开花植物，形成
丰富植物景观。

乔木部分
滇朴：深根性乡土树种，耐旱耐寒性强。
滇润楠：乡土树种，喜湿润肥沃土壤，在昆明可安全越冬。
冬樱花：在云南广泛种植，较耐寒。
八月桂：耐旱、较耐寒，不耐冻害，在昆明广泛种植。
乐昌含笑：喜温暖湿润的气候，生长适宜温度为15～32℃，能抗41℃的高温，亦能耐寒。
大叶女贞：全国各地广泛种植，强阳性耐寒树种。
栾树：喜钙基土壤，耐寒，昆明广泛种植。
柳树：耐寒，耐涝，耐旱，喜温暖至高温，适应性强。
池杉：强阳性树种，不耐阴。稍耐寒，能耐短暂−17℃低温。
中山杉：耐盐碱、耐水湿，耐寒、抗风性强，病虫害少，生长速度快，昆明广泛种植。
五角枫：弱度喜光，稍耐阴，喜温凉湿润气候，对土壤要求不严，深根性，抗风力强，稍耐寒。
玉兰：性喜光，较耐寒，可露地越冬。
紫叶李：喜阳光，喜温暖湿润气候，耐寒，稍耐旱，对土壤适应性强。
杨树：喜光，喜温凉气候。较喜水湿，耐寒性一般，昆明可露地越冬。
天竺桂，常绿乔木，中性树种，在中性、微酸性土壤中生长良好，对二氧化硫抗性强，稍耐寒，在
昆明能够露地越冬。
枫香：喜温暖湿润气候，性喜光、耐瘠薄、耐寒性一般，在昆明广泛种植。

图 4-3　海东湿地一期工程乔木物种概况

　　二期工程内容包括土建(场地平整、园路、钢平台)、一期植栽优化调整(绿化用地整
理、松填土栽种植物)、绿化安装工程、绿化工程。一期植栽优化调整，主要是对不适宜
的植物进行调换、补充：新栽乔木主要包括山玉兰、广玉兰、加拿大海枣、香樟、枇杷、
中山杉、大树杨梅、四照花、滇朴、黄连木、紫薇、刺桐、黄叶李、日本樱花、水杉、滇

白杨、李;新栽灌木包括海桐、红花檵木、红叶石楠、毛鹃、大叶黄杨;草本、地被植物包括迎春柳、大花萱草、马鞭草、薰衣草、六道木、紫娇花、草坪。二期绿化工程:乔木包括垂丝海棠、李、红叶李、刺桐、云南樱花、五角枫、大树杨梅、四照花、广玉兰、拟单性木兰、天竺桂、中山杉、银杏、水杉、垂柳、滇朴、滇白杨;灌木包括海桐、红叶石楠、红花檵木、杜鹃、金森女贞、金禾女贞、大叶黄杨、天南竹、毛鹃、雪柳、紫柳、月季;地被、草本植物包括八角金盘、火星花、天门冬、马鞭草、扁竹根、薰衣草、毛地黄钓钟柳、银叶菊、大丽花、紫娇花、紫叶狼尾草、红花鼠尾草、黄金菊、黄鸢尾、欧洲荚蒾、假龙头、葱兰、蜀葵、波斯菊、羽扇豆、三叶草、草坪、马蹄金。工程预算 2191.4 万元(含水体、水生植物、湿生植物部分)。详细信息如图 4-4～图 4-7 所示。

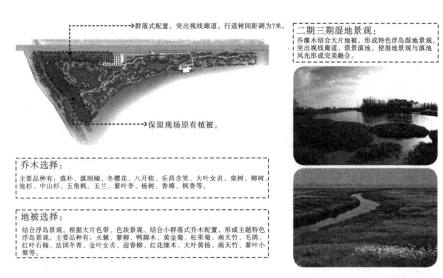

图 4-4　海东湿地二期工程总况

图 4-5　海东湿地二期工程设计思路

灌木地被部分
火棘：喜强光，耐贫瘠，抗干旱，较耐寒，在昆明可露地越冬。
紫柳：适应性强，耐干旱，不耐水湿，在昆明广泛种植。
鸭脚木：对光照适应性强，在昆明可安全越冬。
黄金菊：在昆明适应性良好，较耐寒。
松果菊：喜生于温暖向阳处，喜肥沃、深厚、富含有机质的土壤，较耐寒。
南天竹：喜温暖及湿润的环境，比较耐阴，也耐寒。
毛鹃：耐寒，怕热，耐半阴，冬季能耐 −8℃低温。
法国冬青：喜光植物。喜温暖、阳光。稍耐阴，耐寒性，适应昆明气候。
金叶女贞：常绿灌木，喜光，稍耐阴，较耐寒。
迎春柳：喜光，稍耐阴，也耐寒。
红花继木：喜温暖湿润气候及疏松酸性土壤，较耐阴、耐寒。
大叶黄杨：对土壤要求不高，生长迅速，适应性强，较为耐寒。
南天竹：常绿灌木，喜通风良好的半阴环境。较耐寒，萌发力强，寿命长。
紫叶小檗：喜阳、耐半阴、耐寒、耐修剪。

图 4-6 海东湿地二期乔木物种概况

充分考虑植物对生境的适应能力，大量采用耐寒耐旱性强的乡土树种，结合色叶开花植物，形成丰富植物景观。

乔木部分
滇朴：深根性乡土树种，耐旱耐寒性强。
滇润楠：乡土树种，喜湿润肥沃土壤，在昆明可安全越冬。
冬樱花：在云南广泛种植，较耐寒。
八月桂：耐旱、较耐寒，不耐冻害，在昆明广泛种植。
乐昌含笑：喜温暖湿润的气候，生长适宜温度为 15 ～ 32℃，能抗 41℃的高温，亦能耐寒。
大叶女贞：全国各地广泛种植，强阳性耐寒树种。
栾树：喜钙基土壤，耐寒，昆明广泛种植。
柳树：耐寒，耐涝，耐旱，喜温暖至高温，适应性强。
池杉：强阳性树种，不耐阴。稍耐寒，能耐短暂 −17℃低温。
中山杉：耐盐碱、耐水湿、耐寒、抗风性强，病虫害少，生长速度快，昆明广泛种植。
五角枫：弱度喜光，稍耐阴，喜温凉湿润气候，对土壤要求不严，深根性，抗风力强，稍耐寒。
玉兰：性喜光，较耐寒，可露地越冬。
紫叶李：喜阳光，喜温暖湿润气候，耐寒，稍耐旱，对土壤适应性强。
杨树：喜光，喜温凉气候。较喜水湿，耐寒性一般，昆明可露地越冬。
天竺桂：常绿乔木，中性树种，在中性、微酸性土壤生长良好，对二氧化硫抗性强，稍耐寒，在昆明能够露地越冬。
枫香：喜温暖湿润气候，性喜光，耐瘠薄，耐寒性一般，在昆明广泛种植。

图 4-7 海东湿地二期灌木物种概况

海东片区示范工程的部分现场施工及效果图如图 4-8 所示。

图4-8　海东片区示范工程现场图

2. 捞渔河片区

1)提升改造区域概况

退耕后,捞渔河片区兼具景观和水质净化功能。捞渔河片区河口湿地3000亩,拟在已建成工程的基础上,对其中的700亩重点区域进行改造提升。

原捞渔河片区湿地占地241亩,整体布局为扇形,按照河口的自然地形及坡向,捞渔河水体经节制闸抬高水位后分别进入两个不规则形沉淀池进行沉沙,再经布水渠即进入湿地,出水经破损的防浪堤直接进入滇池,经过湿地净化后进入滇池。整个工程由格栅、节制闸、沉淀净化塘和天然湿地几部分组成。芦苇、茭草、柳树、落羽杉、美人蕉等由防浪堤向陆地延伸。

捞渔河湿地系统原有工程工艺流程图及现场图分别如图4-9和图4-10所示。原有工程经近5年的运行,已老化,处理水量变小,河道平均水量约为8000m³/d,至2014年底,实际进入浮叶植物塘的水量仅约2000m³/d。上游来水主要通过河道直接入湖。

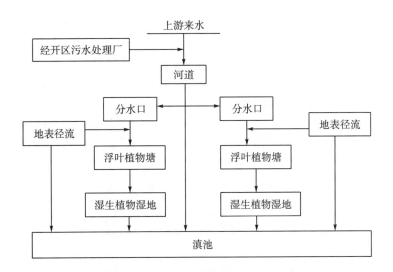

图4-9　改造前捞渔河湿地系统工艺流程图

图 4-10　捞渔河片区示范区改造

2）提升改造内容

乔木以 2009 年栽种的中山杉林为主，仅对原种蔬菜的区域进行改造，恢复自然草本植物，草本植物主要是当地湖滨湿生植物（如芦苇、茭草、蓼、水花生等）。通过完整覆盖，实现削减面源污染输出的目的。捞渔河片区重点对河口周边湿地进行了"沟-渠-塘"系统改造，建立了完善的布水系统，增加了乔木林湿地系统净化水质模块。

工程内容包括林地改造和沟渠塘系统改造两部分，改造后捞渔河湿地系统工艺流程如图 4-11 所示，平面布置如图 4-12 所示。

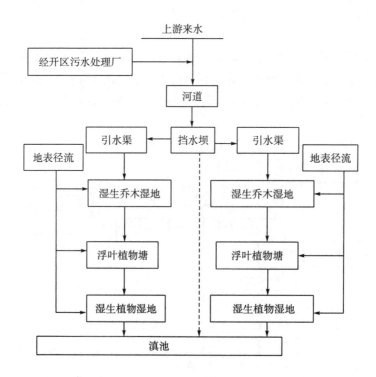

图 4-11　改造后捞渔河湿地系统工艺流程图

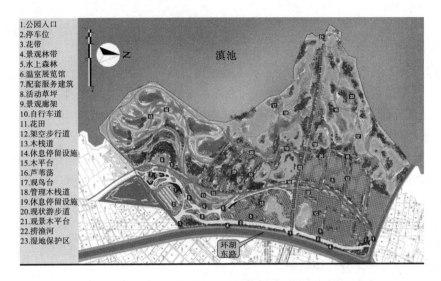

图 4-12　捞渔河沟渠塘系统平面布置

　　具体改造内容：环湖道路以西、近岸农田大棚拆除后的区域，在原入湖河口湿地和已建中山杉生态防护林的基础上，结合湿地改扩建具体工程内容，对工程影响范围内已种植的林木进行移栽，选择漂浮、沉水、挺水等各类湿生植物在水域及湿地区域进行引种，进一步提升现有中山杉林区的生态景观结构，建设乔草结合、水陆结合的湖滨林区湿地系统。工程区约需移栽已种植中山杉 1000 株。在生态防护林带与已建湿地过渡地带、生态林荫道两侧共需种植乔木 300 株、灌木 4500 株。

　　通过将捞渔河污水处理厂尾水回流至捞渔河上游，并在环湖东路以西的捞渔河河道内建设水闸，充分发挥河道自净能力，削减来自污水处理厂尾水的污染物；同时，通过对环湖东路以西的河道进行改造和构筑物建设，将捞渔河上游来水引入河道两侧湿地，利用湿地净化作用，削减污染负荷、改善入湖水质。

　　在捞渔河局部断面改造河段中的矩形断面河段建设一座闸顶高程为 1888.5m 的机械翻板式拦水闸，雍高捞渔河上游水位，同时闸顶可以溢流部分上游来水作为下游河道的生态补水，在大洪水情况下，可以通过传动装置完全开启闸门，实现泄洪功能。

　　利用在捞渔河河道上建设的翻板闸和分水口工程，将捞渔河上游来水引入环湖东路以东、捞渔河南北两侧地块，并在原有 241 亩入湖口湿地的基础上，结合中山杉生态防护林区建设，对原有湿地进行清淤、修缮，在生态防护林区建设亲水型潜水湿地，扩大捞渔河入湖口湿地面积，尽可能地削减河道入湖污染负荷。

　　改造后的捞渔河湿地的重要构造如下：

　　(1)布水口。采用多点溢流口布水，尽量保证水量的均匀分配。同时，布水口分南北两个。在水量较小的情况下，河道南北两个处理片区轮流工作，提高氨氮的硝化和反硝化作用。通过引水涵洞与河道联通，在距环湖东路西侧红线 30m 左右处，各修建一条平行于环湖东路、南北走向的引流布水渠，分别与捞渔河南北两侧的均质稳定塘连通，北侧渠长 230m、南侧渠长 320m。在现状中山杉林区内，沿现状地块表面开挖生态引水沟，用于布水渠与浅水型湿地、浅水型潜水湿地之间、浅水型湿地与已建入湖口湿地的连通。捞渔河南北两侧共计开挖生态引水沟约 3300m。

(2) 湿生乔木湿地。生物慢滤区出水，通过沟渠后进入乔木林湿地。乔木林湿地面积 450 亩，为已形成中山杉林地，表面负荷 0.002m³/(m²·h)。根据地向条件，允许部分淹没，部分区域土层裸露。该部分区域能对 COD、氨氮、硝氮和总磷起到净化作用。该区域需要进行布水沟渠建设，局部植物移栽。

(3) 浮叶植物塘。浮叶植物塘主要是对 COD、硝氮和总磷起到净化作用。浮叶植物塘面积约 8300m²，平均水深 1.0m，平均停留时间 13.3h，表面负荷 0.075m³/(m²·h)。该部分区域能对 COD、氨氮、硝氮和总磷起到净化作用。该区域需要进行清淤、湿生植物收割清理。沉淀塘清淤面积约 8300m²，清淤深度约 0.3m，清淤量约 2500m³；引水、布水沟渠清淤长度约 1200m，清淤面积约 1000m²，清淤深度约 0.2m，清淤量约 200m³。清除的淤泥用于度假区生态防护林种植区域。

(4) 湿生植物湿地。湿生植物湿地面积约 220 亩。水力停留时间 9.8 天。该部分区域能对 COD、氨氮、硝氮和总磷起到净化作用。该区域需要进行湿生植物收割清理。其中均值稳定塘种植灌木 300 株，挺水、浮叶及沉水植物 6000 丛，浅水湿地配置浮生植物 5000 丛。

此外，沉淀塘清淤面积约 8300m²，在捞渔河河道两侧修建两座均质稳定塘，北侧面积 2700m²、南侧面积 3300m²。通过完善布水系统，改造沟、渠、塘，提高沟渠塘系统的净化效率。

捞渔河片区工程投资预算 2996.4 万元。

改造之后，重新改造布水系统，发挥湿生乔木(中山杉林)系统的净化功能，使区内地表径流在经过湿生乔木、浮叶植物、湿生植物系统净化后再入湖。改造工程范围 700 亩，净化功能得到较大改善，处理量有所提升：旱季 8000m³/d，雨季 15000m³/d。重点改善对总磷和总氮的净化效果。

4.3.3 建设过程

捞渔河片区建设时间为 2015 年 4～12 月，海东片区建设时间为 2015～2016 年。

4.3.4 后期运行维护

2017 年 6 月 1 日将该示范工程的相关技术移交于海东湿地公园及捞渔河湿地公园进行后续推广运行，并负责示范工程日常维护和管理。持续向海东湿地公园及捞渔河湿地公园提供该示范工程的技术咨询及服务。

4.3.5　示范工程效果：监测方案、运行效果

1. 海东片区

虽然海东片区污染物含量较低，但如果径流直接入湖，仍超过三类水水质标准，还是会带来污染。

示范工程建成 1 年后，观测场区植被覆盖率从 40%～50% 上升到 80%～85%，增加了 35～40 个百分点；头 3 场暴雨径流中 COD、TP 和 TN 浓度分别降低 31.03%、40.74% 和 47.15%；径流中单位面积 COD、TP 和 TN 输出量分别降低 84.99%、92.07% 和 90.39%，达到示范要求（输出量降低 30%）。详细数据见表 4-2 和表 4-3。

表 4-2　2015 年和 2016 年海东片区地表径流观测场头 3 场雨水质浓度变化

时间	指标	COD/(mg/L)	SS/(mg/L)	TP/(mg/L)	TN/(mg/L)	水量/m³	植被覆盖率/%
	均值	29	94	0.54	1.93	0.65	40～50
2015 年	偏差	14	16	0.67	1.46	0.47	—
	样本数	15	15	15.00	15.00	15.00	—
	头 3 场暴雨相关量的平均值	20	57	0.32	1.02	0.13	80～85
2016 年	偏差	4	12	0.06	0.56	0.06	—
	样本数	15	15	15	15	15	—
	下降比例/%	31.03	39.36	40.74	47.15	—	—

表 4-3　2015 年和 2016 年海东片区径流污染物输出量变化

	COD/(g/亩)	SS/(g/亩)	TP/(g/亩)	TN/(g/亩)
2016 年	48.70	155.20	0.82	2.50
2015 年	324.50	1263.40	10.34	26.02
下降比例/%	84.99	87.72	92.07	90.39

2. 捞渔河片区

在捞渔河片区观测场区，总氮浓度高于海东片区，这可能与退耕年限相对较短有关（捞渔河片区实际停止种植 2 年，而海东片区已停止种植 7 年）。示范工程实施 1 年后，观测场区植被覆盖率从不到 40% 上升到大于 85%，头三场暴雨径流中 COD、TP 和 TN 浓度分别降低 42.06%，22.12% 和 38.51%；径流中单位面积 COD、TP 和 TN 输出量分别降低 85.44%、74.77% 和 79.77%，达到示范要求（输出量降低 30%）。详细数据见表 4-4 和表 4-5。

捞渔河沟渠塘系统连续测定 6 个月进出水水质、污染去除率如表 4-6 所示。COD 去除率 41.47%，总氮去除率为 64.08%，总磷去除率为 65.75%。达到示范工程目标（去除率分别达到 30%）。

表 4-4　2015 年、2016 年捞渔河片区径流污染物浓度变化

	指标	COD/(mg/L)	SS/(mg/L)	TP/(mg/L)	TN/(mg/L)	水量/m³	植被覆盖率/%
2015 年	头 3 场暴雨相关的平均值	88	122	1.04	8.88	0.32	30～40
	偏差	31	119	0.57	2.85	0.16	—
	样本数	18	18	18.00	18.00	18.00	—
2016 年	头 3 场暴雨相关的平均值	51	97	0.81	5.46	0.09	>85
	偏差	25	81	0.41	1.73	0.03	—
	样本数	18	18	18	18	18	—
	下降比例/%	42.06	20.49	22.12	38.51	—	

表 4-5　2015 年、2016 年捞渔河片区径流污染物和输出量变化

	COD/(g/亩)	SS/(g/亩)	TP/(g/亩)	TN/(g/亩)
2015 年	604.90	614.80	5.55	51.41
2016 年	88.10	159.50	1.40	10.40
下降比例/%	85.44	74.06	74.77	79.77

表 4-6　捞渔河片区沟渠-塘系统净化效果

类型	单位	流量	污染指标		
			COD	TN	TP
进水	m³/h	75.6～1498	—	—	—
进口	mg/L	—	43±3	8.52±1.66	0.73±0.08
出口	mg/L	—	25±2	3.06±1.19	0.25±0.10
去除率	%		41.47	64.08	65.75

以捞渔河沟渠-塘系半年的实测数据推算，2015 年当年污染物的削减量如表 4-7 所示。通过提高植被覆盖率，2016 年与 2015 年相比，两个示范片区头 3 场雨面源污染输出量降低值如表 4-8 所示。

表 4-7　示范工程捞渔河片区沟渠塘系统污染削减量

指标	COD	TN	TP
削减量/(吨/年)	55.89	28.96	1.93

表 4-8　示范工程两个片区头 3 场雨污染削减量

片区	COD/kg	TN/kg	TP/kg	流失面积/亩
海东片区	127.40	10.90	4.39	462.00
捞渔河片区	237.20	18.80	1.91	459.00
合计	364.60	29.70	6.30	921.00

注："削减量"指 2016 年与 2015 年的差值。

4.3.6　地方配套情况

本示范工程的配套工程为环湖南路湿地工程和捞渔河入湖口湿地提升改造项目工程，云南大学给予了技术支持。本课题研发的一种适应于削减南方高原湖滨带污染物输出的植物群落构建技术、湖滨区浅层地下水净化技术、湖滨退耕区生态系统构建整地技术、湖滨退耕区地表水污染净化技术等列入了《昆明市官渡区海东湿地景观方案设计》与《捞渔河入湖口湿地改扩建项目——可行性研究报告》。

第五章　流域面山水源涵养林保护的技术体系与工程实践

作为高原湖泊,滇池流域面山担负有特殊的生态环境功能,一是控制水土流失、防控污染功能,二是水源涵养和清水输送功能,三是城市湖泊面山的特殊景观服务功能。针对滇池流域入湖水质大多较差的问题,对面山及其相关区域开展水源涵养、水质净化和清水输送的技术研究和工程实践,这是湖泊污染治理和生态修复的重要组成部分。

在国家水专项组织实施中,根据滇池流域面山的功能和空间结构特点,围绕本阶段的工作重点,开展三个方面的技术研究和工程实践。第一,围绕山地区域重点开展水源涵养与景观功能兼顾、能快速成林的涵养林建设技术研究和示范,在坝平地区重点开展农田回归水的近自然净化技术研究示范。第二,在磷矿开采废矿区,开展边坡改造与恢复植被、矿区泥沙拦蓄与水资源回收利用技术研究示范。第三,针对滇池流域面山采砂场、采石场、弃土场景观差、植被稀少、水土流失严重的问题,从景观改善、生态功能修复、减少面源污染的角度出发,对该区域的边坡、场区进行土地整理、植被恢复、保水、水资源收集回收利用等技术研究和示范,加快该区域的生态功能修复。

5.1　技术整装与技术体系构建及工程应用设计

5.1.1　目标

占流域 60%面积的山地产生的径流是滇池的生态水源,面山区域是维护滇池水环境最直接、最重要的陆地生态屏障,使面山恢复水源涵养能力是滇池水污染治理取得成效的重要条件。研究目标:研究不同区域面山的生态特点,提出面山生态修复与水源涵养功能实现的技术路线图;研究山地水源涵养和面源控制的植被构建技术、生态脆弱的石质山地和侵蚀陡坡植被重建关键技术、面山垦殖区特色农-林-草复合群落构建技术、"五采区"及其废弃地生态防护技术、小流域尺度面山汇水区源流系统优化控制关键技术等,形成面山污染控制与生态修复的技术体系;通过工程示范,提高面山群落及生态系统的结构与功能,构筑陆地对湖泊水环境维护的重要防线。

5.1.2 重点任务

1.面山封山育林与植被优化技术及工程示范

滇池流域面山水源涵养区包括截留入湖入河的各级水库和坝塘以上的汇水区,该区域水源涵养能力的提高对各级水库水质、面源控制及清水产流具有重要的贡献。根据目前面山地区的土地利用类型把面山水源涵养区分为三种类型:面山次生林区、生态脆弱山地区和面山垦殖区。

对于面山次生林区,水源地保护及生态防护林带建设工程使此区域的植被覆盖度得以大幅增加,一定程度上提高了水土保持及水源涵养能力,但是该区域的群落大多为结构简单的单优群落,与该区域地带性植物常绿阔叶林及原生性群落相比,物种多样性、群落结构、水土涵养、景观效应等方面具有较大的差异。

针对上述分区内的各种特点,结合面源污染控制目标、生态环境状况及生态系统特点,对次生林区域,主要通过研究山地生态系统的氮、磷和水循环特征,研究不同植被保育模式对清水产流的影响机理,建立植物-土壤-水体连续系统分析模型,定量评价及预测水和氮、磷在不同保育模式的不同子系统之间的转化速率与流通量,基于植被系统水量分配规律和配合条件发展有效涵养水源、控制面源的植被保育技术。

主要技术研发与示范工程内容包括:

1)面山次生林保护与优化技术及工程示范

滇池流域面山植被经过长期的人类干扰和破坏,植物群落结构相对单一,但经多年的持续恢复,产生部分连续面积大于 $0.067hm^2$、郁闭度≥0.20、附着有乔林植被的面山次生林,但该植物群落的水源涵养与保土持水的功能依然低下。基于群落结构与生态功能之间的密切关系,通过引入保育植物改善植物生长发育,改善群落结构,加快群落正向演替速度,增强面山次生林区及人工林地的水源涵养和面源控制等生态系统服务功能。

研究的主要技术有:次生林有效植物群落的优化设计、物种优化配置技术、人工促进群落演替技术、种子库保存技术、关键物种的抚育技术、次生林地植保技术等。

2)面山退化林地植被构建与优化技术及工程示范

滇池流域由于人类干扰和破坏严重,面山林地退化,存在大量连续面积小于 $0.067hm^2$、郁闭度<0.20 的面山稀疏林地和连续面积大于 $0.067hm^2$、郁闭度≥0.30 的面山灌木林地,这些灌木林地主要由灌木树种或因生境恶劣矮化成灌木型的乔木树种以及胸径小于 2cm 的小杂竹丛组成。针对面山稀疏林地和灌木林地生物多样性较低、林下植被稀疏、郁闭度低、蓄水保土能力等生态功能较差的问题,开展面山退化林地植被构建与优化,着重提高林地质量和生态功效。

研发的主要技术有:面山退化林地关键树种抚育技术、面山稀疏林地乔灌草优化配置技术、面山退化林地种子库保存技术、退化林地植被演替人工促进技术等。

2. 面山造林困难地区植被重建关键技术与工程示范

生态脆弱山地区人为破坏强度大、土壤层薄且退化严重、生态系统物质循环难以正常维持，雨季内土壤侵蚀强度较大，因此属于极端生境类型，植被的恢复难度大。

针对面山地区，特别是石质化地、难造林地等区域主要退化脆弱山地生态系统，通过人工辅助方式恢复山地群落，并促进群落的演替，改善退化生态系统的物质循环，最大程度上降低该分区的土壤侵蚀强度，进而达到最基本的水土保持要求。

1) 土壤薄层化石质山地植被重建关键技术与工程示范

针对面山岩溶山地土壤薄层化所造成的植被恢复难度大等问题，采用先锋植物筛选并人工引入技术和封育技术相结合的技术手段，辅以客土及岩体改造等工程技术，重建石质山地植被，达到控减水土流失的目的。结合实际情况采取人工恢复模式或人工促进自然恢复模式，如"栽针留灌抚阔""抚灌栽阔"等模式。

研究的主要技术包括：适宜树种选育技术、群落构建的配套技术、自然植被定向诱导恢复技术。结合目前林业新技术对土壤生境进行有效恢复，如土壤结构改良剂、新型固沙保水剂等，可有效地增加土壤有机质含量并改善土壤结构，提高造林成活率。

2) 侵蚀陡坡植被重建关键技术与工程示范

针对滇池流域面山侵蚀陡坡上的裸地和荒草地，其植被稀疏、物种单一、生物多样性低，土壤侵蚀、水土流失十分严重，水土资源下降、土壤极端贫瘠、土地生产力低下造成的植被恢复难度大等问题，结合利用工程措施和生物措施，采用"上堵、下截、中绿化"的方法，以解决土壤严重缺水、养分贫瘠以及抗逆植物品种的培育等问题为基础，达到恢复重建的目的。

研究的主要技术包括：新型生态护坡材料应用技术、生态护坡关键技术、侵蚀陡坡关键物种培育定殖技术、侵蚀陡坡物种优化配置技术、侵蚀陡坡植物种子库保存技术、侵蚀陡坡引入植物抚育技术等。

3. 面山垦殖区农-林-草复合群落构建技术与工程示范

对于面山垦殖区，由于滇池流域"四退三还"政策的实行，原有山地的垦殖区原则上将予以退还，但在退还过程中如何退还、退还成何种土地利用方式可最有效地控制山地垦殖区的面源污染输出，是提高面山区水源涵养能力及面源污染控制的一个重要内容。

结合现有垦殖方式及现状，通过营造农林复合生态系统技术，增强面山农地的覆盖和抗侵蚀能力，从而削减面山径流所造成的污染负荷输出。以上技术通过与常规的水土保持措施进行集成，开展工程示范，达到预期技术和工程示范目标。

1) 面山垦殖区经果-农林复合群落构建技术与工程示范

针对面山垦殖区生态特点及使用现状，通过营造农林复合生态系统技术和经果林群落结构与物种配置设计改善复合群落结构，通过对降水分配及土壤改善，增强面山农地的覆盖和抗侵蚀能力，从而达到既可削减面山径流所造成的污染负荷输出，又可增加当地经济收入，并引导面山农地拓殖方向的目的。

集成的主要技术：协调经济作物、果树、粮食作物生长和持水保土需要的复合群落结构设计技术；协同地上-地下环境资源需要和植物生长需求的物种遴选技术；不同生活型植物的配置技术；促进地被物和凋落物养分循环技术；人工复合群落的植保和抚育综合技术等。

2)面山垦殖区特色经果林草群落构建技术与工程示范

结合云南特色农产品和滇池流域坡耕地与山地的特点，根据滇池流域面山坡耕地和退耕还林还草区的立地条件，因地制宜引进和开发面山垦殖区特色经果林草群落构建技术与工程示范，达到削减面源污染、面山增绿和群众增收的目的。

主要技术：特色中草药+经果林优化配置技术、特色经果林+牧草优化配置技术、特色经果林+畜禽养殖模式构建技术、特色经果林+废弃物循环利用构建技术等。

4. "五采区"及其废弃地生态防护技术与工程示范

采石采沙场、弃土(渣)场及其废弃地是滇池流域面山生态破坏最严重、污染输出最严重的区域之一，形成的人工边坡陡峭，水土资源随雨水的冲刷迅速流失。采用边坡稳定工程、表土恢复、水资源收集利用、喷播技术、保水保土技术及植被恢复等工程技术措施，实现快速恢复，通过工程示范使示范场地达到永久防护、生态自然、成本较低的重建效果。特别是利用过渡区农田废弃物低成本综合处置形成的有机肥，辅以环境材料，形成高陡边坡固土技术和植物配置技术，支撑矿山废弃地及荒山的绿化、水土流失的治理以及废弃矿区的生态修复，也达到"变废为宝"的目的。

1)"五采区"及其废弃地的污染控制与生态重建的关键技术与工程示范

掌握废弃采掘场及其废弃地水土流失和形成污染的特征，在矿场边坡工程防护、覆土、土壤改良与培肥、工程植物筛选和植被构建方面形成技术体系，尤其是在耐贫瘠干旱和污染的工程植物遴选和组装方面实现新突破；在典型区域实施技术示范工程，综合水土保持措施体系、土壤保持和改良体系、植被修复体系，实现工程示范区对污染及水土流失的控制和植被结构的改善。

2)"五采区"及其废弃地污染物原位控制关键技术研究与工程示范

在"五采区"及其废弃地引入适应能力强的先锋植物，分析不同植物在"五采区"及其废弃地不同环境条件下对氮、磷等污染物的吸收、积累能力；研究不同植物组装形成人工群落对原位固定、减少侵蚀和移输作用，发展氮、磷等污染物的原位控制技术；通过技术整合和集成及工程示范有效解决"五采区"及其废弃地的面源污染。

3)废弃采矿场高陡边坡固土与植物配置技术与工程示范

采石采沙场是滇池面山生态破坏最严重的地方，形成的人工边坡陡峭，雨水的冲刷会造成水土大量流失。通过生态重建和绿化实现对废弃采石采沙场的生态防护、稳定边坡，调蓄径流，恢复自然生态，当前任务十分艰巨。通过应用和发展喷播技术、边坡覆土复绿的工程防护技术和植物防护技术，并进行集成和整合，形成采石采沙场刚性防护和柔性防护有机结合的技术体系，结合局部低洼采区的坝塘建设，通过工程示范使典型区域达到永久防护、生态自然、成本较低的重建效果。

5. 小流域尺度面山汇水区源流系统优化控制关键技术与工程示范

滇池流域往往暴雨历时短、强度大、高峰过程持续时间短，通过对小汇水区进行水文分析，在水源形成区通过人工积极引流和导流，优化构建新的集水格局，减少对下游敏感区的冲刷和影响；根据面山小汇水区水流和综合利用特点，建设以谷坊、前置库为主要手段的拦截系统，并优化汇水口和排水口，形成水流的生态滞留和迂回，提高水资源的利用水平和污染去除能力；沿冲沟建设生物缓冲带，削减冲刷动力，增强水土保持功能，提高溪流和冲沟输送清水的能力，维护和恢复汇水区自然的生态景观。

在分析示范区水文、地形、地貌、土地利用、经济发展等因素对清水产流机制的影响基础上，将面山溪谷水网作为清水输送过程控制的关键环节，研究溪谷水网的各种控制水害工程措施布局及优化，并进行工程示范。

1) 小流域尺度面山坝渠系统结构优化研究及工程示范

通过利用地形、地势，对现有的面山坝渠进行适当的改造，优化现有沟渠系统结构，通过合理收集调配面山径流，削减其挟带的面源污染负荷。

主要研究内容包括：对面山坝渠分布、类型、结构及基本功能进行调查分析，通果聚类总结出几种面山沟渠系统的属性特征及其生态功能特性；基于面山径流产生与输移过程的调查，通过研究坝渠系统的不同配置方式及其面源污染负荷的再削减效果，进而优化面山区坝渠系统的合理布局；根据沟渠系统结构特征与生态功能、面源污染削减效果的相关性，结合小流域产流输污的特征，通过仿真模拟分析技术，寻找沟渠系统在面源污染控制中的关键节点，为面源污染的就地削减处理提供理论依据。

2) 小流域尺度面山径流收集利用技术及工程示范

由于目前面山农林地基本采用大面积覆盖塑料地膜的垄沟种植体系，导致雨水的土壤入渗量下降，径流增加。因此，在统筹考虑控制水土流失和提高水土资源利用效率的基础上，根据研究区的地形、降雨量和产流特征进行坡耕地集水沟、沉砂池、集水窖等设施的配置和合理布设，从而达到将雨季时的降水径流进行有效收集和保蓄功能，便于在缺水时水资源的再利用，不仅能增加降水资源的利用效率，而且可以减少农林地面源污染负荷的输出。

3) 小流域尺度面山径流生物缓冲带构建技术及工程示范

对山地区内的水网河沟岸边进行生物缓冲带构建技术研究，并实施工程示范。基于沟渠系统分布及结构特征，结合现实地形，通过地形改造和植物的筛选等方式，构建沟岸生物缓冲带，通过减少径流动能和面源污染的消纳，有效保护面山区域的水网河沟，使其免受径流的冲刷，尽可能达到少人为管理地水网结构的长效运行模式。

在山坡地之间或边缘进行多年生水保、薪柴、经济植物的固土控蚀植物篱/生态缓冲带的构建，并通过模式配置与布设组合，实现面山坡耕地网格化的固土控蚀效果。

5.1.3　解决的关键技术

主要包括源近流短山地水源涵养关键技术、基于削减面源污染的关键物种配置技术、生态恢复的植物种质遴选与群落构建技术。

5.1.4　研究范围与示范区及示范工程

选择宝象河流域/柴河流域为主要研究区。重点以宝象河流域南部山地次生林、疏林地、石质山地、侵蚀陡坡、矿(石)开采及其废弃地、弃土(渣)场、面山垦殖区为主要研究对象，整个示范区及其控制面积达到 6.7km^2(10000 亩)。完成滇池流域典型区域的水源涵养林、生态脆弱山地、"五采区"及其废弃地的污染控制及生态重建、面山垦殖区特色农-林-草群落构建、小流域尺度面山汇水区源流系统优化控制的工程示范。

5.1.5　预期成果

(1)以小流域或汇水区为控制单元，研制退化山地及水源涵养林修复的物种选择、群落构建技术，设计制定一整套有效增强水源涵养能力的人工群落结构。

(2)形成防控"五采区"及其废弃地污染物输移与流失的关键生物生态技术。

(3)把握滇池水源涵养林及其生态系统分布格局及生态功能的特点，提出面山水源涵养林分区进行恢复保护的技术方案。

5.1.6　考核指标

(1)污染控制及示范工程：建成水源涵养林保护与面源污染防控面积达到 10000 亩的示范项目区，项目区在平水年景条件下污染物排放总量减少 30%以上。

(2)关键技术突破：突破源近流短山地水源涵养与清水产流关键技术。

(3)重要污染控制和环境管理方案：形成面山水源涵养林保护和"五采区"污染控制与管理方案。

5.1.7　依托工程

本子课题的依托工程主要为滇池水环境污染治理"十二五"规划、昆明市"十二五"农业、林业、水利、新农村建设等方面涉及滇池流域面源污染治理方面的工程内容。依托的相关工程见表 5-1。

表 5-1　依托工程

序号	项目名称	项目内容及规模	建设年限	工程来源
1	流域面山绿化	在滇池面山区域实施幼林抚育、低产林改造工程，开展封山育林工程、人工造林工程，综合工程规模达到 70000 多亩	2011～2015 年	昆明林业"十二五"规划
2	外海南岸矿山生态修复	晋宁上蒜磷矿矿山地质环境治理工程，晋宁昆阳磷矿矿山综合治理二期工程	2011～2015 年	昆明国土"十二五"规划

序号	项目名称	项目内容及规模	建设年限	工程来源
3	农田径流水污染控制示范工程	实施农田径流水减排技术,采取生物拦截工程和湿地处理相结合;实施植保综合防治技术;实施农作物秸秆双室或三室堆沤和微生物腐熟剂堆沤成有机肥后还田工程;推广测土配方施肥工程。达到农村面源污染物的减量化、无害化、资源化。2011~2015年完成示范工程30个	2011~2015年	昆明农业"十二五"规划
4	滇池流域农村面源污染防控对策优化及关键技术研究示范	基于面源污染防控的全流域农村综合发展路径,研究都市农业模式与转型,开展农业面源污染控制技术示范	2011~2015年	滇池污染防治"十二五"规划
5	滇池流域富磷区综合治理与生态修复	选择上蒜一带典型富磷区5km²,实施生物与工程相结合的锁磷控蚀工程和生态防护修复,显著控制富磷区磷素输移	2011~2015年	昆明国土"十二五"规划
6	滇池面山生态修复工程	对滇池南部晋宁一带的面山开展生态景观建设和植被恢复,提高面山对湖泊的生态防护作用和绿地景观质量,整治面山6km²	2011~2015年	昆明国土与林业"十二五"规划
7	流域富磷区磷素输移及面源污染调查研究和关键技术与示范	调查滇池流域富磷区的分布及磷输送的特点和规律,制定防控磷素输移的面源污染控制方案,研究适合不同层次和区域特点的锁磷控蚀的关键技术,并在典型地带形成示范	2011~2015年	滇池污染防治"十二五"规划
8	滇池流域面山生态修复及污染防控方案及关键技术研究示范	分析面山不同地段的生态环境功能定位,确立不同区域生态修复和面源污染防控的方案和关键技术,构建临湖的关键生态屏障,提高面山区域对湖泊水环境好转的支持水平	2011~2015年	昆明滇池污染防治"十二五"规划
9	滇池面山五采区生态修复工程	对滇池流域五采区植被恢复,以企业投资为主,政府补助为辅,建设特色各异的郊野公园	2011~2015年	昆明国土"十二五"规划

5.2 成套关键技术:源近流短山地水源涵养与清水产流技术

5.2.1 技术需求

面源污染一直是驱动滇池富营养化发展的重要因素,成为包括滇池在内的湖泊污染削减和环境治理的难题。随着滇池流域工业污染源和昆明城市生活源的有效治理,农村及面山的污染对滇池水环境治理及富营养化防治的制约作用日趋突出。占流域60%面积的山地产生的径流是滇池的生态水源,面山区域是维护滇池水环境最直接、最重要的陆地生态屏障,使面山恢复水源涵养能力、实现清水产流是滇池水污染治理取得成效的重要条件。通过提出面山生态修复与水源涵养功能实现的技术路线图和构建适合滇池流域特点的山地水源涵养和面源控制的植被恢复技术,开展面山封山育林与植被优化工程、面山造林困难地区植被重建工程、面山垦殖区农-林-草复合群落构建工程、"五采区"及其废弃地生态防护工程、小流域尺度面山汇水区源流系统优化控制工程等,形成滇池面山污染控制与生态修复的综合示范工程体系,并大幅度提高滇池面山生物群落及生态系统的结构与功能,形成流域面山污染控制与水源涵养林保护的长效良性互动机制，为面山生态系统的改善、面源污染的有效防控以及流域清水产流功能的恢复提供工程示范样板和管理模式，这是当前滇池流域生态建设与环境保护形势的需要。

在滇池流域，林地与农业发展矛盾突出，当地居民毁林开荒，致使林地面积逐步减小。森林林分发生不利的变化，受利益驱使，现有植被相对较好的次生林和已成林的人工林普遍存在砍伐问题，流域内部分农村居民仍然以薪柴为能源，加剧了林木的砍伐，水源涵养区林地面积减少，林地植物结构简单化，现有林地水土保持、涵养水源等能力较差。部分石质山地、侵蚀陡坡、矿（石）开采及其废弃地、弃土（渣）场立地条件较差，水土流失问题严重。在面山垦殖区，人工经济林、现有农作物种类和结构不合理，加剧了坡耕地的水土流失。

为了使面山恢复水源涵养能力、实现清水产流的目的，本成套技术针对滇池流域不同区域面山的生态特点，通过采用面山封山育林与植被优化技术、面山造林困难地区植被重建技术、面山垦殖区农-林-草复合群落构建技术、"五采区"及其废弃地生态防护技术、小流域尺度面山汇水区源流系统优化控制技术等技术的集成整合，从源头改善、控制面山生物群落及生态系统的结构、恢复清水产流功能、防控面源污染。

5.2.2　技术组成

技术组成为"水源涵养-清水产流"，技术路线图如图 5-1 所示。

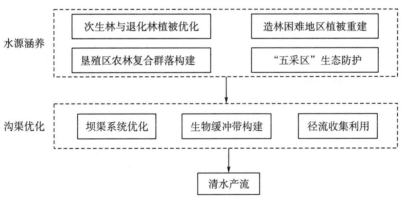

图 5-1　技术组成图

1. 水源涵养

水源涵养包括封山育林、次生林和退化林群落优化、土壤薄层化石质山地植被重建、侵蚀陡坡植被重建、垦殖区经果-农林复合群落构建、垦殖区特色经果林草群落构建工程、"五采区"及其废弃地的污染控制与生态重建、"五采区"及其废弃地污染物原位控制等技术、增加植物覆盖度、提高水源涵养能力。

2. 沟渠优化

沟渠优化包括坝渠系统结构优化工程、径流生物缓冲带工程、径流收集利用等技术，削减面源污染物输出。

5.2.3　技术参数

(1)针对面山次生林和退化林区域，通过构建微区域集水系统，补植麻栎、滇朴、石楠、旱冬瓜、火棘、十大功劳等乔灌木，使水源涵养能力提高 20%～30%，N、P 输出削减 30%～35%。

(2)针对造林困难地，遴选剑麻、地石榴、云南相思豆、木豆、车桑子、银合欢、紫花苜蓿、黄花槐等先锋物种，并根据不同造林困难地类型，构建陡坡山地带状工程水土保持模式、石质山地保育及开发模式、石质山地薄层土壤植被恢复模式、陡坡山地自然禁封恢复模式 4 种模式，使植被覆盖率提高 50%～90%，水源涵养能力提高 20%～50%，N、P 输出削减 30%～50%。

(3)针对"五采区"及其废弃地，遴选坡柳、戟叶酸模、旱冬瓜、地石榴、火棘等先锋物种，构建高陡边坡固土与植物配置、废弃采石场水土流失污染控制与生态重建等模式，使植被覆盖率提高 70%～95%。

(4)针对滇池流域面山垦殖区农户种植习惯，构建林农、林药、林草等农林复合种植模式，N、P 输出削减 30%～40%。

(5)针对小流域尺度，通过小流域尺度面山坝渠系统结构优化、径流收集利用、生物缓冲带构建等技术，使面源污染削减达 30%以上。

5.2.4　成套技术的创新与优势

1)山地生态系统水源涵养功能的补充和增强

通过构建微区域集水系统，促进自然植被恢复，调节坡面地表径流，增加地表径流的循环转化率，达到对山坡水源涵养功能的补充和增强作用。

2)造林困难地和"五采区"群落构建

遴选对造林困难地、"五采区"及其废弃地极端环境具有高度适应性的先锋物种，研发物种之间的有效共存、空间结构的优化配置等技术。

3)面山垦殖区的复合种植模式综合管理

依据滇池流域面山垦殖区农户种植习惯，在经济收入不降低的前提下，集成农林复合系统、中药材种植、牧草种植和废弃物循环利用等综合管理技术，达到有效削减滇池流域面山垦殖区农业面源污染的效果。

4)小流域水土流失坡面地表径流拦截、控制及净化

应用微区域集水系统对小流域坡面地表径流的形成、流向、汇集等过程进行控制，在不采取大型坡面改造(如坡改梯等)的条件下控制地表径流，从而将小流域水土流失坡面产

生的径流泥沙形成的面源污染减少到最低程度。

5.3　流域面山水源涵养林保护示范工程

5.3.1　地点与规模

示范工程位于昆明空港经济区大板桥街道办事处沙沟居委会(宝象河上游山地区域)。工程总面积 10596 亩,其中面山封山育林与植被优化 7856 亩,造林困难地 199 亩,"五采区"及其废弃地 1073 亩,农林复合系统 1468 亩。具体见图 5-2。

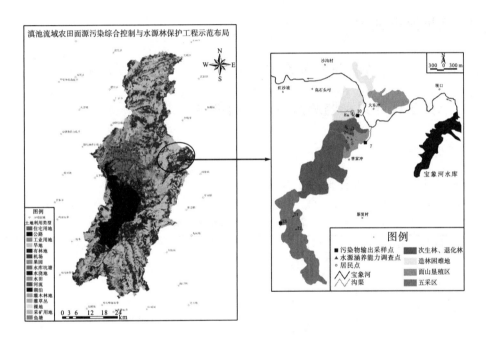

图 5-2　示范工程位置图

5.3.2　工程内容

工程内容包括面山封山育林与植被优化工程、面山造林困难地区植被重建工程、面山垦殖区农-林-草复合群落构建工程、"五采区"及其废弃地生态防护工程、小流域尺度面山汇水区源流系统优化控制工程 5 个内容。采用的主要技术包括源近流短与清水产流技术、造林困难地植被重建技术、"五采区"及其废弃地生态防护技术、小流域尺度汇水区源流系统优化技术、面山垦殖区农-林-草复合群落构建技术。

5.3.3 建设过程

项目分四期建设，2013 年依托"天保工程"森林抚育项目完成示范区封山育林与植被优化工程 1073 亩；2014 年依托"天保工程"森林抚育项目完成示范区封山育林与植被优化工程 4068 亩；2014 年依托"石漠化综合治理项目"完成示范区造林困难地和"五采区"人工造林 3502 亩，建设蓄水池 22 口、水窖 85 口，优化沟渠 17.6km；2016 年依托滇池流域面山水源涵养林保护示范工程优化提升示范区封山育林与植被优化工程 7856 亩，面山造林困难地区植被重建工程 199 亩、"五采区"及其废弃地生态防护工程 1073 亩，面山垦殖区农-林-草复合群落构建工程 1468 亩。

5.3.4 后期运行维护

示范工程已移交昆明空港经济区农林局，由其进行后期运行和维护。

5.3.5 示范工程效果：监测方案、运行效果

1. 监测方案

本项目的监测方案如表 5-2 所示。

表 5-2 示范工程监测方案

示范内容、规模及运行效果	考核内容	考核方法	说明
控制面积 10000 亩。以小流域或汇水区为控制单元，对退化山地及水源涵养林进行群落结构修复	面山封山育林与植被优化技术及工程示范 2500 亩	专家评审会确认	以 Google Earth 影像数据计算，现场核实
	面山造林困难地区植被重建关键技术与工程示范 2000 亩		
	面山垦殖区农-林-草复合群落构建技术与工程示范 2000 亩		
	小流域尺度面山汇水区源流系统优化控制关键技术与工程示范 1500 亩		
对"五采区"及其废弃地进行人工修复(覆盖率30%以上)	"五采区"及其废弃地生态防护技术与工程示范 2000 亩	第三方现场测量计算	面积以 Google Earth 影像数据计算，现场核实。现场测量对照示范工程前后的覆盖率
项目区在平水年景条件下污染物排放总量减少 30% 以上	面山封山育林与植被优化技术及工程示范 2500 亩	第三方现场监测	示范区出流沟渠出口 2 处，分设堰槽自动流量计。按平水年景最大日降雨量 74mm 计，每个堰槽最大过流量不超过 60000m³/s，采用不淹没式矩形堰计量，自动观测记录。上游堰旁设一集水池，有效容积 60m³(最大日暴雨径流量的 1/1000)，过流深度与沟渠一致，宽度取沟渠过流宽度的 1/1000。监测径流池平均水质(TN，TP，COD)。逐场监测头 5 场暴雨，示范工程前后对照。以水质乘以水量，获得每场暴雨的污染物输出量；示范工程前后头 3 场暴雨的污染物输出总量之差，除以示范工程前头 3 场暴雨的污染物输出总量，作为削减效果的削减比例
	面山造林困难地区植被重建关键技术与工程示范 2000 亩		
	面山垦殖区农-林-草复合群落构建技术与工程示范 2000 亩		
	小流域尺度面山汇水区源流系统优化控制关键技术与工程示范 1500 亩		

示范内容、规模及运行效果	考核内容	考核方法	说明
面山水土流失控制面积10000亩。面山水源涵养能力提高20%以上	流域面山水源涵养林保护关键技术与工程示范	专家评审会确认，第三方现场观测	面积以 Google Earth 影像数据计算，现场核实。观测指标：盖度、降雨量、地表径流量。观测频次：示范工程第一年逐场观测降雨量、径流量，共 1 年；示范工程最后一年逐场观测降雨量、径流量，共 1 年。观测点位：设固定点位 10 个。涵养水量计算：水量平衡法。忽略降雨时森林流域的蒸发量(包括森林植物的蒸腾量)，涵养水量为降雨量减去径流量。效果计算：以示范工程前后涵养水量之差，除以工程前涵养水量，计算涵养能力提高比例

2. 监测指标

(1)示范前后水源涵养能力：降雨量、径流量、盖度。

(2)示范前后污染物输出量：示范区出口的径流量、TN、TP、COD。

3. 监测点位

工程示范区共设 13 个监测观测点，其中点 1、2、3、4、5、6、8、9、11、12 为水源涵养能力观测点。点 7、10 为示范区污染物输出量监测点，监测点位设置、指标及用途详见表 5-3，各监测点布局详见图 5-3。雨量观测点 1 个，设在现场工作站中。

4. 监测频率

盖度：雨季、旱季各一次。

降雨量：示范工程头一年开始，逐场纪录。

观测场径流量：逐场计量。

示范区出口暴雨径流量：逐场监测。

表 5-3　监测点位设置、监测指标及用途

监测点	监测指标	监测用途
1	测降雨量、径流量、盖度	工程示范前后水源涵养能力
2	测降雨量、径流量、盖度	工程示范前后水源涵养能力
3	测降雨量、径流量、盖度	工程示范前后水源涵养能力
4	测降雨量、径流量、盖度	工程示范前后水源涵养能力
5	测降雨量、径流量、盖度	工程示范前后水源涵养能力
6	测降雨量、径流量、盖度	工程示范前后水源涵养能力
7	径流量、TN、TP、COD	工程示范前后污染物输出量
8	测降雨量、径流量、盖度	工程示范前后水源涵养能力
9	测降雨量、径流量、盖度	工程示范前后水源涵养能力
10	径流量、TN、TP、COD	工程示范前后污染物输出量
11	测降雨量、径流量、盖度	工程示范前后水源涵养能力
12	测降雨量、径流量、盖度	工程示范前后水源涵养能力

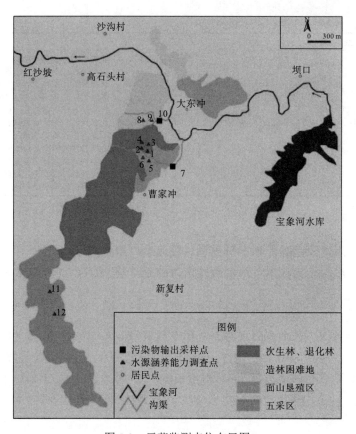

图 5-3　示范监测点位布局图

5. 监测次数

盖度：示范工程第一年、最后一年，雨季、旱季各一次。共四次。

降雨量：示范工程第一年开始，逐场纪录，直至研究结束。

观测场径流量：示范工程第一年、最后一年，逐场计量。

示范区暴雨径流量：示范工程第一年、最后一年，逐场开展

暴雨径流监测。测 5 场，取头 3 场暴雨径流的污染物总量。以示范工程第一年的值，减去最后一年的值，除以第一年的值，作为削减比例的计算依据。

6. 监测机构

第三方监测由昆明榕桦环境科技有限公司承担，其余自测。

7. 运行效果

示范工程提高宝象河上游山地区域植物覆盖度 39.54%，削减地表径流量 5.73×10⁴m³，削减率为 37.16%(表示水源涵养能力提高 37.16%)；削减 COD 量为 11.17t，削减率为 31.72%；削减 TN 量为 0.81t，削减率为 37.79%；削减 TP 量为 0.23t，削减率为 30.61%。达到了示范工程运行效果要求，具体见表 5-4。示范工程现场图如图 5-4 和图 5-5 所示。

表 5-4　2013～2016 年水源涵养能力和面源污染输出情况

指标	2013 年	2014 年	2015 年	2016 年	变化率/%
平均盖度/%	49.91	62.92	69.00	69.64	39.54
地表径流/m³	1.55×10^5	1.13×10^5	1.06×10^5	9.77×10^4	-37.16
COD/t	35.20	25.33	24.50	24.03	-31.72
TN/t	2.13	1.82	1.46	1.32	-37.97
TP/t	0.76	0.70	0.63	0.53	-30.61

图 5-4　小流域尺度面山汇水区源流系统优化控制工程效果图

图 5-5　"五采区"及其废弃地生态防护工程建设前后对照图

5.3.6　地方配套情况

地方配套工程包括昆明市官渡区 2013 年天保工程森林抚育项目、昆明市官渡区方旺林场 2013 年天保工程森林抚育项目、滇中产业新区大板桥街道办事处 2014 年石漠化综合治理工程、2016 点滇池流域面山水源涵养林保护示范工程。

第六章　流域都市农业发展与面源污染防控的管理技术及应用

近年来，滇池流域城市规模进一步扩大，农业用地日趋减少，城市对农产品的需求增大，农业从业人员无法在短期内转业，导致滇池流域农业日趋工业化、高度集聚，对土地高强度利用，流域内面源污染没有因为农业用地面积的减少而降低，反而呈现上升的趋势，这种环境压力越来越引人注目。对此需要及时引导，筛选基于流域农业农村面源污染有效防范的都市农业产业结构和空间格局，引导滇池流域农业向低污染高产出的方向转移；为适应新形势下都市农业的健康发展，保证相关方案与技术的顺利实施，需要开展相关工程技术组配模式与支撑条件分析，需要研究长效管理机制，提出经济政策、行政措施、地方法规及监督机制，通过管理技术和水平的提高统筹协调发展和保护的关系，并为政府决策和行政管理提供支持。

6.1　技术整装与技术体系构建及工程应用设计

6.1.1　目标

诊断分析流域农业的发展方式和空间变化，预测和评估流域快速城镇化条件下的农业用地格局、农业产业优化升级带来的面源污染问题，建立滇池流域都市农业发展与面源污染防控长效管理技术措施信息化平台；研究与滇池流域农业发展相适应的面源污染防控机制和管理体系，在本课题的示范区中进行应用，形成滇池流域都市农业及新形势下面源污染防治的长效管理路径与方案。

6.1.2　重点任务

滇池流域的农业生产长期以来主要是市场驱动下的农民的自发行为，对农业生产及其形成的污染缺乏掌控能力，缺乏实时跟踪和技术支持。随着都市农业的迅速发展和面源污染治理任务的加重，以信息化为基础形成多元管理技术措施，支持和引导流域农业及面山的污染治理与区域发展越来越重要，也将成为农业生产管理及政府有效开展面源防控管理的重要手段。鉴于此，本项目设置以下几个重点研究任务。

1. 流域不同农业的环境经济效应与都市服务农业发展模式研究

滇池流域已开始进入以城带乡、以工促农的发展新阶段，农业发展的宏观形势发生了重大变化，加快对传统农业的改造、发展现代都市农业显得越来越迫切。随着人们生活水平的提高，农业环境恶化、农产品质量安全水平不高、农业组织化程度较低、市场主体竞争力不强的问题愈加突出。同时，农业土地资源逐年减少、水资源紧缺、基础设施薄弱、资金投入不足、生产能耗和成本不断上升等问题，困扰着滇池流域农业的发展。解决这些问题，要求加快转变农业增长方式，创新农业发展模式，探索一条既能发挥滇池流域比较优势又能克服农业面源污染难题、实现农业又好又快发展的道路。

针对过渡区生态环境安全和经济发展的矛盾，分析过渡区快速城镇化条件下农业用地格局、农业产业优化升级、农业发展环境效应，重新选择生态高值农业综合发展路径，并进行都市农业转型减排研究，根据滇池流域过渡区农业面源污染不同类型构建都市农业发展模式，从都市近郊农业、城市远郊和边缘地区的农业入手进行都市服务农业发展模式研究，对立体农业(由平面式向立体式发展)、温室农业(由自然式向设施式发展)、自控化农业(由机械化向电脑自控化发展)、园式农业(由农场式向公园式发展，将农场改建成农业公园)、循环农业(以可再生自然资源为基础，最大限度实现植物营养和有机物质的循环)等不同农业发展类型和产业组织方式进行环境和经济效应分析，结合产业结构调整与农业经济发展的综合需求，提出都市农业发展类型的遴选方案和组合模式，对滇池流域面源污染管理的决策、水环境保护措施和都市农业发展提供科学指导。

1)过渡区不同农业的环境经济效应研究

结合国家、云南省和昆明市制定的农业产业政策和规划，针对滇池过渡区设施和露地主要种植的粮、果、菜、花、经济林木等农业类型，开展系统调查与定位监测，明确过渡区不同农业类型面源污染的输出与时空变化，农业投入、产量与产值等情况，定量分析过渡区不同农业的经济效益和环境效益。诊断分析过渡区农业产业的发展方式在面源污染产生和输移中的变化动态及扩展效应和转移效应，建立适于滇池流域、可操作性强、科学的、能综合反映不同农业类型环境效益、经济效益和社会效益的评价体系。

研究目标：定量明确过渡区不同农业的环境经济效应，建立适于滇池流域过渡区不同农业类型的环境经济评价体系。

2)过渡区发展都市服务农业的条件与方案优化

根据过渡区的自然条件、区位优势、农村经济状况、产业结构等情况，分析过渡区推行都市服务农业的优势。结合人地矛盾、生态环境、农村劳动力、农业公共服务等情况，分析过渡区推行都市服务农业的劣势。依据市场、城乡一体化、面向东盟、政策等情况，分析过渡区推行都市服务农业的机遇。结合区域内的竞争、市场准入的挑战、城市发展对农业的挑战、落后的观念因素等情况，分析过渡区推行都市服务农业的威胁。采用SWOT分析法，综合过渡区推行都市服务农业的优势、劣势、机遇和威胁，分析过渡区推行都市服务农业的条件。通过分析现场条件、政策条件、技术适应性和市场条件，综合都市服务农业的环境效益、经济效益和社会效益，制定过渡区推行都市服务农业的方案。

研究目标：明确过渡区推行都市服务农业的优势、劣势、机遇和威胁，制定过渡区推行都市服务农业的方案。

3)过渡区都市服务农业发展模式研究

在明确过渡区不同农业类型污染特征与变化的基础上,耦合 3S 和 SWAT 平台,结合滇池流域非点源污染空间信息数据库,以过渡区水文条件、农业产业类型及其相似组合的地理空间分异规律为基础,结合滇池流域城乡一体化的快速推进、农业产业结构调和都市农业发展规划,运用定性和定量综合集成的方法,确定环境效益、经济效益和社会效益的权重。在不降低农业经济效益和社会效益的前提下,以削减农业面源污染为目标,分析过渡区推行农业清洁生产的环境经济效益,提出基于流域农业面源污染防控需求的过渡区都市服务农业发展模式。

研究目标:通过研究,提出 3 种适合不同经济发展水平的都市服务农业发展实用模式,力争每种模式对环境的影响达到最小。

2. 都市农业发展面源污染防控长效管理体系信息化平台的建设

1)都市农业污染评估体系

在明确流域农业结构调整下农村面源污染变化特征调查的基础上,耦合 3S 和 SWAT 平台,结合滇池流域非点源污染空间信息数据库,以流域水文条件、农业产业类型及其相似组合的地理空间分异规律为基础,针对湖滨退耕区、湖盆过渡区、山地地区和富磷区不同农业类型,以 TN、TP、COD、化肥用量、农药用量农业固废高效资源化率等为指标,建立反映农业面源污染负荷输出的环境效益评价体系。以耕作面积、单位面积作物产量、农用物资投入、劳动投入、人均粮食产量、人均纯收入等为指标,建立基于农业土地生产率、农业劳动生产率和农业资金生产率的农业生产经济效益评价体系。以土壤肥力、土地复种指数、人均耕地数量、水资源消耗指数、固体废弃物和有害物质的无害化、资源化率、水环境质量、基本农田保护面积比率、粮食自给率等为指标,建立基于环境安全、资源安全和粮食安全的社会效益评价体系。结合滇池流域城乡一体化的快速推进、农业产业结构调和都市农业发展规划,运用定性和定量综合集成的方法,确定环境效益、经济效益和社会效益的权重。在不降低农业经济效益和社会效益的前提下,以削减农业面源污染为目标,提出基于流域农业面源污染防控需求的都市农业适宜性的指标体系。

2)滇池流域清洁农业发展与水源涵养林保护的管理体系——分区分类指导的信息化平台建设

针对农田面源污染防控的动态、随机、过程长、难度大的特点,结合过渡区农业各类农田面源污染的控制目标,运用地理信息系统技术研发农田面源污染全程控制信息化管理平台,通过整合优化农作技术、管理技术、工程技术,配置构建污染要素一体化控制模型,对滇池流域从事种植的农户进行降低农田面源污染、节约成本、提升农产品产量品质的产前、产中和产后全程分段指导。

在地理信息平台上,建立都市农业面源污染全程智能化服务平台,并提供面源污染控制各项技术综合服务,建立系统实时更新机制,形成引导滇池流域农业及面山开发与保护的综合信息平台和决策支持体系,解决农户与专家和技术人员之间的时空限制,实现市级政府(管理部门的远景)与农民(生产生活行为调节)的良性互动,探索新形势下都市清洁农业与环境建设管理新途径。

3.滇池流域都市农业面源污染控制长效管理系统的良性运行条件分析和管理体系构建

1)滇池流域清洁农业发展与水源涵养林保护管理现有政策与管理绩效评估

梳理滇池流域现有的涉及农业面源污染防控的管理政策、法律法规、管理体制,通过多种研究手段,围绕滇池农业面源污染防控,系统分析各种管理手段的优点和不足,对已经实施的有关管理措施进行绩效评估,从而列举出现有管理手段存在的问题。

2)滇池流域清洁农业发展与水源涵养林保护管理方案编制

针对滇池流域农业面源污染防控管理存在的问题和提高流域管理水平的需求,以流域农业环境风险最小化和农业环境生态安全基本得到保障为前提,筛选出流域农业面源污染防控管理政策、法律法规、管理体制的总体需求;研究建立滇池流域农业环境管理体系,重点从污染源管理、环境标准、污染过程监控预警、流域综合管理等方面,建设和完善管理手段、探索新型管理政策;分析各项管理手段的经济技术可行性与可操作性,形成一套具有流域特点的、高效的滇池农业面源污染防控管理策略;按照严于国家标准的原则,研究滇池流域农业面源污染地方水污染物排放标准体系;完善、整合滇池流域农业环境监测系统、滇池农业环境生态灾害预警系统、建立滇池农业环境野外观测研究站,建立全流域内农业环境遥感监测系统,结合地面自动监控系统,实现对滇池流域农业环境的自动监测与预报系统;因地制宜地探索流域农业循环经济模式、生态农业等方面的激励政策和管理对策;积极研究流域生态补偿、资源合理开发利用(如湖滨带、水库消落带土地资源开发与保护)、环境管理及跨界污染控制协调等方面的管理政策与管理体制。

在上述研究成果的基础上,结合区域实际情况筛选相关管理政策、手段,编制形成滇池农业面源污染防控管理方案,明确各阶段各项管理措施投入试点/实施的进度,以及实施的预期目标和考核指标。

(1)滇池流域清洁农业发展与水源涵养林保护的综合管理策略。

基于生态安全需求调控农业人口与经济驱动力,制定流域农业产业发展战略,主要包括:协调滇池流域农业经济、农村社会发展与水环境系统相互作用;合理调配滇池流域水生态承载力及农业水土资源;确定滇池流域区域农业经济社会发展战略。

基于水生态承载力和流域容量总量控制的流域农业面源污染调控管理,主要涵盖3个方面:从昆明市社会经济发展及滇池流域农业面源污染调控需求出发,合理调控流域农业经济和农村社会发展;根据农业面源污染调控存在的主要问题,削减流域农业污染负荷,控制流域农业污染源;开展综合治理,恢复农业环境生态服务功能,恢复流域生态系统完整性。

加强滇池农业面源污染防控监控与预警,预防生态风险,提高综合管理能力。主要包括:建立滇池农业面源污染防控动态环境监测体系;建立滇池农业面源污染防控预警体系;建立滇池农业面源污染风险防范及应急体系。

(2)滇池流域清洁农业发展与水源涵养林保护的综合管理机制。

①完善管理政策法规。强化法制,依法行政;建立长效机制,加强跟踪管理;建立生态安全预警机制;完善生态补偿机制;完善公众参与机制。

②防控管理能力建设。加强标准体系的建设;完善行政管理体制;提高监督能力(行

政监督、舆论监督、社会监督）；提高农业环境监测能力。

③应急能力建设。为应对滇池农业面源污染防控突发事件制定一套以多专业、多技术相互配合的流域农业面源污染防控应急治理技术措施为主的方案，形成一个综合性较强的目标保证体系。应急方案由湖泊水质应急治理措施、农业农业面源污染应急调控措施和行政管理强化措施构成。

④适应性管理机制。滇池农业面源污染防控适应性管理是在相互矛盾的形势下处理和解决各种滇池农业面源污染防控问题的一整套方法，允许对各种理论、技术和措施的实施效果通过监测手段进行论证和检验，并基于新的认识和信息反馈，结合最新技术进展，对原来的实施方案进行修改、完善和提高。分析滇池农业面源污染防控综合管理方案制定与实施过程中的不确定性，建立适应性的管理机制，提出适应性管理方案，主要包括如下三部分：不确定性分析、适应性目标确定与监测计划制定、适应性管理的学习与反馈机制。

（3）滇池流域清洁农业发展与水源涵养林保护的管理方案应用研究

以其他子课题的示范工程区为各种管理技术应用的试验区，研究并充分发挥政府宏观调控手段的引导、鼓励、限制、禁止作用，使试验区农业产业结构向最佳综合投入产出方向发展；协助农业管理部门的职能从单一强调农业产出、农民收益向农业-环境综合效益管理方向转变；在其他课题的示范区内选择管理信息化服务对象，开展都市清洁农业、面山保护与利用、水源涵养与面源防控的技术指导服务，探索良性运行机制，总结形成便于推广的长效运管方案；经过示范实践，归纳总结，补充、优化编制全流域农业面源污染防控长效管理运行方案。

4. 滇池流域清洁农业发展与水源涵养林保护的管理技术应用与效果评估

从技术经济和社会管理的角度审视 3 类控制技术及方案(子课题：湖滨退耕区湖岸生态功能修复与生态缓冲带营造技术与工程示范；过渡区污染减负型农业发展技术与工程示范；面山水源涵养林保护与清水产流功能修复技术与工程示范)的内容，把本研究提出的管理方案应用到工程示范区中，检验方案的可行性，评估管理技术的适应性，根据存在的问题进行调整，并进行修改、提炼形成管理技术导则。

6.1.3　解决的技术难点、关键技术与创新点

都市农业面源污染全程智能化控制管理关键技术：针对滇池流域过渡区农事活动对水环境的影响，利用子课题研究成果，对示范区农业生产活动进行全程智能化信息管理。由于集约化农业面源污染的发生具有动态、随机、过程长、难度大的特点，所以在专家短缺和技术人员水平参差不齐的情况下，对滇池流域过渡区农业面源污染进行全程控制信息化管理，为滇池流域过渡区集约化农业进行产前、产中和产后降低农业面源污染的全程分段指导，提供集约化农业面源污染防控咨询服务，让滇池流域过渡区从事集约化农业的农民和基层农技人员实时得到必要的技术支持，解决时空对专家和技术人员的限制，起到高层次、多方面专家的作用。该技术更容易在保证农民收入的同时，最大限度地降低集约化农业农事活动对滇池水环境造成的负面影响，最大限度提高滇池流域过渡区农业面源污染防控的效率。

6.1.4　研究范围与示范区及示范工程

本子课题不涉及独立的示范区及示范工程,而是依托其他课题的示范区及有关示范工程开展应用示范,涉及面积达到 10km²。示范研究范围以滇池流域宝象河片区/柴河流域为重点。

6.1.5　预期成果

(1)形成不同都市农业条件下的环境效应分析与发展优化格局;
(2)形成都市农业面源污染防控管理体系信息平台;
(3)编制滇池流域都市农业发展与面源污染防治长效运行管理方案,依托其他课题的示范区开展应用示范;
(4)在应用示范的基础上,完善滇池流域都市农业发展与面源污染防治长效管理技术方案。

6.1.6　预期指标

(1)关键技术突破:突破都市农业面源污染全程智能化服务平台技术。
(2)重要污染控制和环境管理方案:编制基于流域农业和面山面源污染防控需求的都市农业遴选方案,形成滇池流域都市农业面源污染防控长效管理系统信息平台。
(3)示范工程:将编制的都市清洁农业发展与水源涵养林保护的管理方案在本课题的示范区中进行应用和修改完善。

6.2　集成技术:都市农业面源污染全程智能化服务平台技术

6.2.1　解决的关键问题

都市农业面源污染防控长效管理系统信息平台结合流域内各类农业面源污染的监测数据,耦合 GIS 技术和农业污染核算模型,在地理信息平台上,通过可视化的管理方式,实现对农业面源污染信息的发布、管理和分析。都市农业面源污染防控智能化服务管理平台紧紧围绕用户群-管理决策者、基层管理人员、科技人员和农户的需求,实现跨部门、跨单位的数据更新、交换、共享平台,实现科学的方案支持和便捷的信息发布与查询,解决农户-专家和技术人员-管理者之间的时空限制,实现各级政府(管理部门的决策)与农民(生产生活行为调节)的良性互动。

因此,解决的关键问题是对农业面源污染防控的业务需求进行提炼并重构融合的 GIS

功能服务包，这个功能服务包基于互联网的网络环境及基础服务信息集成框架，实现监控预警、模型评估、治污防控、决策辅助、生产指导等功能集成，以及数据共享、查询与分析，并面向不同对象进行信息发布，为评价监测区内农田的土壤污染、污染防控管理效果、决策辅助方案制作等提供基础。

这个功能服务包是一个"高内聚、松耦合"的架构。每个服务组件通过定义良好的接口，向外部提供服务。这些服务的获取者可能来自客户端，也可能来自其他组件。这种基于服务组件的设计可以达到良好的重用性和扩展性。

6.2.2　工艺组成

都市农业面源污染防控长效管理系统信息平台主要由 6 大功能系统组成，即专题数据信息子系统、监控预警信息子系统、模拟评估信息子系统、治污防控信息子系统、决策辅助子系统和生产指导子系统。总体工艺构成图见图 6-1。

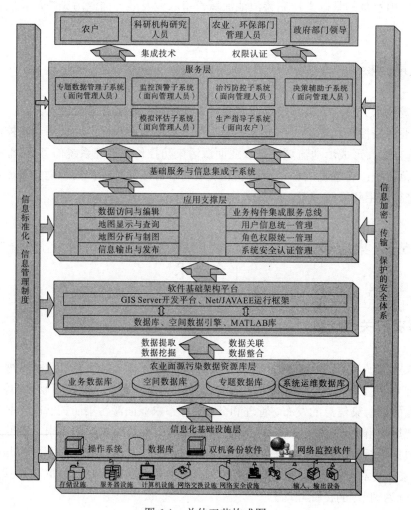

图 6-1　总体工艺构成图

1.专题数据管理子系统

该平台在各研究对象收集的数据的基础上，实现属性数据与空间数据的结合，建立滇池流域面源污染时空特性数据库，包括利用遥感矢量数据提取地形、土地利用、土壤、植被、地质、水力坡度等指标，以面源污染负荷评估模型计算滇池流域非点源污染区的侵蚀过程与污染负荷量等，并用于识别农业面源污染危险区域、绘制水源防护区范围等方面。

数据范围如下：基础地理空间数据、业务空间数据、遥感影像数据、污染源数据、污染评估指标数据、土地利用数据、决策辅助数据、生产指导数据、模型评估数据、系统用户数据。

2.监控预警子系统

监控预警子系统功能结构图如图6-2所示，通过运用GIS技术在流域检测区的电子地图上显示监控点的分布，并且通过对检测点的各个检测值进行动态显示，可以通过设置的预警值进行自动预警，在地图上进行声光电三维一体报警，并且将报警信息及其报警项以电子邮件发送给负责人。

运用GIS技术在流域监测区的电子地图上显示监控点的分布，当选择某监控点时，在电子地图上弹出浮动窗口显示该污染源的属性信息，包括污染源名称、污染级别、指标体系数据、最新监测数据信息、监测人信息等。

通过空间查询、属性查询等查询方式，可以对流域各类面源污染的监控点分布进行查询。

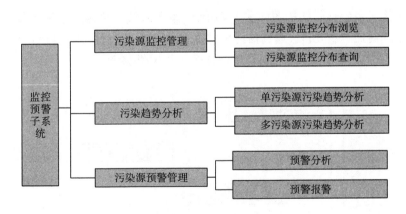

图6-2　监控预警子系统功能结构图

3.模拟评估子系统

模拟评估子系统功能结构图如图6-3所示。平台以面源污染负荷评估模型计算滇池流域非点源污染区的侵蚀过程与污染负荷量等，并用于识别农业面源污染危险区域等。

从产生机制来看，面源污染主要包括三个过程：产汇流；土壤侵蚀及流失；氮、磷等元素被冲刷进水体。降水在低洼处汇聚，从而产生地表径流，在流动过程中不断侵蚀土壤，泥沙和氮、磷等污染物随径流冲刷进入水体，造成江河湖泊等水体非点源污染。

　　主要利用以下模型模拟面源污染：土壤侵蚀子模型和污染负荷子模型，实现对土壤侵蚀、氮、磷等元素的污染负荷进行分析等，将分析的成果数据保存在数据库中，从而可以进行相应的污染负荷预测及污染动态变化分析。

　　本系统涉及的所有评估模型及数据均以中国环境科学研究院提供的污染负荷计算模型和数据为准。

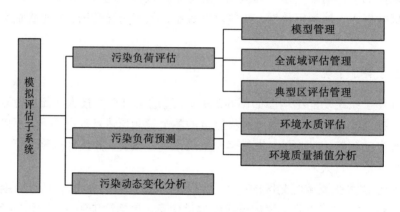

图 6-3　模拟评估子系统功能结构图

4. 治污防控子系统

　　治污防控子系统功能结构图如图 6-4 所示。本子系统主要为基层科研人员提供各项治污防控技术的对比分析功能，通过治污采样点布设、治污方案管理及对治污结果的评估分析等操作，为治污方案的空间分布格局优化等工作提供参考。

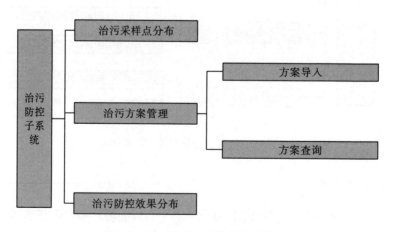

图 6-4　治污防控子系统功能结构图

5. 决策辅助子系统

本模块主要基于典型示范区各类污染监测数据、模型评估数据,以及对污染程度、污染范围、污染趋势等生成检测的简报,并提供对简报的管理功能。

简报管理:本模块提供了对系统生成的简报的搜索、列表查看、删除以及下载功能。

新增简报:系统根据已有的污染数据,自动生成简报。用户可以选择具体的流域和时间来生成简报,也可以选择具体的检测站点来生成简报。生成的简报格式是 word 文档格式。

6. 生产指导子系统

本模块主要面向农户,为其提供农业生产方面的技术指导和信息咨询,包括种植结构的调整、耕作模式的改善、市场收益分析等,达到削减环境污染和最大化经济效益的目标,实现清洁农业发展模式。该系统的建设需要考虑农户为主要用户,尽量做到简单化、平民化,系统包括客户端和服务端,其中客户端被设计成 Android 的 APP 应用。

终端信息管理是基于门户网站展示的一种信息展示和推送服务系统,根据本系统平台的相关模块生成的污染源以及监控数据,结合农科员的行业经验对农户的生产进行指导,对农产咨询的信息进行反馈等。

农户通过移动终端注册后,其数据被记录在服务器,如农户的个人信息(主要包括农户的姓名、年龄等),管理员可通过农户注册信息回答农户提出的疑问。管理员拥有对农户个人信息、农业新闻与指导信息、推送信息的增加、删除、修改等管理权限。

6.2.3 研发过程及技术经济指标

遵循"体系先行、技术融合、平台集成、管理支撑"的基本原则和建设思路,强调技术路线的先进性、适应性和开放性,充分实现对各子课题研究成果的整合和集成,以都市农业发展模式和污染评估体系为基础,以面源污染治理与农业生产发展的动态平衡为目标,以信息化手段提供理论指导和技术支撑为途径,以建立长效管理良性运行实施方案为支持,实现子课题工作分步骤、分阶段的逐项开展。其中,以搭建滇池流域都市农业面源污染防控长效管理系统信息平台为核心任务,需要针对不同应用对象(管理者、领导、科研人员、农户等)的不同需求,提供不同层面(管理层面、决策层面、研究层面、应用层面和生产层面)的内容支持和技术指引。

完成的技术指标如下:突破都市农业面源污染全程智能化服务平台技术 1 项;编制基于流域农业和面山面源污染防控需求的都市农业遴选方案,形成滇池流域都市农业面源污染防控长效管理系统信息平台;将编制的都市清洁农业发展与水源涵养林保护的管理方案在本课题的示范区中进行应用和修改完善,并得到有关部门的认同;获得软件著作权 4 项。

6.2.4 技术创新及技术增量

信息平台软件研发了如下创新技术：多领域技术的信息集成和融合表达技术、基于 GIS 的污染治理空间化管理与分析技术、面向不同平台用户的信息自动筛选和智能推送技术、融合专题地图和分析数据的图文简报自动化生成技术。由此取得了 4 项软件著作权，分别为：基于自动化决策简报生成方案的决策支持系统、基于 GIS 平台的农业面源污染防控自动化监控预警系统、基于都市农业面源污染模型的数字化评估预测系统、基于都市农业面源污染模型的数字化评估预测系统。通过技术查新等工作，技术增量主要体现在如下几个方面。

1. 基于 GIS 的可视化面源专题展示和快速分析

平台以 GIS 为基础，实现属性数据与空间数据的结合，实现了"所见即所得"。同时，平台依托流域污染监测站点监测数据和各行政村调查数据，建立了一套涵盖面源监测站点管理、流域农业信息管理、流域人类活动管理、面源污染负荷管理等多方位的面源污染综合控制平台。平台通过以下关键模块实现对滇池流域各项关键信息的控制统计：多类型、多时间流域信息统计；以监测站点为网络节点的监测信息收集；流域特定时间范围数据挖掘、统计、分析、预测；智能化辅助决策支持。

2. 监测预警可视化和实效性

基于 GIS 平台，监测预警信息进行实时绘制展示。平台以流域每个监测站点为数据网络节点，以各个监测站点提供的监测数据为数据基础，在长期累积的监测数据基础上构建滇池流域污染监测基础数据仓库。平台将对录入的监测数据和流域污染监测基础数据仓库进行匹配分析，对同一地区监测数据指标存在较大波动或超标数据进行系统警告和地图闪烁定位警报。通过运用 GIS 技术在流域检测区的电子地图上显示监控点的分布，并且通过对检测点的各个检测值进行动态显示，可以通过设置的预警值进行自动预警，在地图上进行声光电三维一体报警，并且将报警信息及其报警项以电子邮件的形式自动发送给负责人。

3. 决策简报的自动化生成

平台集成了基于标准模板的决策简报快速生成模块，遵循格式标准化、数据准确性、辅助决策化和灵活可变性的原则，采用基础信息+图表+辅助决策建议的基础简报模式，生成基于典型示范区各类污染监测数据、模型评估数据的对污染程度、污染范围、污染趋势和污染解决方案等的决策支持简报，报告生成过程完全自动化，无须人工干预，数据自动提取，分析结果自动生成。

4. 基于移动终端及微信公众平台的农情信息推广

采用多手段、多方式，为农户提供农业生产方面的技术指导和信息咨询，包括种植结构的调整、耕作模式的改善等信息，推广农情信息，达到削减环境污染和最大化经济效益的目标，实现清洁农业发展模式。

6.3　流域都市农业发展与面源污染防控的管理应用示范

6.3.1　应用示范地点

示范地点包括柴河流域上蒜镇、六街镇政府和 24 个行政村。

6.3.2　示范内容

在柴河流域上蒜镇、六街镇政府和 24 个行政村均安装了都市农业面源污染防控长效管理系统信息平台软件，经过调试，均能够正常使用；同时通过广泛宣传，在流域 24 个行政村(含村民小组)大量粘贴宣传彩页，使民众通过扫描二维码，在移动终端轻松安装农情环保信息 APP。

6.3.3　运行维护

在柴河流域上蒜镇、六街镇政府和 24 个行政村均进行过该平台的操作使用和日常维护，并发放操作手册和维护手册每人一份，负责操作和维护的相关人员在课题技术人员的指导下进行自行操作，效果良好。现该信息平台与昆明市农业局、上蒜镇政府、六街镇政府均签订了移交协议。

6.3.4　运行效果

截至 2018 年 3 月，24456 人次点击过该平台，手机 APP 下载 461 次，微信后台关注用户数 5168 人(柴河流域农业人口 46228 人，数据来源于 2016 年统计资料)，点击率为 52.9%；同时，成都信息处理产品检测中心出具的软件测试报告显示测试合格；昆明市农业局、柴河流域上蒜镇、六街镇政府出具了应用证明，提出该技术应用效果良好、运行稳定。

第七章 以汇水区/小流域为单元的面源污染防控技术整装与工程示范

农业面源污染的核心是土壤中的养分或污染物从陆地向水体转运或转移,只要把"陆相"的土地源头养分和污染物与"水相"的介质及搬运动力控制好,面源污染就能得到根本性的控制。从土-水界面及其生物地球化学循环来看,自然界中物质的转运及其驱动因素形成的基本结构和功能单元是汇水区或小流域,以汇水区或小流域为单元探寻径流过程控制和面源污染防控机制是重要的抓手和途径。

基于景观生态学的理论和思想,要降低汇水区或小流域物质输送的强度,需要在源-流-汇三个层次或环节进行,这就是农业面源污染控制中的降低土地中的污染负荷强度,控制径流转移污染的程度,在向系统外输送前(进入小流域外的河沟或水体前)进行阻断及循环利用。基于这个思想和理念,我们选择滇池流域主要农业生产区南部晋宁柴河流域,分区域和分类型进行综合设计及技术整装,并通过工程示范,从小流域或汇水区的角度对该区域的面源污染进行系统治理和防控。

7.1 工程示范区概况

以柴河小流域工程示范区为对象开展不同层次的农村面源污染综合防治方案设计。示范区位于滇池东南面的晋宁县上蒜镇,地理位置为北纬$102°68′\sim102°71′$、东经$24°60′\sim24°63′$之间,总面积约$6.07km^2$,包括段七村村委会及洗澡塘村委会李官营村的全部辖区,科地村委会石头村的部分辖区,见示范区位置图7-1。

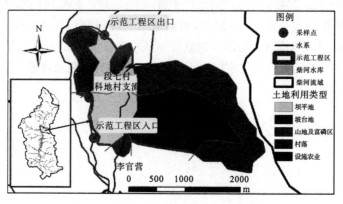

图 7-1 柴河小流域示范区基本情况简图

7.1.1　自然概况

1. 地形地貌

示范区总体地势东、南和西三面高，中北部低，海拔为 1910～2400m，相对高差 490m，最低点位于示范区湾村桥柴河河底，最高点位于示范区老贵山分水岭处。示范区总的地貌呈现为低山丘陵、平坝农田和村庄，柴河从平坝农田中部由南到北穿过。

2. 工程地质

该区位于"康滇台背斜"与"滇东台褶带"交界区，地质力学上属南岭纬向构造带、川滇经向构造带与通海"山"字形构造以及华夏系构造的交接地区。区域的断裂和褶皱可分为东西向、南北向两种构造形迹。处于扬子地层区的昆明地层小区（Ⅵ24-2），以沉积岩和浅变质岩最为发育，以碳酸盐地层为主。此外，流域内还分布有三叠系（T）、侏罗系（J）、白垩系（K）、下第三系（E）、上第三系（N）、第四系（Q）等碎屑岩。

在汇水边界范围内，地下水在接收周边山区大气降水的入渗补给后，径流方向基本与地形一致，由柴河周边坝子边缘的基岩山地向盆地最低排泄基准面（柴河）径流，并在平坝区与山区的转折带（断裂带）上形成泉眼等集中排泄点。

3. 气候水文

示范区地处滇中高原，该区域属亚热带季风气候区。多年平均气温为 14.8℃，多年平均年降水量 962mm。年最多降水量为 1970 年的 1172.1mm，最少降水量为 1988 年的 544.8mm，雨量大于等于 0.1mm 的有 125 天左右；雨量大于等于 50mm 的降水日数多年平均值为 2 天；雨量大于等于 100mm 的降水日数多年平均不到一天；暴雨以上出现频率为 0.5%。

据晋宁县气象局提供资料显示，示范区 5 年一遇最大日降水量为 68.3mm；10 年一遇最大日降水量为 80.9mm；15 年一遇最大日降水降为 97.3mm；20 年一遇最大日降水量为 123.6mm。2009 年、2010 年示范区降水量监测结果显示，2009 年全年降水量为 608.3mm，最大日降水量为 56.6mm；2010 年全年降水量为 699.4mm，最大日降水量为 50mm。与多年平均降水量 962mm 相比，2009 年、2010 年均属枯水年。

示范区多年平均降水量为 962mm，平均径流深为 220mm，最大一日暴雨量的变差系数 C_v 值为 0.25～0.40，5 年一遇最大日降水量约为 68.3mm。2009 年和 2010 年，最大日降水量分别为 56.6 和 50mm。示范区柴河河道平均过水断面面积 17m²，有效河深 2.3m。

按 2010 年最大日降水量 68.3mm 估算，示范区出口断面径流量为 1.16～1.74m³/s（10×10⁴～15×10⁴m³/d），根据 2010 年 1～2 月和 6～12 月监测结果，断面最大流量为 0.78m³/s（6.7×10⁴m³/d），最小为 0.01m³/s（0.08×10⁴m³/d），平均 0.13m³/s（1.1×10⁴m³/d），统计测算正常年径流总量为 250×10⁴～300×10⁴m³（示范区出口断面径流量含科地村支流及洗澡塘上游来水）。

示范区位于柴河水流域路段。柴河旧称大堡河，是晋宁县主要的防洪、灌溉及入滇河道之一，全长48km，平均坡降2‰，河道断面平均宽度8.92m，径流面积306.18km²。石门坎水库至柴河水库为六街乡柴河上游全长7km。柴河由南向北从示范区流过，最后注入滇池。示范区境内段河长约3.88km，河道平均断面面积17m²，河口平均宽为9.5m，河底平均宽6.6m，平均深度2.3m，坡降2‰～2.5‰。示范区3.8km长柴河断面实测详见表7-1。

表7-1 柴河断面实测数据（示范区段）

序号	测量点	河口宽/m	河深/m	河底宽/m	断面面积/m²
1	示范区出口	6.63	2.2	6	
2	段七村西	10.4	2.6	6	
3	段七村中1	7.5	1.9	5.8	
4	段七村中2	9.2	2	7.3	
5	石头村外	8.3	2.5	6.3	
6	磷矿对面	10.9	2.5	4.5	
7	柴河大坝	13.7	2.3	10.4	
	平均	9.5	2.3	6.6	17

1957年在上游李官营拦河建成柴河水库（现属昆明市"2258"引水济昆南线调水工程——柴河-大河水源区），控制径流面积为106.5km²，总库容量2230×10⁴m³。柴河发源于六街乡上游新寨、干海，总体走向由南向北，流经上蒜镇李观营、段七、竹园等地，入滇池口处最大流量为40m³/s。柴河至观音山经茨巷河闸一分为二：一条流经上蒜镇小朴、牧羊村至晋城镇小寨，在分洪闸下游左岸（西岸）汇入大河河道；另一条称茨巷河，为柴河主要入湖河道，流经大朴村、石将军集镇、水泥厂、化肥厂、石将军村、牛恋村、小渔村，进入滇池。

柴河水库下游的东西干渠为柴河水库配套工程，主要用途为农灌。在上蒜至柴河水库大坝出口处沿公路走向建有东干渠，示范区段渠长4km；西面沿山脚林地与农田交界线建有西干渠，示范区段渠长约5km。柴河东干渠起点为柴河水库工作闸分水口，终点为竹园村委会双生沟，全长5.3km，河道平均宽度1.7m，排污口5座；柴河西干渠起点为柴河水库分水闸，终点为柳坝村委会湾村抽水站，全长4.6km，河道平均宽度2.6m，无排污口。

流经示范区的过境水主要有西南洗澡塘村片径流，汇水面积约3km²；石头村-科地村片径流，汇水面积约5km²。其中洗澡塘片沿矿六段公路北侧河道直接进入柴河库库大坝下的柴河河道；石头村-科地村片径流沿029乡道（段余段）自西向东经示范区农田间的排洪沟直接排入段七村西南的柴河。

4. 土壤与植被

示范区土壤母质主要有页岩、磷矿石和石灰石，成土作用可划分为风化和冲积两类，代表型土壤有红壤、水稻土和紫色土。不同土地利用类型0～40cm土壤理化性状指标详见表7-2。

表 7-2　示范区土壤理化性状指标

土地利用类型	孔隙度/%	有机质/(g/kg)	全氮/(g/kg)	全磷/(g/kg)	有效磷/(mg/kg)
设施大棚	48.98	17.97	1.85	3.83	84.6
坝平地露地	40.82	14.05	1.16	3.28	100
坡耕地	43.98	13.39	0.93	2.25	44.9
林地	46.78	14.53	0.95	0.82	58.2

数据来源：滇池水专项第四课题：滇池流域面源污染调查与系统控制研究及工程示范(2009ZX07102—2004)2010 年中期进展报告。

示范区主要植被包括山林、经济林和河道防护林。山林主要物种有云南松、华山松、旱冬瓜、桉树和蔗茅；经济林主要物种有梨树、桃树、枣树等；河道防护林主要物种为柳树、柏树等。总的森林(绿化)覆盖率约 18%。

示范区局部区域因植被破坏等，已有石漠化迹象，石漠化主要分布在示范区东部山地区的北端。

7.1.2　社会经济概况

1. 行政区划、人口

示范区隶属晋宁县上蒜镇，涉及段七村委会和科地村委会的石头村、洗澡塘的李官营 2 个自然村，共计 946 户 2849 人，其中李官营村 144 户 411 人，段七村 739 户 2178 人，石头村 50 户 165 人。

2. 土地利用状况

示范区总面积 6.07km²，其中 2009 年耕地面积 4.38km²，占土地总面积的 72.16%；林地 1.27km²，占土地总面积的 20.92%；建设用地 0.34km²，占土地总面积的 5.6%；水域 0.08km²，占土地总面积的 1.32%。

3. 基础设施条件

示范区交通、水、电及通信等基础设施条件良好，并建有一定的环保基础设施。至 2009 年末，通车总里程达 50 多公里，其中硬化公路里程达 12km；生活用水已普及自来水，农田灌溉沟渠密度达 3.5km/km²。农村电网已实现一户一表制；有线电视、固定电话和移动电话已实现户户通。生活垃圾基本实现定点投放和清运，村庄污水收集处理能力达到了 70%。

4. 区域经济

以 2009 年为基准，示范区农村经济总收入 7831 万元，农民人均纯收入 2501 元/年，一、二、三产业比例为 66∶3∶31，一产以蔬菜、花卉种植和牛、猪、鸡家庭养殖为主；二产有少量蔬菜冷藏加工；三产由运输和少量饮食服务业构成。

7.1.3 污染防控情况

1. 沿河禁养

按照《昆明地区"一湖两江"流域水环境治理"四全"工作行动计划实施方案》的统一部署，晋宁县自 2008 年启动实施柴河河道两侧各 200m 范围内畜禽禁养工作，至 2009 年底，仅柴河 16.8km 范围内累计禁养畜禽 50203 头（只），涉及农户 120 余户，占应禁养畜禽的 90%，示范区畜禽禁养工作取得较好成效。

2. 河道综合整治

截至 2009 年，累计投入资金 1828.97 万元，恢复生态河堤 16.55km，对沿河两侧 47 个排水口实施堵口截污，实施了河道提升及修复建设工程，拆除违章和临时建筑 6000 多平方米，建设入湖河口湿地 50 亩。此外，晋宁县确定了 2 名保洁员，对河道进行长期的管护和保洁。下一步，将实施柴河水环境综合整治工程，该工程计划投资 2.1 亿元，在河道两侧铺设 DN600～800 截污管道 15.2km，建设氧化塘 $5356m^2$、人工湿地 $8712m^2$、排水沟 9km，河道整治 13.26km；河道两侧设 8m 宽绿化带，绿化总面积 $29.4×10^4m^2$，沿河道单侧设 13.15km 防洪通道。

3. 村庄综合整治

在中央、省、市各级资金的支持下，晋宁县加快了农村综合整治工作的步伐，经对示范区进行的调查，目前示范区内段七村、李官村、石头村均已开展了村庄综合整治的前期工作，已完成道路硬化 1200m，新建垃圾房(池)5 座、新建公厕 3 座、完成"一池三改"120 户，但由于资金等问题未得到完全落实，部分整治工作仍处于停滞状态。

4. 存在的主要水环境问题

第一，持水能力大幅度减弱。近年来，由于坝塘干涸、闲置、侵占，沟渠硬化，河道淤积和蓄水控制闸废弃，地表径流蓄水调节能力减小 20 多万平方米；地下水开采，坡地垦植和林地面减少，导致示范区水源地面积缩小和土壤持水能力下降；由于柴河水库引水工程的实施，以柴河水库和东、西干渠为代表的集中式灌溉系统不再发挥作用，分散式灌溉以抽取地下水为主，水资源严重不足，农业灌溉水有效利用系数不足 0.45。总的来说，示范区持水能力大幅度减弱，"一雨则洪，一晴则旱"的现象突出，使得面源污染物流失量及入湖量增加。

第二，水环境受到不同程度污染。由于畜禽养殖、农田化肥施用、矿山开采和农村污水处理设施建设滞后等原因，使示范区水环境质量受到不同程度的污染。调查结果显示，村庄排水中 TN、TP、COD 最大浓度分别达 37mg/L、7.5mg/L、330mg/L。根据玉溪师范学院对柴河流域农村面源污染调查与主要污染物分析监测的结果，示范区柴河控制断面全年总径流 TN、TP 平均浓度分别约为 4.5mg/L、0.27mg/L，其中 TN 超过《地表水环境质量标准》(GB 3838—2002)Ⅳ类的 2 倍。

第三，面源污染物负荷增长趋势明显。农村与农业面源污染物负荷主要与农村人口密度、畜禽养殖密度、农田化肥施用强度和生产生活用水量密切相关。由于示范区位于滇池流域城市化和经济社会发展速度相对较快的区域，未来较长的一段时期内上述区域中农村人口密度、农田化肥施用强度和生产生活用水量必然增长，目前，示范区已实行禁养，因此畜禽养殖密度进一步降低的可能性不大。综上所述，示范区农村与农业面源污染物负荷增长趋势明显。

7.1.4　示范区方案设计基础准备

1. 流量估算

由于示范区缺少多年连续降雨及水文实测资料，故难于严格按照水文学相关公式进行计算，因此，径流量估算采用了"十一五"水专项滇池项目第四课题(2009ZX07102-004)获得的实测数据；同时也采用了无长期实测数据条件下比较常用的径流系数法和曲线值法进行计算，降水量分别以 50mm/d 和 962mm/a 计，通过三种方法推算出基本符合示范区(含科地片及洗澡塘片)的年径流量和最大日径流量，可为示范工程控制设计提供依据。

1) 实测统计法

经过 2010 年、2011 年实测，从中选择了示范区具代表性的两类降雨量时的入河径流量，详见表 7-3。

表 7-3　示范区代表型日降水量入河径流量实测统计汇总表

监测日期	断面名称	柴河流量/(m³/d)	日降雨量/mm
2010/7/22	洗澡塘支注	12960	
2010/7/22	科地村支流	42768	
2010/7/22	示范工程区出口	57665	50.0
累　计		113393	
2011/7/18	洗澡塘支注	14799	
2011/7/18	科地村支流	32807	30.2
2011/7/18	示范工程区出口	60856	
累　计		108462	
2011/9/16	洗澡塘支注	15949	
2011/9/16	科地村支流	27355	22.0
2011/9/16	示范工程区出口	22357	
累　计		65661	

2) 曲线值法

$$Q = \frac{(P-0.2S)^2}{P+0.8S} \tag{3-1}$$

$$S = 25.4 \times (1000/CN - 10) \tag{3-2}$$

式中，Q——径流量，mm；

　　　　P——降雨量，mm；

　　　　S——入渗量，mm；

　　　　CN——曲线系数。

根据中国农业科学院农业资源与农业区划研究所、云南大学、云南农业大学在示范区实施的小区径流监测，结合本项目抽取的雨季土壤水分等检测结果，同时参考国内外相关研究成果，根据示范区降雨、土壤、植被覆盖等初步估算获得示范区、科地片和洗澡塘片20mm和50mm降雨条件下的平均CN值，CN取值详见表7-4。

表7-4　示范区各片区CN值

土地利用方式	平均CN值	降雨量/mm
洗澡塘片	62.5	
科地片	72	50
示范工程区片	73	
洗澡塘片	53	
科地片	48	20
示范工程区片	50	

经计算，示范区各片在22mm、30mm和50mm日降雨量条件下的径流量见表7-5。

表7-5　各片区20mm和50mm日降雨条件下径流量计算汇总表

	降雨量/mm	S值	径流量/(m³/d)
洗澡塘片		225.25	15949
科地片	22	275.17	27355
示范区片		254.00	22357
累计			65661
洗澡塘片		152.40	13453
科地片	50	98.78	43034
示范区片		93.95	47244
累计			103731

3) 经验法

经验法是根据估算区土地利用、土壤、降雨量及径流量等已有的监测数据进行估算。根据示范区降水、土地利用等，结合相关专题在示范区开展的监测研究成果，选择示范区多年平均年降雨量962mm和日降雨量50mm为两个估算基准雨量，按照"径流量＝径流汇水区面积×降雨量×径流系数"，得到示范区分片年径流量和日径流量，详见表7-6、表7-7。

表 7-6　示范区各片年均径流量估算

月份	径流量/(10^4m^3)			
	洗澡塘片	科地片	示范区片	小计/(10^4m^3)
1 月	0.79	1.32	1.60	3.71
2 月	0.24	0.41	0.49	1.14
3 月	0.08	0.13	0.16	0.37
4 月	0.04	0.07	0.08	0.19
5 月	0.08	0.13	0.16	0.37
6 月	0.25	0.41	0.50	1.16
7 月	0.94	1.56	1.90	4.4
8 月	3.81	6.36	7.72	17.89
9 月	8.61	14.35	17.42	40.38
10 月	13.29	22.14	26.88	62.31
11 月	10.42	17.37	21.09	48.88
12 月	3.35	5.58	6.78	15.71
全年合计	41.9	69.83	84.78	196.51

表 7-7　示范区各片在 50mm 日降雨量条件下径流量估算

	径流系数	日降雨量/mm	日径流量/(10^4m^3)
洗澡塘片	0.15~0.22		2.25~3.3
科地片	0.15~0.22	50	3.75~5.5
示范区片	0.15~0.22		4.55~6.68
累计			10.55~15.48

综合前述三种方法的计算，考虑到示范区近 3 年的连旱，同时又无长期实测数据，因此，示范区年径流量估算取平水年综合径流系数 0.15~0.22，则径流量平均为 196.51×10^4m^3/a。以 50mm/d 降水量计，则整个观测区河径流量确定为 10.7×10^4~15.5×10^4m^3/d，其中示范区片 4.6×10^4~6.7×10^4m^3/d，科地片 3.8×10^4~5.5×10^4m^3/d，洗澡塘片 2.3×10^4~3.5×10^4m^3/d，基本能够符合示范区实际径流产生的情况。

2. 污染源及负荷调查

为摸清示范区的面源污染源，昆明市环境科学研究院在示范区组织开展了系统的农村面源污染调查，研究组通过问卷调查、收集区域社会经济报表及实地踏勘、土壤取样分析等方式对示范区进行了全面调查。共发放调查问卷 100 份，采集土壤混合样品 20 个，检测土壤及其浸泡液指标共 74 个。对示范区生活源、养殖源、种植源、地质灾害与矿山开采源进行了详细的调查，调查核算结果显示，2009 年示范区 TN、TP 和 COD 储存量分别为 1969.06t、2612.61t 和 537.19t（详见表 7-8）。示范区面源污染物产生量调查为排放负荷的测算和农村面源污染削减工程的布局提供了依据。

表 7-8　面源污染源调查统计一览表

指标	类型	污染源	备注
氮/(t/a)	生活源	11.24	土壤固存量为主
	养殖源	34.71	
	农田源	1923.11	
	合计	1969.06	
磷/(t/a)	生活源	1.86	同前
	养殖源	6.86	
	农田源	2603.89	
	合计	2612.61	
COD/(t/a)	生活源	155.98	同前
	养殖源	381.21	
	农田源	0.00	
	合计	537.19	

3. 污染负荷核算及分配

在对示范区面源污染调查的基础上,结合玉溪师范学院对柴河流域农村面源污染调查与主要污染物分析监测的结果,采用网格分析和源强流程系数校正法,完成了示范区面源径流和污染负荷估算与分配工作,以及面源径流和污染负荷分布图绘制,为滇池流域农村面源污染负荷削减工程示范区综合设计提供了相对准确和必要的工艺和工程规模设计参数。农田土壤及施用的肥料是示范区主要的面源污染源。估算结果见表 7-9、表 7-10。

表 7-9　各分区单位面积污染物排放和入河强度

分区	指标	排放强度	入河强度
农田区	径流量/[10^4m³/(hm²·a)]	0.32	0.13
	氮/[kg/(hm²·a)]	44.0	7.3
	磷/[kg/(hm²·a)]	7.7	0.6
	COD/[kg/(hm²·a)]	330.7	80.5
林地区	径流量/[10^4m³/(hm²·a)]	0.34	0.11
	氮/[kg/(hm²·a)]	9.9	2.0
	磷/[kg/(hm²·a)]	0.2	0.0
	COD/[kg/(hm²·a)]	120.0	30.0
村庄区	径流量/[10^4m³/(hm²·a)]	0.47	0.23
	氮/[kg/(hm²·a)]	113.4	14.3
	磷/[kg/(hm²·a)]	20.3	2.1
	COD/[kg/(hm²·a)]	3618.7	824.9

表 7-10　示范区面源径流及污染负荷估算结果

序号		面积/km²	年径流量/(10⁴m³/a)	污染负荷/(t/a)		
				TN	TP	COD
1	山地区	2.73	48.8	2.54	0.04	7.71
2	农田区	3.0	66.7	13.54	2.36	24.81
3	村庄区	0.34	13.1	3.86	0.69	123.04
4	洗澡塘片	3.0	61.0	——	——	——
5	科地片	5.0	101.7	——	——	——
6	合　计	14.07	291.2	19.94	3.09	155.56

注：多年平均降水量以 962mm 计，污染负荷合计不包括洗澡塘片和科地片。

7.2　山地汇水区面源污染控制技术整装与技术体系构建 及工程应用设计：以段七片区为例

针对滇池流域山地不同类型汇水区面源污染负荷的特点，开展山地富磷区、坡台地、坝平地及农村沟渠水网系统面源污染削减集成技术整装，并进行技术应用的工程示范。

7.2.1　技术研发与工程示范的条件分析

1. 富磷区磷素存赋、植被类型特征调查分析及磷素输移定位观测

(1) 以滇池流域南部的富磷区为重点，以其他区域为参照区，对土壤进行网格化取样并化验分析，选择典型样地进行样地调查研究，对富磷区的范围、分布、磷的存赋特征进行综合诊断。

(2) 对研究区域当前的植被进行调查，主要调查内容有：植被类型、植物群落结构、主要优势物种、植物种类、地形、地貌等。

(3) 在富磷区典型地段，设立监测断面，监测降雨和径流状况，分析降雨量-径流强度-水土流失程度-磷素流失量及与植被和地形之间的关系。

调查方法分为资料收集、实地调查、采样分析等方式。依据各调查结果，初步选定研究区域，并初步划分出研究区内富磷区大致的空间范围。土壤调查布点密度必须在 50m×50m 内，并采集土壤剖面。径流观测指标为：降雨强度、降雨历时、径流产生量、径流中污染物的含量(通量)。主要污染物指标为：COD_{Cr}、TN、TP、正磷酸盐和 SS。

2. 滇池流域过渡区半集约化农业种植集水区面源污染输出特征调查

(1) 以滇池南部柴河流域为重点，对半集约化农田(坡台地、坝平地)土壤进行网格化取样并化验分析，对该区域农田氮、磷的存赋特征进行综合分析。

(2) 对研究区域农田当前的种植制度进行调查，主要调查内容有：种植模式、施肥方

式、数量及种类、主要农作物病虫害、施药方式、数量及种类。

(3)调查坡台地及坝平地面源污染负荷输出的主要方式，调查方法分为资料收集、实地调查、采样分析等。依据各调查结果，选定研究区域。土壤调查布点密度必须在200m×200m 内，并采集土壤剖面样品。

3. 滇池流域农村沟渠-水网系统面源污染输出特征调查

以滇池南部柴河流域为重点，利用实地勘测及资料整理的方式对农村沟渠-水网系统的分布、类型、联结特征及纳污作用进行调查分析。

7.2.2　基于汇水区污染整体削减的技术研发与示范工程的总体设计

在汇水区生态控制单元的尺度上，根据示范区面源污染产生输移特征，多层次、立体化削减过渡区面源污染负荷的向外输移。具体技术思路如下：

(1)强化源头控制：开展植物锁磷、减量施肥、提高复种指数等技术研究，实现面源污染负荷原位控制和源强削减。

(2)削减侵蚀动力：开展抑流植物群落构建、抑流农田复合种植结构和种植方式等技术研究，提高土壤抗蚀性能，降低山地及农田产流及可蚀性。

(3)提高径流收集：利用渠-窖联结技术系统对山地及农田径流进行收集和再利用，降低面源污染负荷向系统外的输移；同时利用沟渠汇集径流的性能，加强沟渠系统抑沙技术研究。

7.2.3　主要技术研发与示范工程方案设计研究

1. 山地及富磷区面源污染削减技术研发与方案设计

山地富磷区控蚀综合技术工艺流程图如图 7-2 所示。其中，重点包括以下两方面的内容。

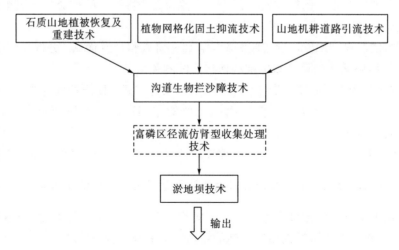

图 7-2　山地富磷区控蚀综合技术工艺流程图

1）基于水源涵养和面源控制的山地植被构建与优化

根据目前面山地区的土地利用类型把面山水源涵养区分为三种类型：石漠化山地区、面山次生林区和面山垦殖区。针对上述分区的各种特点，在石漠化地、难造林地等区域主要通过人工辅助方式恢复山地群落，降低该分区的土壤侵蚀强度，进而达到最基本的水土保持要求；在次生林区域主要通过研究山地生态系统的氮、磷和水循环特征，开发基于植被系统水量分配规律和配合条件发展有效涵养水源、控制面源的植被保育技术；在面山垦殖区，结合现有垦殖方式及现状，通过营造农林复合生态系统技术，增强面山农地的覆盖和抗侵蚀能力，从而削减面山径流所造成的污染负荷输出。

2）坡地径流控制与清水输送技术

滇池流域往往暴雨历时短、强度大、高峰过程持续时间短，通过对小汇水区的水文分析，在水源形成区通过人工引流和导流，构建新的集水格局，通过蓄积过滤技术，建设以植物抑沙带、谷坊、前置库为主要手段的集水拦截系统，形成水流的滞留和迂回，提高水资源的利用水平和污染去除能力。

2. 坡台地面源污染削减技术方案设计

坡台地区控蚀综合技术工艺流程图如图7-3所示。根据滇池流域过渡区坡台地的特点，在"坡改梯"技术应用的基础上，通过改进农田种植制度和径流收集及资源化利用，达到削减坡台地面源污染负荷输出的目的。具体技术试验方案如下。

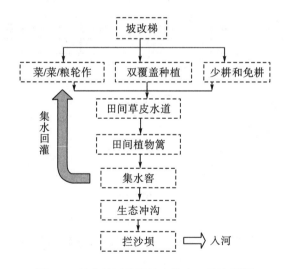

图 7-3　坡台地区控蚀综合技术工艺流程图

1）"固土控蚀"农作技术试验设计

(1)窄膜-垄上种植—窄膜-膜侧种植—宽膜-垄上种植；

(2)青花-西葫芦-冬小麦—青花-西葫芦-休闲；

(3)地膜+秸秆覆盖—地膜覆盖。

连续监测降水变化，每月对 36 个小区 0～100cm 土壤剖面水分含量变化监测 2 次，每年 5 月及 11 月采集各小区 0～5cm、5～10cm、10～15cm 及 15～20cm 土壤样品进行理化性质分析，每年 5 月采集 0～20cm、20～40cm、40～60cm、60～80cm 及 80～100cm 土样进行养分含量分析。在雨季监测各小区每场径流的径流量，并采集水样进行分析。

2）抑流植物缓冲带的构建技术试验

（1）连片梯田坡面抑流草带构建技术；

（2）冲沟两侧坡面抑流灌草带构建技术；

（3）机耕道路抑流植物缓冲带构建技术。

在雨季监测各小区每场径流的径流量，并采集水样进行分析。

3）集水截污系统构建技术试验

（1）坡台地农田田间集水技术；

（2）坡台地机耕道路集水技术。

在雨季监测各试验区每场径流的收集情况以及每月监测 2 次农用灌溉水量，并采集水样进行分析。

3. 坝平地面源污染削减技术方案设计

坝平地区控蚀综合技术工艺流程图如图 7-4 所示。按雨旱两季分别提供最佳种植模式典型设计，每季典型设计不少于四种种植模式，每种模式较现行种植模式削减污染物（TN、TP、COD）输出量 20%～30%，但不降低产值。

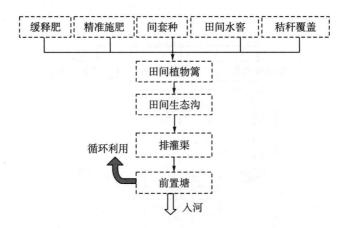

图 7-4　坝平地区控蚀综合技术工艺流程图

分析近年来滇池流域坝平地农业种植集水区主要种类，按露天种植比例排序，选择 3～4 种粮食作物，3～4 种蔬菜。确定每种主要粮食作物和蔬菜的最佳种植模式，以及相应的施肥技术、灌溉技术、施药技术，确定每种作物种植的污染物输出水平和产出（产值为主）水平。结合当年的市场行情，以示范区为例，以单位面积污染物输出与产值比最低为目标，模拟分析示范区各种粮食作物、蔬菜的最佳种植面积比例，并与当年实际种植情况和污染物输出水平（模型测算）进行比较。

以试验地、示范区实测数据为依据，确定有效削减坝平地面源污染负荷输出的农业种植模式和农田种植技术。产值以产量和市场价为依据。示范区模拟最佳种植比例的衡量依据为：产值与污染物输出量的比值最大。

4. 农村沟渠-水网系统面源污染削减技术方案设计

在示范区沟渠调查的基础上，针对示范区沟渠特点及污染特征，将面源污染控制技术分为两个部分。

1）山地区生态拦截型沟渠系统构建技术

山地沟渠-水网系统控蚀综合技术工艺流程图如图 7-5 所示。山地富磷区及坡台地面源污染以水土流失为主，在沟渠中设计采用生态减污技术和水土拦截技术的集成。选择适合沟渠系统特征的污染物消减技术，在沟渠中设置石谷坊、沉砂池、拦砂坝，利用沟渠、沉砂池、拦砂坝自身空间的滞留作用，同时充分利用现有的自然资源条件，对现有排水沟渠系统进行一定的工程改造、生态修复，通过沟渠内植物篱、边坡的生态缓冲带，使其在具有原有的排水功能基础上，对泥沙进行物理拦截，减少水土流失量。同时结合水窖建设，通过沟渠将削减后面源径流导流至农田水窖，达到水资源再利用目的。

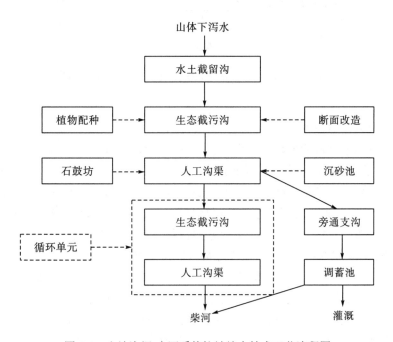

图 7-5　山地沟渠-水网系统控蚀综合技术工艺流程图

2）坝平地区沟渠系统资源循环及污染削减技术

坝平地地沟渠-水网系统控蚀综合技术工艺流程图如图 7-6 所示。坝平地区田间现状干渠、沟渠作为农业灌溉渠、排水的通道，在满足农业用水的同时，直接将大量夹杂化肥农药的农田回归水排放进入地表河流。通过利用地形、地势，对现有的干渠、沟渠进行适当的二次造坡、连通、截断等改造，优化现有沟渠系统结构，通过合理导流农田回归水，使其中的水肥资源在田间得到循环利用，最后进入复合氧化塘通过生态处理，既削减了污染物，又储存了水资源。优化沟渠结构和布局，利用雨水集流技术、劣质水利用技术、灌溉回归水利用技术、井渠结合互补技术、储水灌溉技术，达到节水减污的目的。

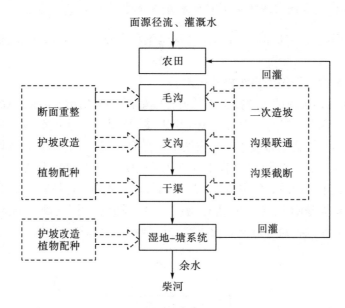

图 7-6　坝平地地沟渠-水网系统控蚀综合技术工艺流程图

3) 干渠、河道整治技术

在充分考虑河道排水的要求后，对干渠、河道进行技术改造，内容包括：

(1) 河道清淤：干渠、河道内垃圾的打捞，紫茎泽兰等外来物种的清除，清除河流水体中的污染底泥，保证河道正常的行洪，改善河流水域水质，为水生生态系统恢复创造条件。

(2) 河道内适宜位置设置多级落差：河床比降较大的沟渠位置可人工设置多级落差，一方面通过跌水增强水体复氧能力，另一方面也利于水流的多样化，保持生物多样性。最大设计落差不得超过 1.0m，以易于鱼类迁徙，保持生物的多样性。

(3) 河道、干渠生态综合整治技术：采用原泥土的坡状或阶梯型自然生态驳岸，通过水生植物的种植以稳固堤岸，充分保证河岸与河流水体之间的水分交换和调节。同时，采用自然生态驳岸形式，在堤外外延一定区域内构建生态缓冲带，即在一定区域内建设乔灌草相结合的立体植物带，对面源污染起到一定的缓冲作用，也形成一定的景观效果。同时在很大程度上弱化和模糊了堤岸界限，把滨水区植被与堤内植被连成一体，使河堤内外成为一整体空间，形成一个水陆复合型、多生物共生的生态系统。

7.2.4　山地及农田小流域面源污染控制技术综合应用及工程示范

滇池流域过渡区面源污染大部分是通过水土流失而产生的，面山植被破环和不合理的农田耕种方式是导致过渡区水土流失的主要原因。针对微污染小流域面源污染源、流、汇过程中产生的不同问题，主要采用以增强土壤降雨入渗为主的山地及农田"缓产流"技术加强源头控制，以提高土壤抗蚀抗冲性为主的"固土壤"技术实现过程减量，以收集径流、拦截土壤流失为主的"拦蓄集"技术进行末端拦蓄，从而实现微污染小流域的清水输送。

1. 技术整装及相关技术参数

根据滇池流域过渡区山地和坝区镶嵌分布的二元景观特征，首先利用"富磷山区锁磷控蚀系统技术"降低林地、裸地及富磷区域的水土流失，延缓径流的产生，消解径流冲刷动力；再利用"农田固土控蚀及多样化种植模式集成技术"降低坡台地和坝区农田径流的产生和冲刷，优化该区域农田管理措施以降低肥料和农药的施用量，从而降低农田存量污染负荷的输出；最后利用"径流拦蓄及沟渠污染负荷生态化再削减技术"阻截泥沙、集蓄径流以及加强沟渠内径流中污染负荷的消纳。最终，实现微污染小流域面源污染负荷全过程削减的目的。

1) 滇池流域富磷山区锁磷控蚀系统技术

在滇池流域内，富磷区主要集中在面山区及部分山地台地。为此本技术方案的思路是：多层次、立体化防范富磷山区磷的向外输移，削减面源污染。在面山区，主要通过构建高效抑流的植物群落及通过筛选固磷锁磷的微生物优化生物群落，削减水土流失的侵蚀动力及降低源头污染强度，并通过富磷区坡面径流收集再削减技术，降低磷向系外的输移。

2) 农田"固土控蚀"及多样化种植模式集成技术

针对当前滇池流域过渡区露地蔬菜种植模式和农田管理技术中存在的导致面源污染负荷输出的问题，优化耕作方式、种植方式、间套作模式、轮作次序和农田药肥管理，形成适合该区域的有效削减农田面源污染负荷输出、保持稳产高产的"固土控蚀"及多样化种植模式集成技术。坝平地多样化种植模式集成技术示范工程分布如图7-7所示。

3) 沟渠-水网系统生态减污-水资源循环利用技术

针对山地及农田径流、农田回归水，结合田间沟渠断面的改造，利用沟渠生态系统修复削减农田面源污染。通过利用沟渠坡度再造和沟渠交联等手段，优化沟渠水网系统，合理、高效引导来水进入农田灌溉系统，提高水资源的利用效率。该技术主要包括集水补灌技术、沟渠水土拦截技术、植物篱带构建技术。

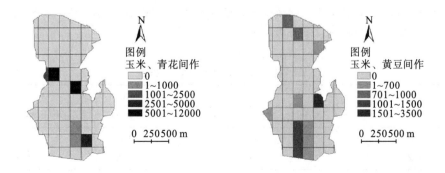

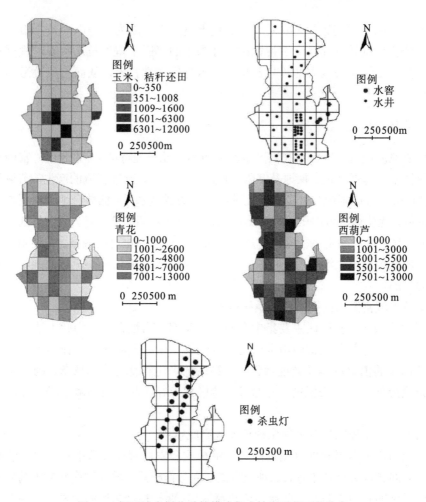

图 7-7　坝平地多样化种植模式集成技术示范工程分布

2. 技术效果

通过这些关键技术的实施,山地及坡台地示范区面源污染负荷输出强度得到有效的控制。与未进行技术验证区域的沟渠内径流污染物负荷比较(2010 年),山地富磷区及坡台地径流中 COD_{Cr} 和总悬浮颗粒物削减幅度达到50%以上,对氮素输出的削减能力达到40%以上,同时小流域内坡台地农田产流量削减 20%以上。整个过渡区微污染汇水区示范工程(面积 5km^2)可以分别削减地表径流中氮、磷和 COD_{Cr} 污染负荷输出 520～760kg/a、70～110kg/a 和 4200～5400kg/a。部分数据如表 7-11 所示。

表 7-11　成套技术应用效果比较

监测点位	污染负荷/(mg/L)		
	化学需氧量	总氮	悬浮物
技术区	34	3.48	388
对照区	370	7.13	3920

7.3 以农田集水区为控制单元的面源污染控制方案设计：以柳坝片区为例

7.3.1 工程平面设计

项目区总占地面积约 808hm²，根据项目区现场状况，本方案将项目区划分为三个区域，其中 I 区位于项目区中部区域，主要为坡耕地大棚种植区，占地面积约 79.6hm²，主要涉及的工程内容为坡耕地大棚种植区径流污染拦蓄与再处理工程，主要修建台地单元系统；II 区位于 I 区北部，位于整个项目区北部，也是坡耕地大棚种植区，占地面积约 155hm²，主要涉及的工程内容为坡耕地传统种植区径流污染拦蓄与再处理工程，具体为修建水窖；III 区围绕 I、II 区，位于项目区东南部及西部，主要是比较平缓的大棚种植区域，占地面积约 573.4hm²，主要涉及的工程内容为大棚种植区农田沟渠系统径流拦蓄与污染控制工程(沟渠系统、集水生态潭)、少废农田清洁生产示范工程。项目区平面布置图详见图 7-8。

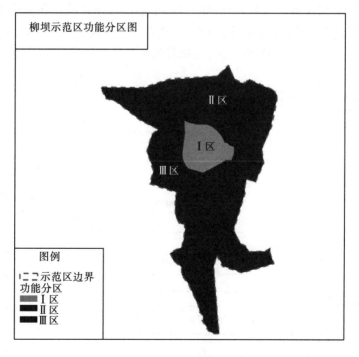

图 7-8 项目区平面布置图

7.3.2　产流区污染控制工程的技术组装

产流区污染控制工程主要采用少废农田清洁生产技术,涉及区域为项目区Ⅲ区,包括农田减药控污技术、大棚土壤防侧渗技术、农田废弃物低成本综合处置技术、露地农田控水控肥技术、水肥一体化技术、生物炭基肥料施用技术六部分内容,各工程内容设计如下。

7.3.2.1　农田减药控污技术

1. 实施区域

农田减药控污关键技术实施地点位于昆明市晋宁县上蒜镇柳坝村及段七村,共4000亩。

2. 实施方案

1)生物防治

(1)田间释放半闭弯尾姬蜂,控制小菜蛾种群数量。

室内繁殖半闭弯尾姬蜂,释放半闭弯尾姬蜂控制小菜蛾种群数量,减少农药的使用,改善农田的生态环境。室内批量繁殖半闭弯尾姬蜂分三个环节,分别为培育寄主植物甘蓝、培育小菜蛾、培育半闭弯尾姬蜂。

小菜蛾在田间盛发始期,单株平均有小菜蛾幼虫 1.5～2 头,在示范区释放半闭弯尾姬蜂蛹,每亩设置 1 个释放点,每个点释放半闭弯尾姬蜂蛹 100 头;释放的时间应选择晴天上午 9 点～11 点或傍晚。繁殖半闭弯尾姬蜂的工艺流程见图 7-9,工艺参数见表 7-12。

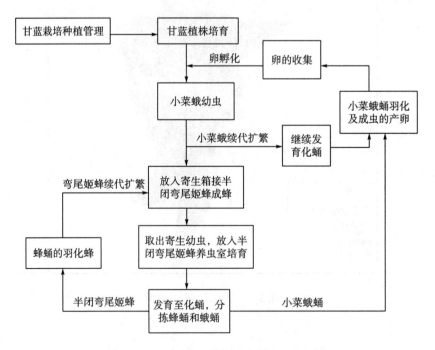

图 7-9　室内扩繁半闭弯尾姬蜂的工艺流程

表 7-12　繁殖半闭弯尾姬蜂工艺参数

序号	名称	规格	数量	用途
1	繁蜂箱	长、宽、高分别为 120cm、60cm、180cm，中间分隔 3 层	25 个	半闭弯尾姬蜂寄生小菜蛾的箱子
2	养虫架	长、宽、高分别为 160cm、125cm、60cm，中间分隔 3 层	100 个	饲养小菜蛾幼虫和半闭弯尾姬蜂幼虫
3	产卵箱	长、宽、高分别为 25cm、30cm、25cm	25 个	小菜蛾产卵箱子
4	育苗盘	长、宽、高分别为 31.5cm、21.0cm、7.5cm	100 个	育甘蓝苗的盘
5	塑料盆	口直径为 15.5cm，高 4.0cm	2500 个	移栽甘蓝的盆
6	试管	外径、管长分别为 12mm、100mm	150 个	收集昆虫
7	放蜂盒	—	1000 个	释放天敌盒
8	吸虫器	—	30 个	吸取成虫
9	镊子	—	50 把	拣幼虫
10	甘蓝种子	京丰 1 号	3kg	育甘蓝苗
11	蜂蜜	—	15 瓶	补充蜂营养

(2)性引诱剂和昆虫诱捕器布局设置。

利用专用蔬菜花卉害虫性引诱剂和昆虫诱捕器诱杀害虫，可以降低害虫繁殖蔓延的速度，有效控制害虫发生，同时减少农药的使用量和使用次数。在示范区设置诱捕器诱杀甜菜夜蛾、斜纹夜蛾、小菜蛾，诱捕器在田间按棋盘式分布，如图 7-10 所示，参数见表 7-13。图 7-10 中"×"代表诱捕器。甜菜夜蛾、斜纹夜蛾诱捕器每亩安放 1 个，小菜蛾诱捕器每亩安放 3 个。诱捕器距离地面 80~100cm，诱芯每个月更换 1 次。

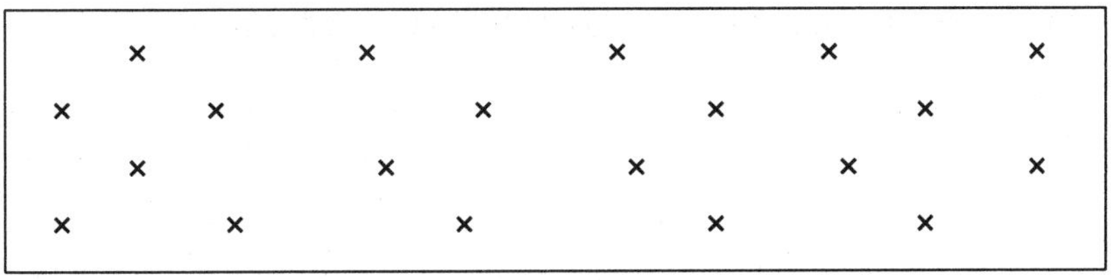

图 7-10　诱捕器田间布局示意图

表 7-13　诱捕器使用参数

序号	名称	每亩参数	用途
1	小菜蛾诱捕器、诱芯、粘虫板	3 个	诱集小菜蛾
2	甜菜夜蛾诱捕器、诱芯	1 个	诱集甜菜夜蛾
3	斜纹夜蛾诱捕器、诱芯	1 个	诱集斜纹夜蛾
4	木棍	每个诱捕器配套 1~2 根木棍	支撑诱捕器

2）物理防治

（1）杀虫灯布局设置。

利用害虫的趋光性诱杀蔬菜和花卉的害虫，可减少蔬菜花卉上农药的使用量和使用次数，从而减少柴河流域污染负荷。在示范区设置杀虫灯，每盏杀虫灯控制面积 50～60 亩；杀虫灯在田间布局按直线形分布，见图 7-11，参数见表 7-14。图 7-11 中 🔆 代表杀虫灯，杀虫灯设置高度为灯底边距离地面 1.2～1.7m。

图 7-11　杀虫灯田间布局示意图

表 7-14　杀虫灯使用参数

序号	名称	参数	用途
1	电杆、电线	—	通电
2	诱虫灯	1 个/50 亩	诱杀趋光性害虫
3	袋子	10 天更换 1 次袋子	收集昆虫

（2）粘虫板田间设置。

利用害虫对颜色的正趋性，采用黄色或蓝色粘板可以控制害虫的虫口密度，减少农药的使用量和使用次数。黄色粘板主要诱杀斑潜蝇、白粉虱、叶蝉成虫及有翅蚜；蓝色粘板诱杀蓟马、白粉虱、斑潜蝇成虫。粘板在田间按棋盘式分布，如图 7-12 所示，使用参数见表 7-15，每亩设置 20～40 块粘板，粘板的高度略高于作物的生长点。

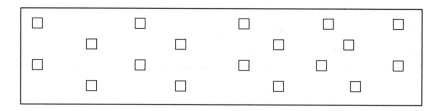

图 7-12　粘虫色板田间布局图

表 7-15　粘虫色板的使用参数

序号	名称	数量	用途
1	黄色粘虫板	每亩 20 块	诱杀趋黄性的害虫
2	蓝色粘虫板	每亩 20 块	诱杀趋蓝性的害虫
3	木棍	1 块粘板配套 1 根木棍	支撑粘板

3) 农业防治

农业防治是综合防治的基础，选择抗病的品种，深翻耕作层，对作物进行科学合理的间套轮作，加强田间的管理，保持田园的清洁卫生，通过农事操作创造有利于作物生长、不利于病虫害发生的环境，这样可以减少作物病虫害的发生次数，增强农田的生态调控能力。农业防治主要技术培训和科普宣传方式，由农户操作实施。

4) 化学防治

在蔬菜、花卉病虫害监测基础上，以预防为主，综合防治的方针，在病虫害防治适宜期辅助其他防治措施。通过技术培训和科普宣传，提高农民科学合理地使用农药的能力，选择一些高效低毒的生物制剂农药或化学农药使用。

7.3.2.2　大棚土壤防侧渗技术

(1) 实施规模：30 个大棚，每个大棚 1 亩；

(2) 实施内容：在大棚土壤边缘内侧铺设农用塑料布，高度 40cm；

(3) 施工方案：

土壤条件：清除土层表面杂物、油污、砂子，凸出表面的石子、砂浆疙瘩等应清理干净，清扫工作必须在施工中随时进行。

工艺流程：基面处理→挖开土层→铺设塑料布→覆土→组织验收。

注意事项：注意农用塑料布保护工作，以防止后道工序对布膜的破坏，从而影响整体防水层的防水性能；应加强对有关施工人员的教育工作，使其自觉形成成品保护意识；同时采取相应措施，切实保证防水层的防水性能。

7.3.2.3　农田废弃物低成本综合处置技术

1. 装置及部件尺寸

1 型堆肥桶：堆肥筒体 ϕ1500mm×1200mm，穹顶高 300mm，进料口 600mm×500mm，出料口 500mm×400mm（2 个，对称布置），竖向通气管 ϕ100mm（隔 4cm 打一个 8mm 的孔）。共计 15 套。

2 型堆肥桶：堆肥筒体 ϕ1400mm×1200mm，穹顶高 300mm，进料口 600mm×500mm，出料口 500mm×300mm（2 个，对称布置），出液管 DN25mm，净容积 1.23m^3，侧面上半部 2/3 处打一圈孔（隔 15cm 打一个 5mm 的孔）。共计 250 套。

1 型、2 型处理蔬菜废物堆肥装置设计图分别如图 7-13 和图 7-14 所示。

2. 堆肥装置运行方案

1) 装置适用范围

1 型堆肥桶适用于多汁类蔬菜废弃物。含水率 50%～90%（55%～65% 为佳），碳氮比 (15～40)∶1（(20～30)∶1 为佳），pH 5.5～8.5。

2 型堆肥桶适用于高纤维与多汁类蔬菜混合秸秆。

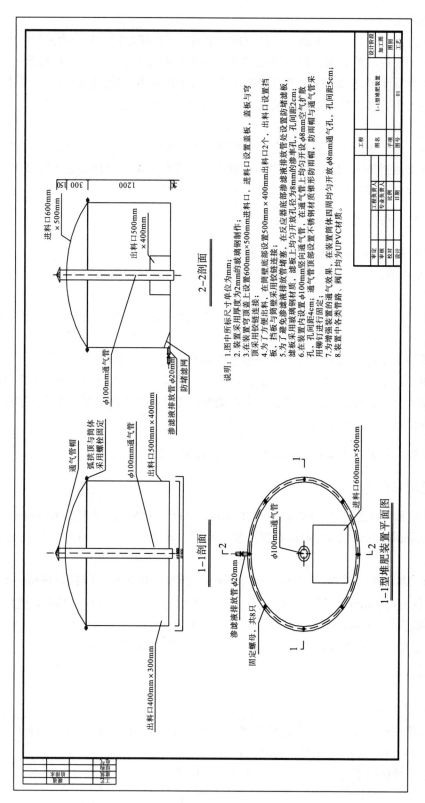

图7-13 1型处理蔬菜废物堆肥装置设计图

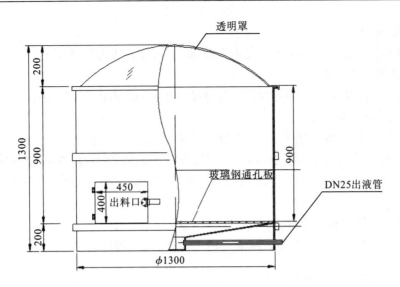

图 7-14　2 型处理蔬菜废物堆肥装置设计图(单位：mm)

注：侧面上半部 2/3 处打一圈孔(隔 15cm 打一个 5mm 的孔)

2)装置运行方案

单个装置占地约 $2.25m^2$($1.5m×1.5m$)，装置安装于柳坝片区示范点对应农户大棚附近的平整空地(地面上铺设数块砖块，适当抬高装置底部与地面的距离)，亦可放置在附近的混凝土排水渠上方。

多汁类蔬菜废弃物适当晾晒，与高纤维秸秆混合后(秸秆切碎至 2cm 为佳)，从顶部的进料口投入堆肥装置，并投加适量腐熟堆肥作为菌种(投加量约占物料总量 20%，若秸秆比例较高，可喷洒适量 EM 菌)，充分混匀，经 7～40 天发酵(多汁废弃物腐熟周期为 7～10 天，高纤维秸秆腐熟周期为 30～40 天)，物料腐解为稳定的有机肥料，从装置底部的出料口出料，施用于农田或用于土壤改良剂。

3. 设计规模

装置安放区域为柳坝片区。1 型堆肥装置 15 套；2 型堆肥装置 250 套。

7.3.2.4　露地农田控水控肥技术

1. 滴灌技术

1)灌溉系统组成及铺设方式

(1)首部枢纽设计。

首部枢纽设计包括过滤器及水泵的型号选择。滴灌系统水源为井水，有一定的含沙量，所以选用旋流水砂分离器加筛网组合过滤器。根据设计扬程及设计流量选择电泵：出水管用 DN55mm，选 175QJ20-54/5 型井用潜水泵，每台泵的流量 $20m^3/h$，扬程 54m，配套功率 5.5kW。

(2) 滴灌管的选择。

灌水器间距为 0.3m，灌水器流量为 2.1L/h，设计工作压力 0.05mPa。

(3) 毛管的布置方式。

毛管选用 φ16PE 贴片式滴灌管带，管壁厚为 0.4mm，内径为 15.2mm。

(4) 系统管网布置。

灌区管网布置均按三级管道(即主管、支管(辅管)、毛管)布置。主管、支管均为 φ90PVC，辅管采用 φ63PVC，置于地面。滴灌管带按垄铺设，间距约 85cm，滴头间距 30cm。主要管道铺设应尽量放松扯平，自然畅通，不应拉得过紧，不应扭曲。将垄顶刮平后铺设滴灌管。

2) 合理确定作物的灌溉制度

根据水量平衡与历年经验值，滴灌周期一般为 3 天，每次滴灌时间为 1~1.5h。

2. 露地农田作物宽膜栽培技术

1) 适宜的推广区域

在雨养旱地和坡台地推广应用宽畦全膜覆盖栽培技术。

2) 种植规格

采用宽畦整地模式，以 180~200cm 为一畦，畦面平整覆膜，畦高 10cm；垄沟底间距 30~40cm。畦面种植 3~4 行蔬菜作物。

3) 选用地膜

要求覆盖膜幅度 200~220cm，厚度 0.005~0.008mm，抗拉性强，不易破损。

4) 田间管理

膜侧用土压实，不露边，严防人畜踩踏和大风揭膜。

5) 种植模式

在主要作物的生长季节，宽畦全膜覆盖蔬菜栽培适用于菜-菜轮作、间作等种植模式。如青花-西葫芦轮作等模式。

据当地实际情况，露地农田控水控肥技术成本估算为 10~20 元/亩，使用年限 2~3 年。示范规模为示范区Ⅲ区露地蔬菜地 5000 亩。

7.3.2.5 水肥一体化技术

1. 实施区域

在柳坝片区段七村的大棚耕地、平坝耕地中使用。

2. 实施方案

应用水肥一体化技术，施用滴灌、微喷设备进行灌溉施肥；施用高含量的水溶性配方肥，根据作物生长需求、土壤肥力进行全生育期的水分和养分需求设计，实现水分和养分定量、定时、按比例直接提供给作物。灌水(压力灌溉系统)及施肥(水溶性肥料)均匀系数达到 0.8 以上。

1) 滴灌工程必须严格按设计施工

施工前应检查灌区地形、水源、作物和植物及首部枢纽位置等；检查现场，制定必要的安全措施，严防发生事故；严格按照工期要求制定计划，确保工程质量，并按期完成。施工中应随时检查质量，发现不符合要求的应坚决返工，不留隐患；注意防洪、排水、保护农田和林草植被，做好弃土处理；做好施工记录，隐蔽工程必须填写"隐蔽工程记录"表，出现工程事故应查明原因，及时处理，并记录处理措施，验收合格后才能进入下道工序施工；工程施工完毕应及时绘制竣工图，编写竣工报告。

2) 设备部分

(1) 首部系统。

a.井水：采用 2 寸 3 组叠片自动反冲洗过滤器，过流量 45m^3/h。

b.河水、水池水、水库水：采用 3 寸砂石过滤器加 2 寸 3 组叠片自动反冲洗过滤器。

c.压力表、逆止阀。

(2) 田间供水管道。

田间供水主管路采用 PVC110mm，6～10kg 压力。

(3) 田间首部。

a.温室栽培：采用 1.5 寸叠片过滤器、文丘里施肥器。

b.果园：采用 1.5 寸、2 寸叠片过滤器、动力注肥泵。

(4) 田间滴灌系统。

a.温室栽培：采用以色列进口非压力补偿式滴灌管，直径 16mm、壁厚≥0.38mm、滴头间距 30cm、滴头流量 1.4～1.7L/h。滴灌材料使用寿命 6～8 年。

b.果树：采用以色列进口压力补偿式滴灌管，直径 16mm、壁厚≥0.38mm、滴头间距 40cm、滴头流量 1.4～1.7L/h。滴灌材料使用寿命 6～8 年。

3) 管道冲洗和系统试运行

(1) 一般规定。

在管槽回填之前，应对管道进行冲洗和系统试运行。冲洗和试运行完成后应编写冲洗和试运行总结报告。试运行使用的压力表精度应不低于 2.5 级。冲洗和试运行之前应做好下列准备工作：

a.仪器、设备配套完好，操作灵活。

b.检查微灌工程，使设计状况和首部枢纽处于完好状态，阀门开关灵活，进排气装置通畅。

c.检查管道铺设状况，接头和阀门等处应显露，并应能观察和测量漏水情况。

(2) 管道冲洗。

管道冲洗应由上至下逐级进行，支管和毛管应按轮灌组冲洗。管道冲洗的步骤与要求是：

a.应先打开枢纽总控制阀和待冲洗管道的阀门，关闭其他阀门，然后起动水泵，对干管进行冲洗，直到干管末端出水清洁为止。

b.应先打开一个轮灌组的各支管进口和末端阀门，关闭干管末端阀门，进行支管冲洗，直到支管末端出水清洁，再打开毛管末端，关闭支管末端阀门冲洗毛管，直到毛管末端出水清洁为止，然后再进行下一个轮灌组的冲洗。

c.冲洗过程中应随时检查管道情况，并做好冲洗记录。

（3）系统试运行。

微灌系统试运行应按设计要求分轮灌组进行。试运行的水温和环境温度应为 5～30℃。试运行过程中应随时观察管道的管壁、管件、阀门等处，如发现渗水、漏水、破裂、脱落现象，应做好记录并及时处理，处理后再进行试运行，直到合格为止。在有条件的地方，在试运行前进行水压试验，试压的水压力不应小于管道设计压力的 1.25 倍，并保持稳定 10min。其他要求同试运行。

（4）其他要求。

a.设施番茄滴灌根据棚的长度铺设主管道，从主管道引支管道，保证每株番茄能够滴灌到位。

b.能够提供一整套的农艺支持，主要包括作物的水肥一体化技术方案、蔬菜灌溉施肥制度的制定、水肥一体化技术农艺支持。

4）工程验收

（1）一般规定。

微灌工程验收前应提交下列文件：全套设计文件、管道冲洗和系统试运行报告、工程决算报告、竣工图纸和竣工报告、运行管理办法。微灌工程的隐蔽部分必须在施工期间进行检查验收，并应有验收报告。

（2）竣工验收。

应审查技术文件是否齐全、正确。检查土建工程是否符合设计要求。检查设备选择是否合理，安装质量是否达到本规范的规定，并应对机电设备进行启动试验。检查工程的试运行情况，并宜对各项技术参数进行实测。竣工验收结束，应编写工程验收报告。

5）验收规范

本项目验收按照《微灌工程技术规范》（SL103-95）及相关专业质量验收规范验收，达到合格标准。

6）水溶性肥料（新标）

（1）产品技术要求。

a.产品需要全水溶性，可用于滴灌、喷灌系统，不会堵塞灌溉系统。

b.产品水不溶物小于 0.3%（核心指标）。

c.硝酸钾型的配方肥料。

d.配方中要求含有一定比例的硝态氮、铵态氮、尿素态氮。

e.微量元素以螯合态的形式存在。

f.大量元素标准：产品其他技术指标要求符合农业部《大量元素水溶肥料》（NY1107—2010）的标准。

（2）能够提供合理的滴灌施肥方案。

部分已经安装喷滴灌设施的农户视规范化程度，可以在首部系统中只增加过滤系统，水溶性肥可以补助一部分。

3. 实施面积

水肥一体化主要适用于蔬菜种植，推广使用面积 700 亩。

7.3.2.6 生物炭基肥料施用技术

1. 实施区域

在柳坝片区段七村施用。

2. 实施方案

生物炭基肥实施内容详见表 7-16。

表 7-16　生物炭基肥施用方案

配方炭基尿素	施肥量/(kg/亩)	施用方式	施肥时间及肥料用量/(kg/亩)		成本估算/(元/t)	示范区用肥量/t
			基肥	追肥		
含氮量 37%	56～80	按垄撒施	22.4～32	33.6～40	2400～2800	100

7.3.2.7 产流区污染控制工程工程量

产流区污染控制工程工程量详见表 7-17。

表 7-17　总工程量统计表

序号	名称	规格	单位	数量	备注
1	农田减药控污技术		亩	4000	
2	大棚土壤防侧渗技术	每个大棚 1 亩	个	30	
3	农田废弃物低成本综合处置技术				
3.1	1 型堆肥桶	ϕ 1500mm×1200mm，穹顶高 300mm	套	15	
3.2	2 型堆肥桶	ϕ 1400mm×1200mm，穹顶高 300mm	套	250	
4	露地农田控水控肥技术		亩	5000	
5	水肥一体化技术		亩	700	
6	生物炭基肥技术		吨	100	炭基尿素含氮量 37%

7.3.3　径流区污染控制工程

7.3.3.1　大棚种植区农田沟渠系统径流拦蓄与污染控制工程

大棚种植区农田沟渠系统径流拦蓄与污染控制工程涉及区域为项目区Ⅲ区。

水量设计：雨水流量采用汇水面积及暴雨强度公式计算，综合径流系数取 0.20，暴雨重现期取 2 年，地面集水时间取 30min，降雨量约为 977mm。项目区暴雨强度参照昆明市暴雨径流公式进行计算。

水量计算公式：

$$Q = \Psi \cdot q \cdot F$$

式中，Q——降雨径流量，L/s；

　　　F——农田汇水面积，hm^2；

　　　Ψ——综合径流系数，取 0.20；

　　　q——设计暴雨强度，$L/(s \cdot hm^2)$。

根据计算，1 亩地产生的降雨径流量为 $7.84m^3/h$。

1. 集水生态潭设计

集水生态潭与生态沟相连，连接处通过可调节活动板调节生态沟与生态集水井水位，集水生态潭共分两部门，与生态沟相连部分主要功能为水质净化，另一部分为大棚灌溉取水区，这两部分由渗滤墙相隔。根据大棚区域闲置土地状况，本方案设计生态集水井单个容积为 $20m^3$。项目区位于农村区域，从安全角度考虑，生态集水井四周应设隔离，并安装安全提示牌。项目区计划修建生态集水井 40 座。集水生态潭详图见图 7-15。

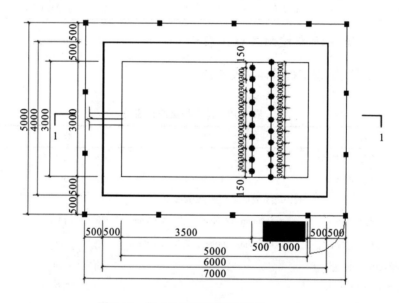

图 7-15　集水生态潭平面图(单位：mm)

2. 生态沟渠系统工程

结合当地情况，项目区有三条沟渠(编号 3#、4#、5#)需进行清理及生态沟渠改造。

3#沟渠：原有沟渠为长 600m、宽 1m 的土沟沟渠，将其改建为生态沟渠，生态沟渠下底宽 0.4m，上宽 1.2m，沟深 0.6m，坡度为 1∶0.67。具体做法为在原有沟渠基础上改造或新建，首先进行土方开挖，然后平整削坡、夯实，土层夯实后铺设多孔生态砖，并于孔内种植狗牙根等草本植物；将原有长 420m 的沟渠单边加高 50cm。

4#沟渠：将原有长 2000m 的沟渠改建为生态沟渠，扩 80cm，设计深度 80cm，清淤 20cm。

5#沟渠：将原有 1050m 的槽子沟改造为生态沟渠、生态陷阱。

另外，在湾村与柳坝村交界处，沟渠用长 5m、直径 1m 的涵管及长 8m、直径 0.8m 的涵管进行沟渠疏通。

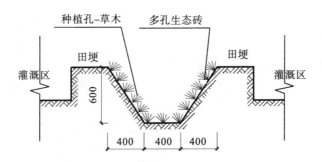

图 7-16　生态沟渠改造图(单位：mm)

3. 农田垃圾收集工程

农药袋收集池、生态沤肥池建设采用农户自愿原则，经调查，项目区需新建农药袋收集池 80 座，生态沤肥池 400 座。

1）工程设计

本方案推荐生态沤肥池设计尺寸 $L×B×H$=2.72m×2.48m×1.05m，有效容积 2.5m^3；农药袋收集池设计尺寸 $L×B×H$=1.44m×1.44m×1.15m，有效容积 1.0m^3。

2）地质要求

工程对地质无特殊要求，地下水位较高地区需要做防渗处理。

3）建设地点

在农户田间地头建设，物料随产随投。

4）管理体制

项目区沤肥池、农药袋收集池建设后，应通过宣传教育及时改变农户在路边、农田内乱丢乱弃的习惯。

7.3.3.2　坡耕地传统种植区径流污染拦蓄与再处理工程

坡耕地大棚种植区径流污染拦蓄与再处理工程涉及区域为项目区Ⅰ、Ⅱ区。

根据以上分析，坡耕地径流拦蓄工程主要采用水窖作为坡耕地径流收集方式，根据地形将坡耕地划分为若干斑块，每个斑块修建一座水窖，水窖修建于该斑块最低处，用于收集降雨径流，旱季回用于农田灌溉，从源头上减少面源污染径流量的产生。

水窖设计。根据计算，坡耕地降雨径流量为 7.84m^3/(h·亩)，本方案设计水窖容积为 15m^3。为防止水窖中淤泥积累影响水窖使用，在水窖入水口处修建沉砂池一座。据项目区实际地形在适当地方设置引水沟渠，以便收集水流。水窖平面图及作法详见 图 7-17

和图 7-18。本方案根据现场地形及坡耕地自然形成的斑块，共设计水窖 50 座。

在坡耕地依据径流方向与途径，修建集水窖。

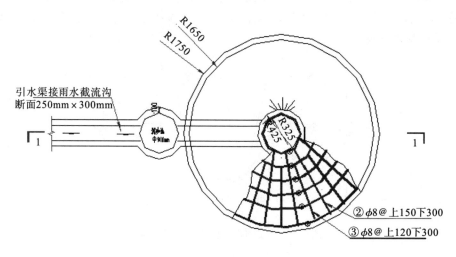

图 7-17 水窖做法平面图

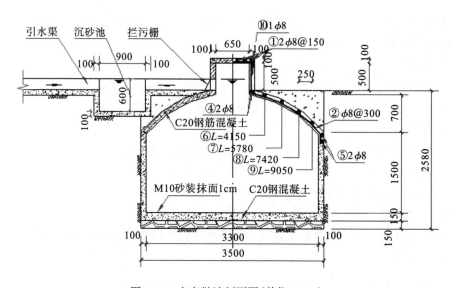

图 7-18 水窖做法剖面图（单位：mm）

7.3.3.3 坡耕地大棚种植区径流污染拦蓄与再处理工程

坡耕地大棚种植区径流污染拦蓄与再处理工程主要为大棚台地单元微循环系统，该系统主要由环大棚沟渠及末端集水回用池塘构成。沟渠采用砖砌沟渠，修建长度约 2500m，沟渠规格为 0.3m×0.6m，集水池塘修建个数约 20 个，容积为 10m³，水池内分 3 格，由施工单位根据实地台地地形确定具体工程后修建。

7.3.3.4　径流区污染控制工程工程量

径流区污染控制工程的工程量详见表 7-18。

表 7-18　径流区总工程量统计表

序号	名称	规格	单位	数量	备注
1	大棚种植区农田沟渠系统径流拦蓄与污染控制工程				
1.1	集水生态潭	20m³	座	40	
1.2	生态沟渠系统				
1.2.1	3#沟渠	生态沟渠下底宽 0.4m，上宽 1.2m，沟深 0.6m	m	1020	600m 改建生态沟，420m 单边加高 50cm
1.2.2	4#沟渠	生态沟渠下底宽 0.4m，上宽 1.2m，沟深 0.6m	m	2000	改建生态沟渠
1.2.3	5#沟渠	生态沟渠上宽 1.5m，沟深 0.8m	m	1050	改建生态沟渠
1.2.4	沟渠疏通	长 5m、φ1m；长 8m、φ0.8m	m	13	涵管 2 根
1.3	农药袋收集池	$L×B×H$=1.44m×1.44m×1.15m	座	80	砖砌
1.4	生态沤肥池	$L×B×H$=2.72m×2.48m×1.05m	座	400	砖砌
2	坡耕地传统种植区径流污染拦蓄与再处理工程				
	水窖	15m³	座	50	
3	坡耕地大棚种植区径流污染拦蓄与再处理工程				
3.1	水池	10m³	座	20	
3.2	砖砌沟渠	0.3m×0.6m	m	2500	

7.4　技术应用及工程示范区所在的柴河流域水质改善与污染物输出变化

监测区域在滇池南部目前规划为重点农业区的晋宁县柴河流域内。在柴河水库下游柴河河道以东、柴河东干渠东延 30～40m 范围以西，面积 6.2km² 的柴河小流域/汇水区内进行三个断面的监测，三个断面分别为示范工程区入口、科地村支流、示范工程区出口，监测点位见图 7-19。示范工程区入口至出口柴河河道长度为 2.81km，该河段水质功能规划类别为Ⅲ类。

对柴河河道水质三个断面进行连续 2 年(2010 年和 2011 年)的逐月定点监测，监测指标有流量、总氮、总磷和 COD，根据调查结果和监测数据对示范工程处理效果进行初步评价。对 3 个断面的初期暴雨径流进行采样，测定流量，分析总氮、总磷、COD 三个指标，每年监测头 3 场雨，每场雨 7 组数据，评价示范工程区降雨径流污染量。

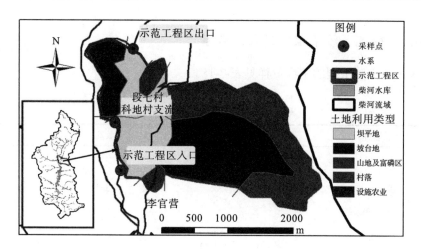

图 7-19   柴河小流域汇水区监测点位图

7.4.1   示范工程区柴河三个断面降雨地表径流污染物输出特征

本研究区域位于昆明晋宁县上蒜镇段七村，属于半山区，距离乡政府 15km，年平均气温 14.60℃，年降水量 872.6mm。现场监测数据表明，2010 年示范工程区降雨量为 589.7mm，较历年平均降雨量减少 282.9mm。2011 年示范工程区降雨量为 456.6mm，较历年平均降雨量减少 416mm，较 2010 年减少 133.1mm。2010 年和 2011 年示范工程区每月降雨量现场监测数据见图 7-20。

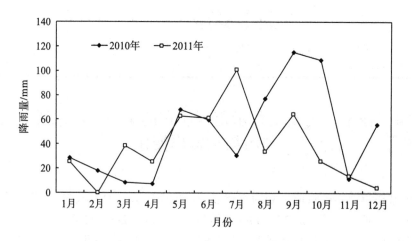

图 7-20   示范工程区每月降雨量现场监测数据变化图

1. 2010 年第一场降雨事件中降雨-径流过程与氮、磷流失特征

2010 年记录的第一场降雨采样时间为 2010 年 5 月 26 日至 2010 年 5 月 27 日，采样历时 28h。2010 年 5 月 26 日 08 时至 2010 年 5 月 27 日 08 时采样区域降雨量为 37.2mm，其中 2010 年 5 月 26 日降雨较集中时段为 08 时和 09 时，降雨量为 15.1mm。

1) 降雨-径流过程与氮浓度随时间变化过程

根据示范工程区入口、示范工程区出口、科地村支流三个典型断面实测的氮浓度数据，分别绘制总氮、水溶性氮及泥沙结合态氮浓度随时间变化的过程曲线，如图 7-21、图 7-22 和图 7-23 所示。

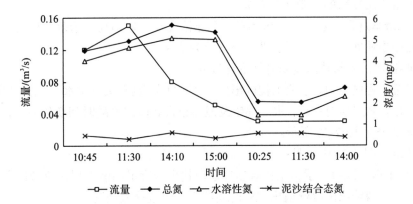

图 7-21   2010 年 5 月 26～27 日示范工程区入口氮输出随时间变化过程

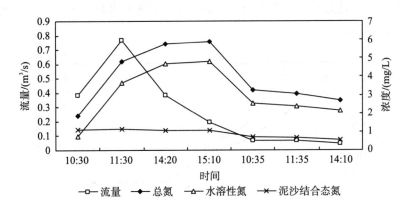

图 7-22   2010 年 5 月 26～27 日示范工程区出口氮输出随时间变化过程

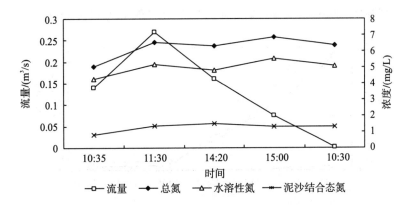

图 7-23   2010 年 5 月 26～27 日科地村支流氮输出随时间变化过程

由图 7-21～图 7-23 中可见：

(1)三个断面降雨径流总氮浓度最高值出现在流量最高值之后，流量高峰值出现在初始降雨 3～4h 后，伴随着地表径流量的减少，三种形态氮浓度也逐渐降低。

(2)三个断面降雨径流中总氮与水溶性氮变化趋势一致，并以水溶性氮为主，这与该农业区域土壤表层滞留的化肥流失有关。

(3)此次降雨过程，示范工程区出口处总氮浓度及流量均高于示范工程区入口，这与石头村支流中农业非点源污染物流失进入该区域有关。

2)降雨-径流过程与磷浓度随时间变化过程

根据示范工程区入口、示范工程区出口、科地村支流(石头村来水)三个典型断面实测的磷浓度数据，分别绘制总磷、水溶性磷及泥沙结合态磷浓度随时间变化的过程曲线，如图 7-24、图 7-25 和图 7-26 所示。

由图 7-24～图 7-26 中可见：

(1)示范工程区入口、示范工程区出口总磷输出浓度最高值出现在流量最高值之前，而科地村支流总磷输出浓度峰值出现的时间几乎与流量峰值相同。

(2)从此次降雨流量和磷输出形态的变化曲线看，泥沙结合态磷变化幅度较大，而水溶性磷素变化较小，且泥沙结合态磷数值较高，表现为降雨引起该区域的水土流失，且径流中磷素以泥沙结合态为主。

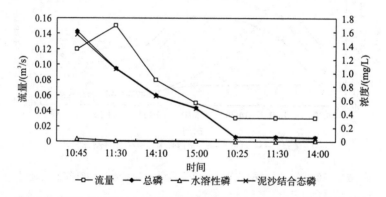

图 7-24　2010 年 5 月 26～27 日示范工程区入口磷输出随时间变化过程

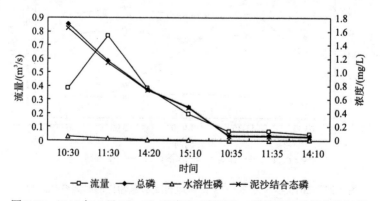

图 7-25　2010 年 5 月 26～27 日示范工程区出口磷输出随时间变化过程

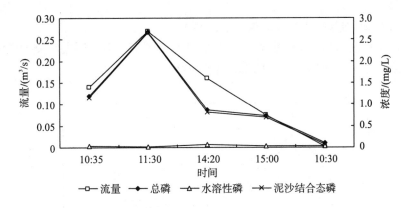

图 7-26　2010 年 5 月 26~27 日科地村支流磷输出随时间变化过程

2. 2010 年第二场降雨事件中降雨-径流过程与氮、磷、碳流失特征

2010 年记录的第二场降雨采样时间为 2010 年 7 月 22 日，采样历时 11h。该场降雨事件降雨量为 28mm。

1）降雨-径流过程与氮浓度随时间变化过程

根据示范工程区入口、示范工程区出口、科地村支流三个典型断面实测的氮浓度数据，绘制了总氮浓度随时间变化的过程曲线，见图 7-27。

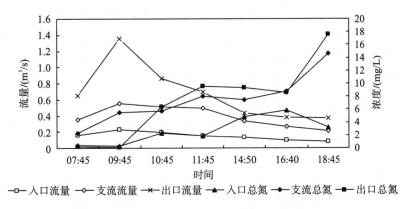

图 7-27　2010 年 7 月 22 日示范工程区三个断面氮输出随时间变化过程

从图 7-27 中可以看出，此次降雨事件中，示范工程区入口总氮浓度最大值为 5.79mg/L、最小值为 0.46mg/L、平均值为 2.68mg/L；科地村支流总氮浓度最大值为 12.59mg/L、最小值为 2.35mg/L、平均值为 7.49mg/L；示范工程区出口总氮浓度最大值为 17.61mg/L、最小值为 0.15mg/L、平均值为 7.40mg/L。三个断面流量峰值出现在第一次采集样品后 2h。示范工程区出口总氮浓度在采样初期较科地村支流低，而样品采集后期比科地村支流高，这可能与示范工程区氮输出强度比科地村高有关。整个监测过程示范工程区入口流量和总氮浓度都低于示范工程区出口和科地村支流。

2) 降雨-径流过程与磷浓度随时间变化过程

根据示范工程区入口、示范工程区出口、科地村支流三个典型断面实测的磷浓度数据，绘制了总磷浓度随时间变化的过程曲线，见图 7-28。

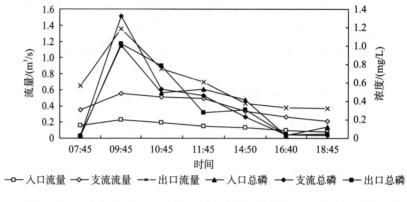

图 7-28　2010 年 7 月 22 日示范工程区三个断面磷输出随时间变化过程

从图 7-28 中可以看出，此次降雨事件中，示范工程区入口总磷浓度最大值为 1.010mg/L、最小值为 0.031mg/L、平均值为 0.377mg/L；科地村支流总磷浓度最大值为 1.32mg/L、最小值为 0.028mg/L、平均值为 0.378mg/L；示范工程区出口总磷浓度最大值为 1.02mg/L、最小值为 0.024mg/L、平均值为 0.359mg/L。三个断面总磷浓度平均值相近。此次降雨过程三个断面总磷的浓度峰与流量峰同步出现，主要是由于径流携带的颗粒态磷与径流量正相关，随着时间的推移，径流中颗粒物不断沉降，总磷浓度持续下降。磷化学性质较不活泼，易形成 $Ca/MgPO_4$ 凝聚体，水溶性小，且易于被吸附在表面，在此次降雨停止后，三个断面总磷浓度降到降雨事件之前的水平。

3) 降雨-径流过程与 COD_{Cr} 浓度随时间变化过程

根据示范工程区入口、示范工程区出口、科地村支流三个典型断面实测的 COD_{Cr} 浓度数据，绘制了 COD_{Cr} 浓度随时间变化的过程曲线，见图 7-29。

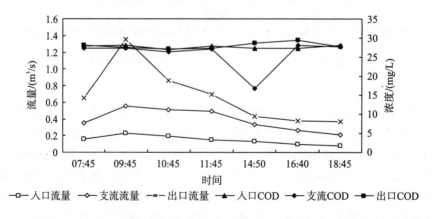

图 7-29　2010 年 7 月 22 日示范工程区三个断面 COD_{Cr} 输出随时间变化过程

从图 7-29 中可以看出，此次降雨事件中，示范工程区入口 COD_{Cr} 浓度最大值为 28.1mg/L、最小值为 26.9mg/L、平均值为 27.6mg/L；科地村支流 COD_{Cr} 浓度最大值为 28.1mg/L、最小值为 16.8mg/L、平均值为 25.8mg/L；示范工程区出口 COD_{Cr} 浓度最大值为 29.4mg/L、最小值为 27.1mg/L、平均值为 27.9mg/L。三个断面 COD_{Cr} 浓度在整个采样过程中变化不大，且三个断面 COD_{Cr} 浓度均达到地表水IV类标准，表明该区域地表径流引起的碳负荷较小。

3. 2010 年第三场降雨事件中降雨-径流过程与氮、磷流失特征

2010 年记录的第三场降雨采样时间为 2010 年 8 月 16 日至 2010 年 8 月 17 日，采样历时 19h。此次降雨事件总降雨量为 32.2mm，主要集中在 2010 年 8 月 16 日 22:20 至 2010 年 8 月 17 日 00:30，此时段降雨量为 15mm。

1）降雨-径流过程与氮浓度随时间变化过程

根据示范工程区入口、示范工程区出口、科地村支流三个典型断面实测的氮浓度数据，分别绘制总氮、水溶性氮及泥沙结合态氮浓度随时间变化的过程曲线，如图 7-30、图 7-31 和图 7-32 所示。

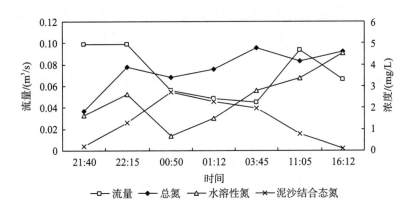

图 7-30 2010 年 8 月 16～17 日示范工程区入口氮输出随时间变化过程

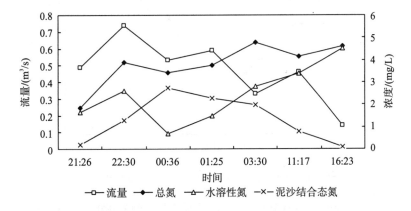

图 7-31 2010 年 8 月 16～17 日示范工程区出口氮输出随时间变化过程

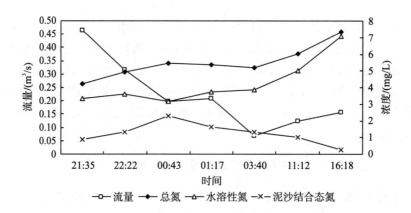

图 7-32   2010 年 8 月 16~17 日科地村支流氮输出随时间变化过程

由图 7-30~图 7-32 可见：

（1）示范工程区入口流量呈现出先降低后升高再降低的趋势，在采样开始后 11h 达到峰值，随后急速下降；示范工程区出口流量在采样开始后 1h 到达峰值，然后逐渐下降；科地村支流流量表现持续下降的趋势。

（2）示范工程区三个断面总氮和水溶性氮随着断面流量的不断下降，表现出逐渐升高的趋势，且水溶性氮占总氮的比例逐渐升高，这可能与降雨事件发生后颗粒物氮素逐渐溶出有关。

（3）此次降雨过程示范工程区三个断面总氮浓度均表现出先升高后降低的趋势，均在采样开始后 2h 达到浓度峰值，这种趋势与降雨事件冲刷颗粒进入河道，随着径流量的减少颗粒态氮不断降低有关。

2）降雨-径流过程与磷浓度随时间变化过程

根据示范工程区入口、示范工程区出口、科地村支流（石头村来水）三个典型断面实测的磷浓度数据，分别绘制总磷、水溶性磷及泥沙结合态磷浓度随时间变化的过程曲线，如图 7-33、图 7-34 和图 7-35 所示。

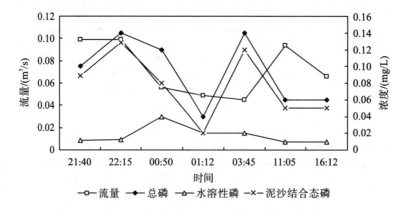

图 7-33   2010 年 8 月 16~17 日示范工程区入口磷输出随时间变化过程

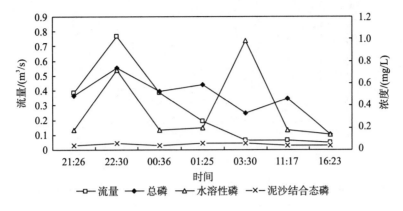

图 7-34 2010 年 8 月 16～17 日示范工程区出口磷输出随时间变化过程

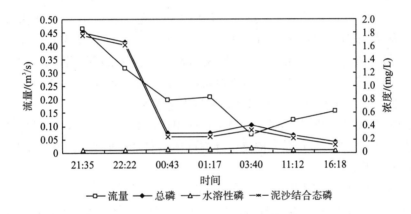

图 7-35 2010 年 8 月 16～17 日科地村支流磷输出随时间变化过程

由图 7-33～图 7-35 中可见：从降雨流量和磷输出形态的变化曲线看，泥沙结合态磷素变化幅度较大，且与水样中总磷浓度变化曲线相一致；三个断面中水溶性磷浓度均较低，且变化幅度不大。该降雨过程引起的地表冲刷是水体中总磷浓度升高的主要因素，且径流中磷素以泥沙结合态为主。

4. 2011 年第一场降雨事件中降雨-径流过程与氮、磷、碳流失特征

2011 年记录的第一场降雨采样时间为 2011 年 7 月 18 日，采样历时 11h。该场降雨事件降雨量为 30.2mm。降雨时间为 2011 年 7 月 17 日 18:51 至 2011 年 7 月 18 日 07:21，降雨强度最大时间段为 2011 年 7 月 18 日 00:51 至 01:51，降雨 10.8mm。

1）降雨-径流过程与氮浓度随时间变化过程

根据示范工程区入口、示范工程区出口、科地村支流三个典型断面实测的氮浓度数据，绘制了总氮浓度随时间变化的过程曲线，见图 7-36。

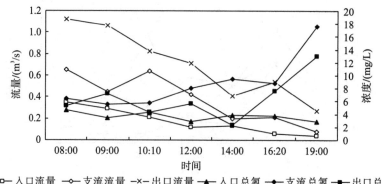

图 7-36　2011 年 7 月 18 日示范工程区三个断面氮输出随时间变化过程

从图 7-36 中可以看出，此次降雨事件中，示范工程区入口总氮浓度最大值为 4.66mg/L、最小值 2.85mg/L、平均值为 3.68mg/L；科地村支流总氮浓度最大值为 17.59mg/L、最小值 5.76mg/L、平均值 8.78mg/L；示范工程区出口总氮浓度最大值为 12.92mg/L、最小值 2.34mg/L、平均值为 6.45mg/L。三个断面流量均呈现出下降趋势。示范工程区出口及科地村支流总氮浓度后期呈现上升趋势，到最后一次采样浓度达到最大，且科地村支流总氮浓度总体高于示范工程区出口，表明此次降雨事件科地村支流氮污染负荷较高。示范工程区入口总氮浓度在降雨过程中变化较平缓，且浓度低于示范工程区出口和科地村支流。

2) 降雨-径流过程与磷浓度随时间变化过程

根据示范工程区入口、示范工程区出口、科地村支流三个典型断面实测的磷浓度数据，绘制了总磷浓度随时间变化的过程曲线，见图 7-37。

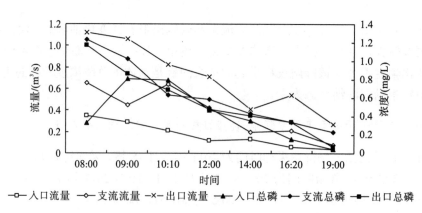

图 7-37　2011 年 7 月 18 日示范工程区三个断面磷输出随时间变化过程

从图 7-37 中可以看出，本次降雨事件中，示范工程区入口总磷浓度最大值为 0.810mg/L、最小值 0.046mg/L、平均值为 0.422mg/L；科地村支流总磷浓度最大值为

1.228mg/L、最小值为 0.233mg/L、平均值为 0.638mg/L；示范工程区出口总磷浓度最大值为 1.170mg/L、最小值为 0.069mg/L、平均值为 0.574mg/L。三个断面总磷浓度平均值从大到小依次为科地村支流、示范工程区出口、示范工程区入口。此次降雨过程中由于径流带走的颗粒态磷与径流量相关，随着时间的推移，径流中颗粒物的不断沉降使总磷浓度持续下降。磷化学性质较不活泼，易形成 $Ca/MgPO_4$ 凝聚体，水溶性小，且易被吸附在表面，在此次降雨停止后三个断面总磷浓度降到降雨事件之前的水平。示范工程区入口总磷浓度在采样开始后 1~2h 到达峰值，随后总磷浓度逐渐降低。

3) 降雨-径流过程与 COD_{Cr} 浓度随时间变化过程

根据示范工程区入口、示范工程区出口、科地村支流三个典型断面实测的 COD_{Cr} 浓度数据，绘制了 COD_{Cr} 浓度随时间变化的过程曲线，见图 7-38。

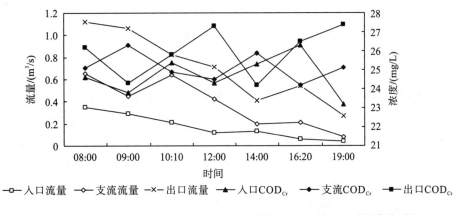

图 7-38 2011 年 7 月 18 日示范工程区三个断面 COD_{Cr} 输出随时间变化过程

从图 7-38 中可以看出，本次降雨事件中，示范工程区入口 COD_{Cr} 浓度最大值为 26.3mg/L、最小值为 23.2mg/L、平均值为 24.7mg/L；科地村支流 COD_{Cr} 浓度最大值为 26.3mg/L、最小值为 22.2.8mg/L、平均值为 25.1mg/L；示范工程区出口 COD_{Cr} 浓度最大值为 27.4mg/L、最小值为 22.2mg/L、平均值为 26.0mg/L。三个断面 COD_{Cr} 浓度平均值从大到小依次为示范工程区出口、科地村支流、示范工程区入口。示范工程区出口流量和 COD_{Cr} 浓度均高于其他两个断面，表面该降雨过程示范工程区内 COD_{Cr} 负荷略高。纵观整个采样过程，三个断面 COD_{Cr} 浓度均达到地表水IV类标准，表明该区域地表径流引起的碳负荷较小。

5. 2011 年第二场降雨事件中降雨-径流过程与氮、磷、碳流失特征

2011 年记录的第二场降雨采样时间为 2011 年 7 月 16 日，采样历时 12h。该场降雨事件降雨量为 22mm。降雨时间为 2011 年 9 月 16 日 01:47 至 2011 年 9 月 18 日 12:47。

1) 降雨-径流过程与氮浓度随时间变化过程

根据示范工程区入口、示范工程区出口、科地村支流三个典型断面实测的氮浓度数据，绘制了总氮浓度随时间变化的过程曲线，见图 7-39。

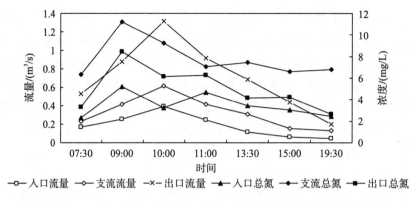

图 7-39   2011 年 9 月 16 日示范工程区三个断面氮输出随时间变化过程

从图 7-39 中可以看出，此次降雨事件中，示范工程区入口总氮浓度最大值为 5.23mg/L、最小值为 2.31mg/L、平均值为 3.47mg/L；科地村支流总氮浓度最大值为 11.23mg/L、最小值为 6.35mg/L、平均值为 7.82mg/L；示范工程区出口总氮浓度最大值为 8.46mg/L、最小值为 2.62mg/L、平均值为 5.02mg/L。三个断面流量峰值出现在第一次采集样品 2～3h 后，且三个断面浓度峰值早于流量峰值 1h 出现。三个断面采样过程中总氮浓度平均值从大到小依次为科地村支流、示范工程区出口、示范工程区入口。示范工程区出口总氮浓度在采样初期较科地村支流低，而样品采集后期比科地村支流高，这可能与示范工程区氮输出历时较科地村长有关。整个监测过程示范工程区入口流量和总氮浓度都低于示范工程区出口和科地村支流。

2) 降雨-径流过程与磷浓度随时间变化过程

根据示范工程区入口、示范工程区出口、科地村支流三个典型断面实测的磷浓度数据，绘制了总磷浓度随时间变化的过程曲线，见图 7-40。

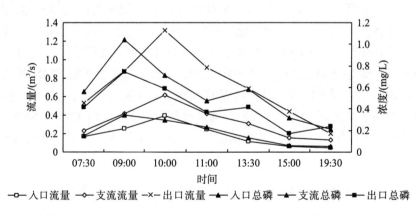

图 7-40   2011 年 9 月 16 日示范工程区三个断面磷输出随时间变化过程

从图 7-40 中可以看出，此次降雨事件中，示范工程区入口总磷浓度最大值为 0.342mg/L、最小值为 0.053mg/L、平均值为 0.181mg/L；科地村支流总磷浓度最大值为 1.041mg/L、最小值为 0.212mg/L、平均值为 0.557mg/L；示范工程区出口总磷浓度最大值为 0.742mg/L、最小值为 0.169mg/L、平均值为 0.419mg/L。三个断面总磷浓度平均值从大到小依次为科地村支流、示范工程区出口、示范工程区入口。此次降雨过程三个断面总磷的浓度峰出现在流量峰之前 1h，且流量和浓度曲线变化趋势相似，主要是由于径流带走的颗粒态磷与径流量正相关，随着时间的推移，径流中颗粒物不断沉降使得总磷浓度持续下降。磷化学性质较不活泼，易形成 Ca/MgPO$_4$ 凝聚体，水溶性小，且易于被吸附在表面，在此次降雨停止后三个断面总磷浓度降到降雨事件之前的水平。

3）降雨-径流过程与 COD$_{Cr}$ 浓度随时间变化过程

根据示范工程区入口、示范工程区出口、科地村支流三个典型断面实测的 COD$_{Cr}$ 浓度数据，绘制了 COD$_{Cr}$ 浓度随时间变化的过程曲线，见图 7-41。

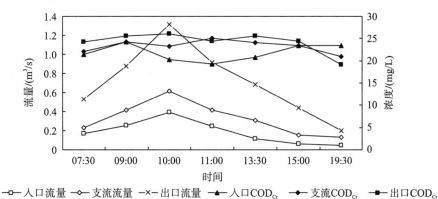

图 7-41　2011 年 9 月 16 日示范工程区三个断面 COD$_{Cr}$ 输出随时间变化过程

从图 7-41 中可以看出，此次降雨事件中，示范工程区入口 COD$_{Cr}$ 浓度最大值为 22.3mg/L、最小值为 19.3mg/L、平均值为 21.8mg/L；科地村支流 COD$_{Cr}$ 浓度最大值为 25.1mg/L、最小值为 20.9mg/L、平均值为 23.3mg/L；示范工程区出口 COD$_{Cr}$ 浓度最大值为 26.1mg/L、最小值为 19.1mg/L、平均值为 22.2mg/L。三个断面 COD$_{Cr}$ 浓度平均值从大到小依次为示范工程区出口、科地村支流、示范工程区入口，与前面几场降雨相比，此次降雨过程中 COD$_{Cr}$ 浓度值最小。三个断面 COD$_{Cr}$ 浓度峰值和流量峰值几乎同时出现，且在整个降雨过程中浓度变化不大。纵观整个采样过程，三个断面 COD$_{Cr}$ 浓度均达到地表水Ⅳ类标准，表明此次降雨事件中该区域地表径流引起的碳负荷较小。

7.4.2　2010 年、2011 年示范工程区降雨事件氮、磷、碳负荷分析与效果评价

降雨-径流过程中氮、磷、COD$_{Cr}$ 的排放负荷根据同步流量和浓度监测值按下面公式进行计算：

$$y_i = \int_0^1 c_t(t)^* q_i(t)\mathrm{d}t \approx \sum_{i=1}^{n-1} C_i Q_i \Delta t_i = \sum_{i=1}^{n-1} \Delta t_i \frac{c_i + c_{i+1}}{2} \times \frac{q_i + q_{i+1}}{2}$$

式中，y_i 为第 i 种污染物的排放负荷，g；c_t 为 t 时刻径流中第 i 种污染物的浓度，mg/L；C_i 为第 i 种污染物在样本 i 监测时的浓度，mg/L；Q_i 为样本 i 在监测时的流量，m^3/s；Δt

为样本 i 和 $i+1$ 的时间间隔，s。由于 2011 年降雨量较少，只有两场降雨形成径流。2010 年采集到的三场暴雨和 2011 年采集到的两场暴雨中产生的径流量及 TN、TP、COD 负荷量汇总分别见表 7-19 和表 7-20。

表 7-19　五场降雨事件中 6km² 汇水区产流量

降雨时间	降雨量/mm	采样历时/h	监测断面	Q/m³	ΔQ/m³
2010-5-26 至 2010-5-27	37.2	28	示范工程区入口	4847	7844
			科地村支流	5854	
			示范工程区出口	18545	
2010-7-22	28	11	示范工程区入口	5662	6932
			科地村支流	13683	
			示范工程区出口	26277	
2010-8-16 至 2010-8-17	32.2	19	示范工程区入口	4739	13939
			科地村支流	10062	
			示范工程区出口	28740	
2011-7-17 至 2011-7-18	30.2	11	示范工程区入口	5450	6239
			科地村支流	13145	
			示范工程区出口	24833	
2011-9-16	21	12	示范工程区入口	6516	8889
			科地村支流	12589	
			示范工程区出口	27994	

注：表中 Q 为降雨事件中断面总流量，ΔQ 为示范工程区出口总流量减去示范工程区入口和科地村支流流量之和(6km² 汇水区产流量)。

表 7-20　五场降雨事件中污染负荷量汇总表

降雨事件	监测断面	Y_{TN}/kg	ΔY_{TN}/kg	Y_{TP}/kg	ΔY_{TP}/kg	Y_{COD}/kg	ΔY_{COD}/kg
2010 年第一场雨	示范工程区入口	19.78	28.81	2.37	3.16	—	—
	科地村支流	37.77		6.57			
	示范工程区出口	86.36		12.10			
2010 年第二场雨	示范工程区入口	19.66	25.67	2.48	3.06	156.4	236.25
	科地村支流	102.79		5.98		342.3	
	示范工程区出口	148.12		11.52		735.0	
2010 年第三场雨	示范工程区入口	20.01	41.67	0.44	6.37	—	—
	科地村支流	56.63		6.01			
	示范工程区出口	118.30		12.82			
2011 年第一场雨	示范工程区入口	20.20	24.80	2.80	2.82	135.1	176.35
	科地村支流	102.52		8.46		330.4	
	示范工程区出口	147.52		14.08		641.8	
	示范工程区入口	24.64		1.36		139.9	

降雨事件	监测断面	Y_{TN}/kg	ΔY_{TN}/kg	Y_{TP}/kg	ΔY_{TP}/kg	Y_{COD}/kg	ΔY_{COD}/kg
2011 年第二场雨	科地村支流	99.67	23.66	7.26	3.24	298.9	251.07
	示范工程区出口	147.97		11.85		689.8	

注：表中 Y_{TN} 为降雨事件中产生的氮负荷量，Y_{TP} 为降雨事件中产生的磷负荷量，Y_{COD} 为降雨事件中产生的化学需氧量负荷量，ΔY_{TN}、ΔY_{TP}、ΔY_{COD} 为示范工程区出口产生的负荷量减去示范工程区入口和科地村支流产生的负荷量之和（6km² 汇水区产生负荷量），一表示缺少数据。

表 7-19 表明，2010 年捕捉到三场降雨，2011 年捕捉到两场降雨（只有两场降雨形成径流）。其中 2010 年三场降雨中示范工程区 6km² 汇水区产生的径流量依次为 7844m³、6932m³ 和 13939m³；2011 年两场降雨示范工程区 6km² 汇水区产生的径流量依次为 6239m³ 和 8889m³。

根据相关数据（表 7-21），计算 2010 年 6km² 示范工程汇水区三场降雨产生的污染物负荷输出量，其中氮为 96.15kg、磷为 12.59kg；同样计算出 2011 年示范工程汇水区两场降雨污染物负荷输出量，氮为 48.46kg、磷为 6.06kg。根据面源污染控制效果监测重点观测每年头三场降雨形成的径流的要求，不考虑 2011 年与 2010 年降雨量不同、降雨分布不同、所监测的每场降雨量及降雨过程不同等因素，以 2010 年为基准年可计算出 2011 年示范工程在降雨过程中对氮、磷污染物的削减率分别为 49.60%、51.87%。

表 7-21 降雨事件 6km² 汇水区产流量及产生的污染物负荷汇总

降雨事件	降雨量/mm	采样历时/h	ΔQ/m³	ΔY_{TN}/kg	ΔY_{TP}/kg	ΔY_{COD}/kg
2010 年第一场雨	37.2	28	7844	28.81	3.16	—
2010 年第二场雨	28	11	6932	25.67	3.06	236
2010 年第三场雨	32.2	19	13939	41.67	6.37	—
2011 年第一场雨	30.2	11	6239	24.80	2.82	176
2011 年第二场雨	21	12	8889	23.66	3.24	251

由于 2016～2018 年滇池流域连续大旱，而且一年比一年严重。实际 2010 年观测到的形成明显径流输出的降雨只有三场，2011 年只有两场，所以可能不能完全反映正常年景的污染削减水平。

7.4.3 2013～2015 年大面积连片农田污染控制技术示范效果

对柴河流域下段开展的万亩农田面源污染综合控制示范区域设置的 3 个断面进行监测（监测点 1 为石头村断面，监测点 2 为竹园村断面，监测点 3 为杨户村断面），根据 2013 年 6 月至 12 月、2015 年 6 月至 12 月的示范工程建设前后的连续 7 个月的监测数据，分析表明：农田 TN、TP 和 TSS 削减率分别达到 30%、40% 和 50% 以上；农田面源污染输出率降低 30% 以上。计算得出示范工程 COD、TN 和 TP 年削减量分别为 28.17t、15.8t 和 0.87t。

　　根据第三方监测和农户调查结果表明，万亩农田示范区农田面源污染输出率降低
32%，其中 COD_{Cr}、TN 和 TP 去除率分别为 28%、56%合 72%；农田水土资源的综合利用
效率提高 26%，肥料施用量降低 25%～35%，蔬菜产量提高 35%～78%。

　　流域万亩农田面源污染综合控制示范工程指标详见表 7-22。

表 7-22　示范工程评估指标调查表

指标	非示范工程区	示范工程区	修复前示范区出水	修复后示范区出水
施肥量/[kg/(亩·茬)]	80	54	—	—
灌溉水量/[t/(亩·茬)]	15	12	—	—
单位面积产量/[kg/(亩·茬)]	1799	2449	—	—
COD/(mg/L)	—	—	25.90	22.00
总氮/(mg/L)	—	—	8.05	5.86
总磷/(mg/L)	—	—	0.33	0.21

注：浓度为连续监测 7 个月的中位数。

7.4.4　示范区水生态改善效果

　　晋宁区柴河流域示范区出水口污染物 COD、TN 和 TP 分别为 22.00mg/L、5.86mg/L、
和 0.21mg/L，去除率分别为 37.5%、42.3%和 77.3%；宝象河大板桥示范区植被覆盖率提
高 30.72%，地表径流量降低 37.16%，COD 削减 31.72%，TN 削减 37.97%，TP 削减 30.61%。
本示范工程为滇池湖泊水体由 2012 年的劣 V 类转变为 2017 年的 V 类、实现全湖水环境企
稳向好的历史性转变提供了重要科技支撑，也为云南乃至我国其他类湖泊的面源污染防控
提供了科技示范和成功案例。

第八章 我国农业农村面源污染防控技术的综合评估与适应性分析

8.1 问题的提出

8.1.1 我国农业农村面源污染及防控技术概况

全国水环境第一次污染普查结果显示：全国重点流域（海河、淮河、辽河、太湖、巢湖、滇池等）各类污染物排放总量中 COD、TP、TN 分别为 3028.96 万 t、42.32 万 t 和 472.89 万 t。其中，农村农业的贡献量分别为 1324.09 万 t、28.47 万 t 和 270.46 万 t，分别占全国总量的 43.71%、67.27% 及 57.19%；生活源污染物 COD、TN、TP 总量分别为 1108.05 万 t、202.43 万 t 和 13.80 万 t，分别占全国污染总量的 36.58%、42.81%、32.61%。这表明农村的面源污染现在已经占全国污染物排放量的半壁江山，是水污染的主凶。所以从农村环境入手进行治理，起效会比较快。就目前形势来说，农村面源污染已成为我国江河湖泊水质污染的主要因素之一。

我国在农业面源的技术治理方面并不落后于其他国家，但是我国的农业面源污染整治工作还有待进一步取得实质性的进展，原因在于技术措施并不能很好地适应于相关的应用区（杨林章等，2013b）。目前掌握的技术距离产业化应用还有很大的差距。其次，农村面源污染来源具有特有的空间异质性，增加了技术选择的难度。不同流域的土地利用和农业管理方式引发的土壤侵蚀和地表径流，导致过量的氮磷流失（Hao et al.，2004）。

众所周知，农村面源污染防控技术应用与经济社会发展条件密切相关。在对面源污染不同区域、经济水平、土地利用方式、生产条件下农村农业面源的产生及负荷的输出进行研究后发现，不同条件下的面源污染在污染物、污染负荷等很多方面存在明显差异（Gitau et al.，2006；Ongley et al.，2010；Lam et al.，2010）。因此，对于面源污染的控制治理要综合多方面的因素选取合理的控制手段（杨林章等，2013b）。一直以来技术手段都是面源污染控制的核心理念。经过几十年的研究表明，国内外对于面源污染治理的技术研究方面，无论是在集成技术还是在单项技术上均取得了可观的成果。虽然这些技术在应用上的效果可观，种类多样，但是这些技术大都是根据研究区域的不同而设计的，因此众多技术在推广应用方面存在较大的问题。

由于面源污染防控技术本身具有的复杂性，导致目前针对面源污染技术的综合评估体系尚不完善，国际上通常采用技术效应指标（主要包括成本、技术有效性和环境效益等)进行面源污染治理技术的评估研究。结合国外相关经验，我国学者对面源污染防控治理技术的评价及评价指标的构建展开了相关的研究。常用的评估指标体系是技术后评估，囊括了目标实现度、影响因素及群众满意度等评估体系(张卫东等，2013)。目前的评估方法有对比分析法、逻辑框架分析法、成功度分析法等(胡芳等，2005；刘明峰，2012)。对比分析法主要基于技术实施前后的效果比较来评估技术的实用性(刘明峰，2012)。逻辑框架分析法主要依托层次分析指标体系的构建来评估技术对条件的适应性(周光中等，2006)。成功度分析法是一种基于专家打分制的模糊综合评价法(祁守斌等，2012)。张萍等(2017)综合考虑环境、经济和生态效益三个方面，运用灰色关联法与层次分析相结合的方式构建了洱海农业面源污染治理技术的评价指标体系。刘莉等(2015)基于环境效益、成本两个方面构建了太湖流域农业面源污染控制技术的 6 个指标评价体系，分析评估了技术的优劣。虽然国内对于面源污染技术的评估研究有很多，但基于技术筛选评价的研究却不多。

8.1.2 主要研究内容及技术路线

通过对我国近 10 年农业农村面源污染治理及防控手段的资料搜集与整理，充分了解目前我国的面源污染现状与发展。对相关的技术加以分析，把握技术的基本特征，有利于污染治理的技术选择。对技术进行分层次遴选，是为了了解不同污染条件下的技术需求，以及相关技术的适应条件，以便于为以后的面源污染治理提供重要的参数依据。

农村面源污染主要来自两类：一是农业生产(种植业、养殖业)；二是农村生活(生活污水为重点)。

从我国农村面源污染产生和排放的方式来看，有四种主要方式：

(1)以农村生活污水为重点的面源污染；

(2)以种植业为核心的农田面源污染；

(3)养殖业和种植业复合在一起形成的农业面源污染；

(4)农村生活污水与农田尾水混合在一起的农村综合性面源污染。

以近 10 年农业农村面源污染治理技术的适应性为分析对象，希望通过对不同面源污染治理技术相关资料的整理和相关技术参数的分析，探讨相关技术的适应性和规范化，并重点解决四个方面的问题：

(1)目前针对农村面源污染治理的技术种类繁多，工艺多变，如何进行系统的整理和归纳？

(2)目前对于面源污染治理技术适应性的研究很少，技术运行状况的重要参数仍不完善，如何在不利的条件下完成技术的筛选？

(3)技术应用的实际情况如何，环境效益如何，运行是否稳定？

(4)针对不同的面源污染采取什么样的治理措施较好？

本章在筛选出各类别的技术情况下，从不同土地利用类型、防控机理、流域、目标削减源等几个方面，对面源污染防治的技术进行归纳、整理，通过层次分析探讨围绕农业农村面源污染进行治理的相关技术优选方案。

主要分析内容包括：

(1)不同农村面源污染治理技术筛选：通过整理归纳，对筛选出的技术进行合理的分类，弥补目前国内对于面源污染治理技术规范分类控制体系研究的不足。简单地对技术参数进行细化，整理出相关技术的发明年、污染负荷削减率、设计依托的土地利用类型(农业耕作范畴)、适合的流域(湖泊、河流等)等数据集合单元。将不同的集合单元整合到一起建立一个较完备的技术数据库，可随时进行技术相关参数的查阅。

(2)通过技术削减特征把握技术在不同条件下的有效性，对技术的相关特性加以了解。

(3)通过对不同层次面源污染复合技术的削减特征、防控环节的分析，了解近10年我国在面源污染治理方面的动向，进一步了解不同层次上相关技术的特性。

(4)通过层次分析法，基于技术性能-成本-管理维护三个指标筛选出不同层次下，相关面源污染治理的优势技术，通过对优势技术的环节、工艺组成、占地面积、维护管理等方面的分析，了解优势技术的适应性。

(5)通过分析研究，讨论面源污染治理技术在应用上的相关影响因素，根据相关因素讨论，对相关技术的优势性或相关结论加以总结。

根据研究目标、内容和思路设计出分析的技术路线，如图8-1所示。

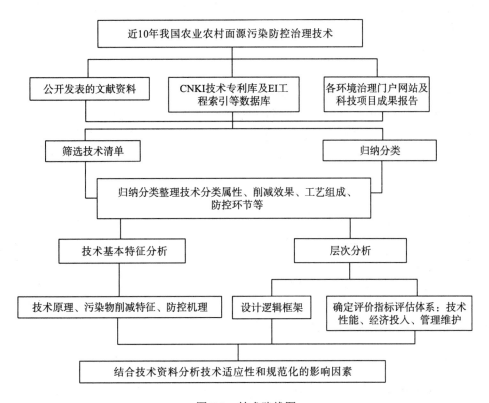

图8-1　技术路线图

8.2 研究和分析方法

8.2.1 资料搜集

主要资料来自国内近十年来公开发表的论文、专利、技术报告中涉及农业农村面源污染防控技术的材料。

根据需要,在各类数据库中搜索涉及农业农村的面源污染防控治理技术。数据库中收录的面源污染防控治理技术资料的检索方法为:在各库的检索栏中依次输入"面源污染""农村面源污染/农业面源污染""治理措施/防控技术"等主题词进行检索;时间跨度为:2005 年至更新时间(2019 年初)。根据检索的技术文献,对其技术资料进行甄别,筛选出技术参数相对完整的技术清单。确定研究工作的主题符合解决农业农村面源污染治理技术的技术范畴;与此同时,借助相关数据库及相关的门户网站(涉及水污染治理、农业技术及相关政府开设的对外开放的环境保护相关网站),对搜集的不同农村面源污染治理技术的相关资料进行侧面验证和去重处理,提炼技术要件基本完整的项目信息,包括技术属性、技术运行参数、运管条件、技术及工程应用的条件等。数据资料的来源包括以下几个方面。

1. 近十年来公开发表的相关论文

从"CNKI 中国学术期刊网络出版总库"中检索。该数据库自 1979 年至今(部分刊物回溯至创刊),是目前世界上最大的连续动态更新的中国期刊全文数据库,收录国内 9100 多种重要期刊,以学术、技术、政策指导、高等科普及教育类为主,内容覆盖自然科学、工程技术、农业、哲学、医学、人文社会科学等各个领域,全文文献总量 3500 多万篇。

2. 公开专利

从"CNKI 中国专利全文数据库"中检索。《中国专利全文数据库(知网版)》是在知识产权出版社出版的《中国专利数据库》的基础上,由《中国学术期刊(光盘版)》电子杂志社有限公司整合"中国知网"国内外相关文献,汇编而成的知识网络型专利数据库。数据来源于国家知识产权局知识产权出版社,收录从 1985 年至今的中国专利,目前,《中国专利全文数据库》共计收录专利 1700 万条,包括发明专利、实用新型专利、外观设计专利三个子库,准确反映了中国最新的专利发明。

3. 公开技术报告

从国家重大科技水专项、生态环境部、农业农村部、科技部等国家有关部门公开的材料中获得与本研究相关的技术报告。

4. 技术效果的确认

根据云南大学承担的国家重大科技水专项获得的交流材料，遴选典型代表技术的应用区域进行现场调查，对云南及其临近的技术应用示范区进行随机采样，以核实或确认相关技术参数。

8.2.2　数据整理

根据资料，利用 Word 软件整理筛选出技术目录，单项技术和集成技术分开整理，目录包括技术的名称及各项可用于分析的参数。单项技术表示应用技术组成项不大于 1，集成技术表示应用技术组成项不小于 2。按属性(技术所属的领域)对技术分类整理，属性分类基于技术研发所涉及的学科领域、原理与组成、基建条件和拟解决什么样的环境问题等方面的考量进行划分。大致可分为环境保护技术领域、农业固废技术领域、农业种植技术领域、农业水土工程技术领域、生活污水处理技术等五个方面。根据属性资料的划分，结合相关技术的技术参数细化整理出相关技术的发明年、污染负荷削减率、设计依托的的土地利用类型(农业耕作范畴)、适合的流域(湖泊、河流等)等数个数据集合单元。利用 Excel 数据整理分析软件将不同的数据单元整合到一起组成一个完整的数据库。

根据不同的污染源将技术划分为四个方面的类别：农村综合面源污染防控治理技术，农村生活面源污染防控治理技术、农业面源污染防控治理技术、农田面源污染防控治理技术。利用 Excel 将不同类别的技术参数各自整合到彼此独立的单元，以备用于层次优选分析。

8.2.3　数据分析

8.2.3.1　数据整合

根据相关技术的运行参数，利用 Excel 和 SPSS 分析软件分别对单项技术(属性、流域、土地利用类型相同)、集成技术的 TN、TP、COD 等污染物的去除率进行优势度对比分析，目的是筛选出同等外在条件下的优质技术。利用 MATLAB 等相应软件分别进行单项技术与复合技术的优势性层次分析，目的是充分挖掘技术的潜在能力，以便于为以后的技术应用提供更全面的数据依靠。进一步利用 MATLAB 软件进行技术对外在条件的满足的层次分析，目的是获得关于技术可应用推广的方向性参考数据。

8.2.3.2　层次分析法

层次分析法(analytic hierarchy process，AHP)是指将一个复杂的多目标决策问题作为一个系统，将目标分解为多个目标或准则，进而分解为多指标(或准则、约束)的若干层次，通过定性指标模糊量化方法，算出层次单排序(权数)和总排序，以作为目标(多指标)、多方案优化决策的系统方法。层次分析法比较适合于具有分层交错评价指标的目标系统，而且目标值又难于定量描述的决策问题，具体情况见图 8-2。

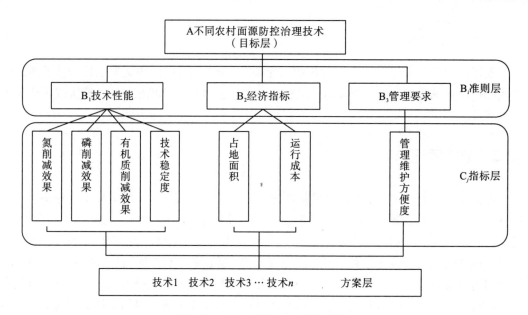

图 8-2　AHP 分析的方案逻辑框架

AHP 是将决策问题按总目标、各层子目标、评价准则、具体的备选方案的顺序分解为不同的层次结构，然后用求解判断矩阵特征向量的办法，求得每一层次的各元素对上一层次某元素的优先权重，最后用加权和的方法递阶归并各备择方案对总目标的最终权重，最终权重最大者即为最优方案。

本研究的 AHP 旨在根据不同的技术定位，对现有技术的遴选优先性进行比选。在以氮磷削减效果为核心的技术比选中，采用 LSD 或 Duncan 多重比较，获得不同技术在不同控制环节、不同污染源对象、不同控制条件下的氮磷削减效果，初步筛选出针对氮磷削减的优势技术环节或技术工艺。在此基础上利用 MATLAB 软件，对初步遴选的技术进行层次分析，评估现有技术的优先性。

AHP 指标选取基于技术有效性、经济指标及管理维护难易度三个层面进行分析。

技术有效性指标：跟据不同技术的针对性，选取合理的指标，一般分为针对农业农田面源污染的氮磷削减率、针对农村综合面源技术的氮磷削减率及有机质削减效果、针对农村生活面源相关技术的氮磷削减效果及有机质的削减效果等三个方面指标及技术的稳定度；技术稳定度采用专家打分法进行评估打分。

经济指标：主要考虑技术工艺的实际占地面积及运行成本，或者基建成本及整体的投入资本。

管路维护难易度：主要是结合实际的效益，对具体的技术工艺在运行过程中的人员配置等进行多方面的考量，采用专家打分法进行评估打分。

AHP 判断矩阵的构建：

(1)判断矩阵构建及权重确定。评价模型建立后，问题转化为层次分析中的排序问题。为确定每个因素对上一层次的相对重要性，采用 1～9 及其倒数进行标度(具体含义见表 8-1)，构造判断矩阵。

表 8-1 层次排序判断矩阵标准及含义

标度	含义
1	表示两个元素相比，两者同样重要
3	表示两个元素相比，一个元素比另一个元素稍重要
5	表示两个元素相比，一个元素比另一个元素重要
7	表示两个元素相比，一个元素比另一个元素强烈重要
9	表示两个元素相比，一个元素比另一个元素极端重要
2、4、6、8	介于上述相邻评价准则的中间状态
倒数	因素 n 与 j 比较得判断 b_n，则因素 j 与 n 比较得判断 $b_{jn}=1/b_{nj}$

(2) 一致性检查。构建判断矩阵后需对其进行一致性检验。将计算所得一致性指标 $CI=(\lambda_{max}-n)/(n-1)$ 与判断矩阵平均随机一致性指标 RI(1～9 阶判断矩阵 RI 值分别为 0，0，0.58，0.90，1.12，1.24，1.32，1.41，1.45)相比较，得随机一致性比率 CR，CR=CI/RI。若 CR<0.10，认为判断矩阵及层次单排序的结果具有比较满意的一致性，否则需要调整判断矩阵元素的取值。

例：

$$A=\begin{bmatrix} a_{11} & a_{12} & a_{13} & \cdots & a_{1j} \\ a_{21} & a_{22} & a_{23} & \cdots & a_{2j} \\ \vdots & \vdots & \vdots & & \vdots \\ a_{n1} & a_{n2} & a_{n3} & \cdots & a_{nj} \end{bmatrix}$$

(1) $a_{nj}=1$ 表示前一个因素 n 与后一个因素 j 同等重要；

(2) $a_{nj}>1$ 表示前一个因素 n 与后一个因素 j 比，n 重要，重要程度参考表 8-1；

(3) $a_{nj}<1$ 表示前一个因素 n 与后一个因素 j 比，j 重要，重要程度参考表 8-1；

判断矩阵构建成功后，编辑代码导入 MATLAB 脚本。运行后即可得到各矩阵最大特征向量 λ_{max}、相对应的特征向量 $(w_1,w_2,\cdots,w_i)$ 及一致性检验指标 $cr_0,\cdots,cr_j$ 的值，若一致性通过检验，则系统会自动进行下一层次的排序分析，得到各层要素对于上一层某要素的重要性排序及最后的组合权重系数，最后输出结果，分析各层要素的重要性及综合权重后的优选方案。在构建目标层与准则层、准则层与判断层的矩阵时都进行一致性检验。

规范化分析方法：主要从技术本身是否具备可推广性、政府的政策依托、技术推广主体的可接受程度进行分析。

8.3　研究结果与分析

8.3.1　农业农村面源污染防控技术的基本特征

8.3.1.1　技术来源情况

通过中国专利数据网、中国 CNKI 论文网、科技部重大科技水专项公开技术资料，共搜集到农业农村面源相关治理技术 200 余种，剔除部分技术存在重要参数不全、有的还只是一种方法设计缺乏技术应用结果或验证研究等，最后选取归纳了相对成熟、典型技术参数相对完整的农业农村面源污染治理技术或防控复合技术 100 项，其中单项技术 30 项，集成技术 70 项(见附件 1)。

这些技术均可以用来解决农业农村面源污染问题，但根据现有技术来源和研发部门的管理特点，其分属于不同的技术领域。根据现有的技术归属和分类体系，这些技术主要涉及：

(1)环境保护技术领域，共 9 项。其中单项技术 2 项，占 22.22%；复合技术 7 项，占 77.78%；污染物的削减效率，TN 为 38.45%～97.35%，TP 为 25.42%～98.80%，COD 为 32.96%～83.45%。

(2)环境与生态工程技术领域，共 19 项。其中单项技术 6 项，占 31.58%；复合技术 13 项，占 68.42%；污染物的削减效率，TN 为 10%～97.37%，TP 为 30%～7%，COD 为 10%～99%。

(3)面源污染防控技术领域，共 19 项。其中单项技术 8 项，占 42.11%；复合技术 11 项，占 57.90%；污染物的削减效率，TN 为 0%～98.75%，TP 为 0%～99.45%，COD 为 0%～93.27%。

(4)农业水土流失防控技术领域，共 9 项。其中单项技术 2 项，占 22.22%；复合技术 7 项，占 77.78%；污染物的削减效率，TN 为 54%～90.17%，TP 为 44%～90%，COD 为 20%～36.67%。

(5)农业种植技术领域，共 4 项。其中单项技术 1 项，占 25%；复合技术 3 项，占 75%；污染物的削减效率，TN 为 59.78%～90.37%，TP 为 69.45%～85.71%，COD 为 48.43%～62.74%。

(6)农业资源与环境保护技术领域，共 13 项。其中单项技术 5 项，占 38.46%；复合技术 8 项，占 61.54%；污染物的削减效率，TN 为 10.20%～73.00%，TP 为 15.30%～73.00%，COD 为 11.27%～71.86%。

(7)生态修复技术领域，共 7 项。其中单项技术 2 项，占 28.57%；复合技术 5 项，占 71.43%；污染物的削减效率，TN 为 30.10%～84.10%，TP 为 23.80%～82.00%，COD 为 18.40%～73.30%。

(8)水污染处理技术领域，共 20 项。其中单项技术 4 项，占 20%；复合技术 16 项，占 80%；污染物的削减效率，TN 为 25.67%～98.00%，TP 为 19.88%～95.80%，COD 为 0%～97.90%。

8.3.1.2　技术研发针对的关键环节

根据面源防控的环节，技术研发主要针对源、流、汇三个方面展开，因此技术的主要控制环节就是这三个方面或者复合起来进行联控。

1. 控源减量的源头治理技术（源）

该技术主要是基于农田等源强削减方面的技术，如秸秆覆盖、测土配方、减少化肥农药使用等技术，共 19 项。其中单项技术 11 项，占 57.90%；复合技术 8 项，占 42.10%。

2. 过程拦截技术（流）

该技术主要基于径流产生和输移环节对污染物进行削减，如前置库、拦截技术、生态沟渠技术、缓冲带等技术，共 29 项。其中单项技术 14 项，占 48.28%；复合技术 15 项，占 51.72%。

3. 尾水末端治理技术（汇）

该技术主要在面源入河进沟前后对面源进行收集并适当集中处理，包括各类湿地技术、滤池技术、膜处理技术等，共 42 项。其中单项技术 5 项，占 11.91%；复合技术 37 项，占 88.09%。

控源-截污-末端治理（源-流-汇三位一体）相结合的技术：上述技术两类或三类联合一起使用的技术，共 10 项。其中复合技术 10 项，占 100%。

8.3.2　单项技术的技术特征分析

1. 农业农村面源污染防控技术研发的地域特征

已经研发的农业农村面源污染技术主要针对我国辽河、太湖、巢湖、长江三峡库区以及西南滇池、洱海等水体富营养化污染较为严重的流域进行。

2. 农业农村面源污染防控技术研发的技术内涵特征

目前，解决农业农村面源污染的技术内涵主要有生物生态技术、化学技术、物理技术三个方面，生物生态技术比例达到 71.43%，其次是化学技术。

3. 农业农村面源污染防控单项技术的效率情况

各单项技术削减面源污染的效能见附表 1-3，从表中可以看出，单项技术削减 COD、TP、TN 的比例范围分别在 0%～99%，0%～82%，0%～85.5%。

4. 技术参数间的关系分析

单项技术对 TN/TP/COD 的削减率之间的关系见图 8-3、图 8-4、图 8-5 和图 8-6。从图中可以看出，TN 削减率、TP 削减率、COD 削减率彼此呈正相关，简单线性相关方程中所有系数均为正数；但是，从三者联合关系分析中发现，在 COD 去除很高的某些区间中，TN 和 TP 的去除率很低，可能相关技术去除不同污染物的机理和过程不同。

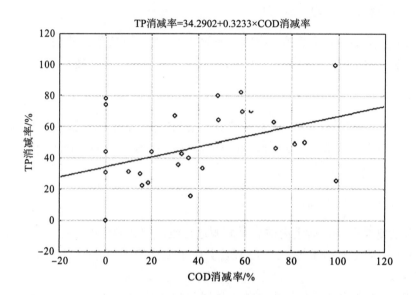

图 8-3　COD 削减率与 TP 削减率的关系分析

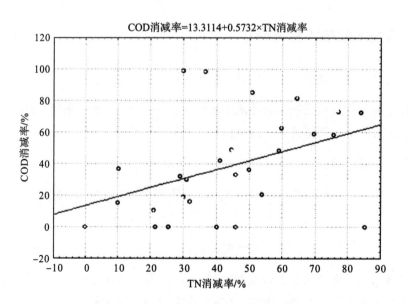

图 8-4　TN 削减率与 COD 削减率的关系分析

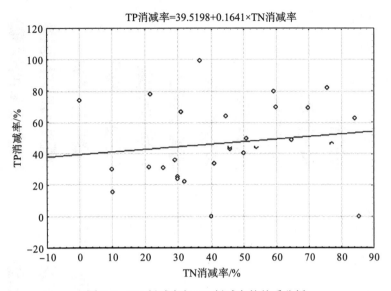

图 8-5　TN 削减率与 TP 削减率的关系分析

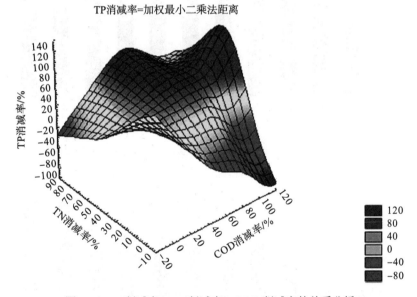

图 8-6　TN 削减率、TP 削减率、COD 削减率的关系分析

8.3.3　复合技术的技术特征分析

8.3.3.1　复合技术对农村综合源氮磷的削减效果

本研究整理的复合技术对农村综合源污染物削减的基本特征如图 8-7、图 8-8 和图 8-9 所示。从图中可以看出，RT4 和 RT5 在农村面源污染综合面源污染物治理中对 TN、TP 和 COD 的削减效果优于其他技术。其他技术中 RT3、RT8、RT9 对污染物的削减效果较好，且较稳定。

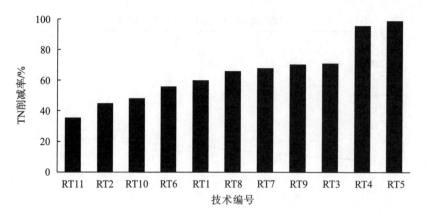

图 8-7 不同复合技术对农村综合面源污染物中 TN 的削减效果

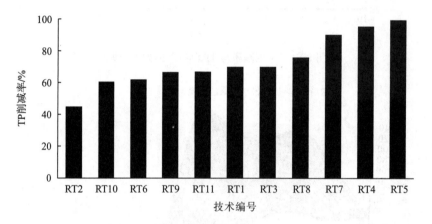

图 8-8 不同复合技术对农村综合面源污染物中 TP 的削减效果

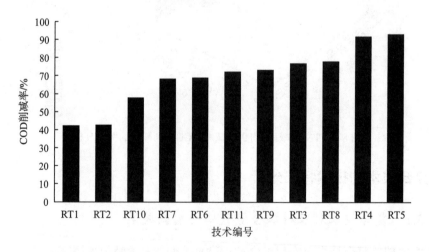

图 8-9 不同复合技术对农村综合面源污染物中 COD 的削减效果

不同的复合技术对农村综合面源污染物 TN 削减的基本特征见图 8-7,从图中可以看出,不同的复合技术对农村综合面源污染物 TN 的削减率从大到小依次为 RT5＞RT4＞RT3

>RT9>RT7>RT8>RT6>RT10>RT2>RT11。除 RT11 外，其他技术的削减率均在 40% 以上，削减效果较好。其中 RT4 和 RT5 削减效果明显优于其他技术。

不同的复合技术对农村综合面源污染物 TP 削减的基本特征分析见图 8-8，从图中可以看出，对 TP 的削减率从大到小依次为 RT5>RT4>RT7>RT8>RT3>RT1>RT11> RT9>RT10>RT2。所有技术对 TP 的削减率均达到 40% 以上，均具有较好的削减作用。除 RT2 外其他技术的削减率均在 60% 及以上，说明这些技术对 TP 的削减效果总体上能达到较好的水平。其中 RT4、RT5 和 RT7 削减效果明显优于其他技术。

不同技术对农村综合面源污染物 COD 削减的基本特征分析见图 8-9，从图可以看出，削减率从大到小依次为 RT5>RT4>RT8>RT3>RT9>RT11>RT6>RT7>RT10>RT2 >RT1。所有技术对 COD 的削减率均在 40% 以上，均具有较好的削减作用。除 RT1 和 RT2 外其他技术的削减率均达到 55% 以上，说明其他技术对 COD 的削减效果良好。其中 RT4 和 RT5 的削减效果明显优于其他技术，其次是 RT8 和 RT3，且 RT3<RT8。

结合附件 1，从防控环节上来看，RT4、RT5 及 RT8 均属于源-流-汇三位一体联合控制技术，占比达到了 27.27%；其他技术均属于末端治理（汇）技术，占比达到了 72.73%。结合工艺组成表明，对于农村综合面源的防控治理，一般更倾向于采取针对受难水体的末端原位生态修复工程技术。结合总体削减效果来看，源-流-汇的三位一体联合技术对面源污染物的削减有较明显的优势。除去 RT4 及 RT5 两项综合优势明显的技术外，结合单因素的污染削减效果来看，技术 RT3、RT9、RT7 和 RT8 对 TN 的削减效果较好；RT7 对 TP 的削减效果明显优于其他技术，其次是 RT8 和 RT3。COD 的削减结果显示，RT8 和 RT9 优势明显，其次是 R9 和 R11。RT11 对 TN、TP 的削减效果相对于其他技术来说较差。结合附件 1 的技术工艺组成，表明基于源头上的农田布局及改造技术+生态拦截+生物消解技术对于农村综合面源污染物的削减有较好的效果，基于末端治理的主要技术中以微生物和植物削减为主题的生态修复技术对面源污染的削减效果较好。

8.3.3.2　复合技术对农村生活源污染物削减效果比较

农村生活面源污染在产生及排放方式上就决定了它是一种很难从源头上进行削减的污染源，因此对于生活面源的防控治理技术一般从过程拦截到末端治理方面着手。拦截技术一般都是辅助性的，并不主要作用于污染物的削减，因此针对面源污染的治理技术均归类为汇的治理。

不同复合技术对 TN、TP 及 COD 的削减基本特征分析分别见图 8-10、图 8-11 和图 8-12。对比 23 项不同农村生活面源污染处理工艺对 TN、TP 和 COD 的削减效果可以看出：对 TN 的削减效果（图 8-10）分析表明，除 LT21 外，其他工艺对于 TN 的削减率均达到 40% 以上，顺着横轴推进大致可以分为三个等级，即 LT7～LT19 的削减率为 40%～ 60%、LT14～LT1 的削减率为 60%～80%、LT11～LT12 的削减率为 80%～100%。其中技术 LT12 和 LT15 对 TN 的削减率显著优于其他技术。对 TP 的削减效果（图 8-11）分析表明，除技术 LT17 外其他技术对 TP 的削减率均在 40% 以上，沿横轴向右继续推进大致可以划分为三个等级，即 LT19～LT22 的削减率为 40%～49%、LT10～LT2 的削减率为 67%～ 80%、LT1～LT12 的削减率为 80%～100%。其中第一等级与第二等级的削减效果差异显著，第三等级的 LT6 和 LT12 与同层次技术相比削减效果较好，与其他层次技术相比明显较优。对 COD 的削减效果（图 8-12）分析表明，除 LT17 外，其他技术对 COD 的削减率均达到了 60%以上，表明削减效果较好。沿横轴向右推进，从 LT16 开始直到 LT15，相关技术对 COD 的削减效果相似，技术间的削减效果相差不大，均维持在 76%～85.6%，表明这些技术对于农村生活面源污染中的 COD 均具有较强的削减效果。结合技术对其他负荷的削减，表明技术在生活面源污染削减方面体现出一定的偏向性。

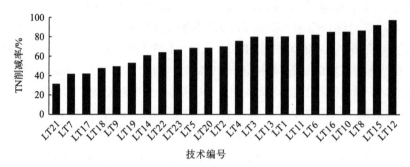

图 8-10　不同复合技术对农村生活面源污染物中 TN 的削减效果

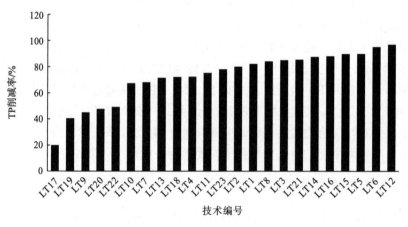

图 8-11　同复合技术对农村生活面源污染物中 TP 的削减效果

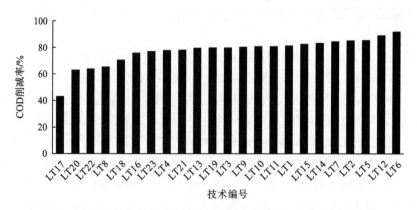

图 8-12　不同复合技术对农村生活面源污染物中 COD 的削减效果

结合附件 1,从防控治理环节来看,23 种削减技术均属于末端治理环节技术。这表明对于生活污水的治理一般采用末端治理技术。结合工艺组成发现,农村生活污水治理方面的技术多采取土地处理技术、生物滤池、微生物活性利用技术及人工湿地等技术。工艺结合削减效果,表明其中土地处理技术和生物滤池技术在农村面源污染处理方面具有较好的削减效果。

8.3.3.3　复合技术对农业面源污染削减效果的比较

对于农业面源污染来说,污染源可以细分为两大类:农田种植业和畜禽养殖业,但是对于农村的畜禽养殖业来说,集约化规模养殖主要分布于那些经济相对较好的乡镇村落,这类型村落基础设施大多趋于完善,对于养殖业的污染源已经达到很规范高效的处理能力,而且污染输出以点源输出为主,不再作为本研究分析的范畴。而相对落后的地区大多都是散养户,污染源分散,难以集中,这类养殖产生的面源污染大多跟随生活源进行处理。因此,此处分析的农业面源的污染处理技术主要从农业整体及农田两个方面进行。

1. 对农业面源 TN、TP 削减的主要技术

我国很多区域,农业生产以家庭为单位,种植业和畜禽养殖业往往混合在一起,产生的面源污染往往也复合在一起。针对该类农业面源污染防控,全国不同区域开展技术研发时都相应地进行了大量的研究,形成的主要技术及其应用效果见附表 1-3。

对农业面源防控技术从主控环节上进行汇总,通过 Duncan 差异性比较分析,获得不同防控环节上各项技术之间的差异性,结果见表 8-2。

表 8-2　Duncan 分析比较不同防控机理农业面源治理技术的削减效果

指标	TN		TP	
	Alpha 的子集=0.05		Alpha 的子集=0.05	
防控环节	源头治理	过程拦截	源头治理	过程拦截
过程拦截	52.6694	—	52.3631	—
末端治理	—	70.08	62.9	62.9
源头治理	—	75.8625	—	76.7438
三位一体联合	—	76.8357	—	81.4014
显著性	1	0.437	0.24	0.054

从分析结果可知,不同环节的面源污染治理技术对于 TN、TP 的削减效果存在差异,在对 TN 的削减效果上,过程拦截技术(环节 2)与源头治理技术、末端治理技术及三位一体联合技术之间存在显著差异,差值为正,说明对于农业面源污染治理来说过程拦截技术并不是最佳方案选择;其他三种方案下的技术削减效果也存在差异,但是差异并不明显。对 TP 的削减效果上过程拦截技术与末端治理技术存在差异,但差异性不显著,与源头治理技术和三位一体联合技术存在显著差异;末端治理技术与源头治理技术和三位一体联合技术彼此之间存在差异,但是差异并不显著。根据差值之间的正负可以看出,不同环节的

治理技术不论是对 TN 的削减还是对 TP 的削减都表现出一定削减效果，即过程拦截末端治理＜末端治理技术＜控源减量技术＜控源减量-过程拦截—末端治理联合技术。

2. 对农业综合源（含种植养殖）TN、TP 的削减

不同农业面源污染治理技术削减效果的基本特征见图 8-13 和图 8-14。从图中可以看出，现有的各类不同技术对农业综合面源的 TN、TP 削减效果均达到了 20%以上，说明有一定的去除效果；其中技术 AT6 和 AT10 的综合去除效果优势明显。对于 TN 的削减方面，技术 AT6 和技术 AT10 同样表现出较明显的优势。对于 TP 的削减上 AT2、AT4、AT6、AT7、AT10 和 AT11 占有较明显的优势，其中 AT6 和 AT10 的削减效果优势较突出。

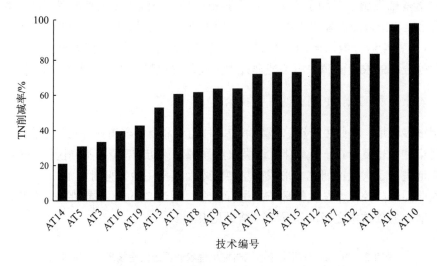

图 8-13　不同农业面源污染治理技术对 TN 的削减效果

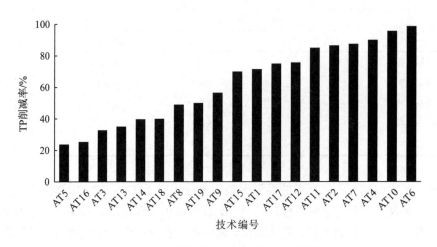

图 8-14　不同农业面源污染治理技术对 TP 的削减效果

通过附件 1，结合技术工艺组成可以看出，AT6 所代表的清污分流技术及 AT10 代表的多重基质-植物-人工湿地组成的消纳技术在农业面源污染治理方面效果显著，其次

是生物滤石槽+生物膜吸附技术+植物栅、植物篱-土壤渗滤塘系统及田间水肥管理+生态草沟拦截技术+养分再利用的湿地塘堰联合控源技术等。AT3、AT5 及 AT14 的综合削减效果明显低于其他技术，通过附件 1 了解到这几项技术的构造均属于一种就地取材的近自然处理方式，结构单一，且最主要的消解技术就是土著植物的吸收降解，所以削减效果较差。

8.3.3.4　对农田面源 TN、TP 的削减

不同复合技术对农田面源污染削减的特征见图 8-15 和图 8-16。从图中可以看出，筛选出的农田面源污染控制技术对 TN 的削减效果均达到 40%以上，对 TP 的削减效果均处于 35%以上，表明这些技术对农田面源的削减整体上都比较有效。

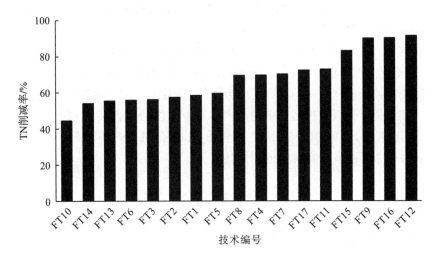

图 8-15　不同复合技术对农田面源污染物中 TN 的削减效果

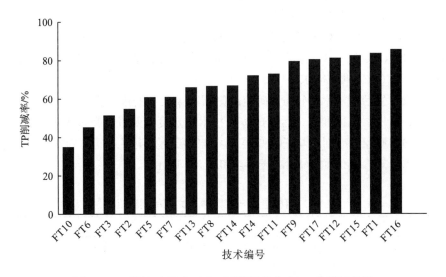

图 8-16　不同复合技术对农田面源污染物中 TP 的削减效果

从不同复合技术对 TN 和 TP 的削减效果基本特征分析中可以看出，对 TN 的削减，除去技术 FT10 代表的沟渠-塘堰湿地技术的削减率在 50%以下，其余技术对 TN 的削减效果均在 50%以上；除去 FT10 后沿横轴向右延伸基本可以划分为三个阶段，削减效果排序为：FT14～FT5＜FT8～FT11＜FT15～FT12。在 TP 的削减方面，除去 FT10、FT6 技术外其余技术对于 TP 的削减效果均达到了 50%以上，表明这些技术对 TP 削减效果明显。其中 FT9、FT17、FT12、FT15、FT1 和 FT16 对 TP 的削减效果显著优于其他技术。

图 8-15 结合附件 1 发现，FT14 和 FT5 所代表的生态沟渠、人工湿地及生态塘等技术，其对 TN 削减效果低于 FT8、FT4、FT7、FT17 和 FT11 所代表的防止水土流失及相关资源再利用等以源头防控或资源循环利用技术为主的工艺，也低于 FT15、FT9、FT16 和 FT12 所代表的农业产业优化和布局及田间水肥管理等以控源清洁生产技术和生态修复工程技术联合应用为主的工艺。以上结果表明，在农田面源污染削减方面，源头治理及生态修复工程技术构成的多重消纳体系占较大优势。

通过附件 1，结合相关技术的工艺组成，表明 FT7、FT1 和 FT9 等基于控源减量-过程拦截-末端治理或生态修复的技术，以及 FT16、FT15、FT12 和 FT17 等基于控源减量的技术对目标污染物的削减水平保持较高的一致性。这表明对于农田面源污染的控制应当注重对源头控制和三位一体联合控污技术的应用。其中 FT1 的化学原位固磷技术+生态沟渠+生物塘+人工湿地对于 TP 的削减效果占明显优势，但是对 TN 的削减效果一般，原因可能是源头控制技术中添加了针对磷素的固定技术。

8.3.4 农村生活源污染削减技术优选的层次分析

8.3.4.1 指标筛选及模型选择

本研究进行层次分析的方案和指标为：
(1)目标层 A：不同复合技术优选。
(2)准则层 B 选取：B1 技术性能、B2 投入要求、B3 运行维护要求。
(3)判断层 C 选取：B_1-C_n(目标技术削减效果及技术稳定度)、B_2-C_n(占地面积及运行成本)、B_3-C_n(管理维护需求)。

考虑到农村生活源污水的特征，确定准则层污染负荷的削减指标类型，通过考量技术的削减效果、投资、占地面积、运行成本、技术稳定度以及维护管理需求等方面的因素，构建目标层与准则层、准则层与子准则层、子准则层及方案层之间的判断矩阵，并进行各矩阵指标权重计算，具体如表 8-3、表 8-4 和表 8-5 所示。

表 8-3 目标层 A 与准则层 B 之间的判断矩阵

A	B_1	B_2	B_3	CR	λ_{max}	w_i
B_1	1	3	5	0.0332	3.0385	0.6370
B_2	1/3	1	3	—	—	0.2583
B_3	1/5	1/3	1	—	—	0.1047

表 8-3 表明，通过计算得出的判断矩阵随机一致性比率 CR=0.0332＜0.1，表示该矩阵一致性通过；关联系数 λ_{max}=3.0385；得到相应的特征向量为 w_i=(0.6370，0.2583，0.1047)，三个特征向量分别代指 B_1、B_2、B_3 所占的权重。由准则层权重指标可以看出，对于技术的筛选更看重技术性能的搭配，其次是经济指标，最后是管理维护指标，较符合农村面源污染治理技术的高效、经济、易维护的筛选准则。

根据上述方法构建不同层次的准则层 B 与指标层 C 之间的判断矩阵(表 8-4)和目标层与指标层总排序权重对照表(如表 8-5)，并进行指标层评分归一化标准分析，表 8-6 表示各指标的归一化标准分析结果。

表 8-4　准则层 B 与指标层 C 之间的判断矩阵

B-C	C_1	C_2	C_3	C_4	C_5	C_6	C_7	CR	λ_{max}	w_j
C_1	1	1	1	3	4	5	5	0.0668		0.2394
C_2	1	1	1	3	4	5	5		7.5293	0.2394
C_3	1	1	1	3	4	5	5			0.2394
C_4	1/3	1/3	1/3	1	3	5	3			0.1206
C_5	1/4	1/4	1/4	1/3	1	3	5			0.0833
C_6	1/5	1/5	1/5	1/5	1/3	1	1/3			0.0322
C_7	1/5	1/5	1/5	1/3	1/5	3	1			0.0455

表 8-5　目标层与指标层总排序权重对照表

指标	要素及权重			C 层总排序权重 w_{ij}
	B_1	B_2	B_3	
	(0.6370)	(0.2583)	(0.1047)	
C_1	0.2394	0	0	0.1525
C_2	0.2394	0	0	0.1525
C_3	0.2394	0	0	0.1525
C_4	0.1206	0	0	0.0768
C_5	0	0.0833	0	0.0215
C_6	0	0.0322	0	0.0083
C_7	0	0	0.0455	0.0048

表 8-6　指标层评分归一化标准

指标	好	较好	一般	较差	很差
C_1	1～0.8	0.8～0.6	0.6～0.4	0.4～0.2	0.2～0.1
C_2	1～0.8	0.8～0.6	0.6～0.4	0.4～0.2	0.2～0.1
C_3	1～0.8	0.8～0.6	0.6～0.4	0.4～0.2	0.2～0.1
C_4	1～0.8	0.8～0.6	0.6～0.4	0.4～0.2	0.2～0.1
C_5	1～0.8	0.8～0.6	0.6～0.4	0.4～0.2	0.2～0.1
C_6	1～0.8	0.8～0.6	0.6～0.4	0.4～0.2	0.2～0.1
C_7	1～0.8	0.8～0.6	0.6～0.4	0.4～0.2	0.2～0.1

8.3.4.2 农村生活源污染防控技术优选

对筛选的农村生活源污染防控技术进行层次分析,分析中涉及的主要过程参数及其评估得分分别见表8-7、图8-17、图8-18和图8-19。

表8-7 23项农村生活面源污染处理技术层次分析的过程参数

	TN 削减率/%	TP 削减率/%	COD 削减率/%	技术稳定度	运行成本	占地面积	管理难易度	总得分
	$w_{ij}=0.1525$	$w_{ij}=0.1525$	$w_{ij}=0.1525$	$w_{ij}=0.0768$	$w_{ij}=0.0215$	$w_{ij}=0.0083$	$w_{ij}=0.0048$	
LT1	0.80	0.82	0.82	0.90	0.95	0.30	0.85	0.4682
LT2	0.70	0.80	0.86	0.91	0.79	0.99	0.87	0.4592
LT3	0.80	0.85	0.80	0.85	0.78	0.99	0.75	0.4675
LT4	0.76	0.72	0.78	0.95	0.78	0.60	0.89	0.4436
LT5	0.69	0.90	0.86	0.80	0.75	0.70	0.60	0.4599
LT6	0.82	0.95	0.92	0.80	0.99	0.80	0.90	0.5039
LT7	0.42	0.68	0.85	0.79	0.41	0.70	0.56	0.3754
LT8	0.87	0.84	0.65	0.91	0.46	0.27	0.69	0.4452
LT9	0.50	0.45	0.81	0.76	0.70	0.25	0.90	0.3482
LT10	0.85	0.67	0.81	0.90	0.45	0.36	0.90	0.4414
LT11	0.82	0.75	0.81	0.76	0.75	0.35	0.90	0.4447
LT12	0.97	0.97	0.89	0.89	0.80	0.20	0.76	0.5224
LT13	0.80	0.71	0.80	0.84	0.79	0.10	0.78	0.4383
LT14	0.61	0.88	0.83	0.90	0.66	0.15	0.60	0.4412
LT15	0.92	0.90	0.83	0.96	0.99	0.79	0.88	0.5099
LT16	0.85	0.88	0.76	0.80	0.90	0.80	0.80	0.4710
LT17	0.42	0.20	0.43	0.60	0.90	0.62	0.74	0.2343
LT18	0.48	0.72	0.71	0.75	0.50	0.70	0.70	0.3688
LT19	0.53	0.40	0.80	0.76	0.49	0.99	0.74	0.3445
LT20	0.69	0.48	0.63	0.79	0.43	0.80	0.90	0.3556
LT21	0.32	0.85	0.78	0.69	0.37	0.86	0.75	0.3691
LT22	0.64	0.49	0.64	0.56	0.95	0.40	0.80	0.3405
LT23	0.67	0.78	0.77	0.50	0.56	0.75	0.75	0.3988

通过层次分析得到各类技术性能评估结果,见图8-17。从图中可以看出,农村生活面源污水处理技术中,LT12、LT15以及LT6得分值高,具有明显的优势。所有技术按照得分值沿横轴向右延伸可以分为四组,从低到高的顺序依次为:LT17~LT9<LT22~LT23<LT13~LT1<LT6~LT12。第一、二、四组技术得分增长趋势明显,第三组技术得分增长趋势较缓且分值明显高于第一、二组,表明第三组技术在技术性能方面表现出较高的相似性结果。结合附件1可以得出,生物滤池-湿地组合及土地处理技术在农村生活面源污染治理方面的技术性能优势明显。

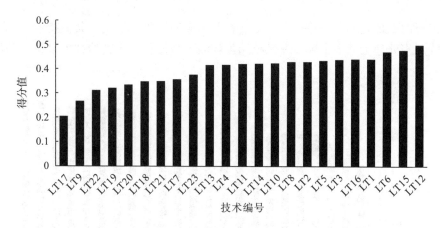

图 8-17　农村生活面源污染防控技术层次分析：技术性能评估结果

通过层次分析得到各类技术的投入成本评估结果见图 8-18。从图中可以看出，整个技术沿横轴向右延伸可以分为四组，得分值从低到高分别为 LT8～LT21＜LT14～LT11＜LT4～LT2＜LT16～LT6。结合附件 1 可以看出，LT6 和 LT15 代表的土壤处理技术在占地面积及运行成本方面有明显的优势；其次是 LT16、LT2 和 LT3 代表的植物-土壤渗滤系统、多介质土壤层耦合、复合塔式生物滤池等技术。

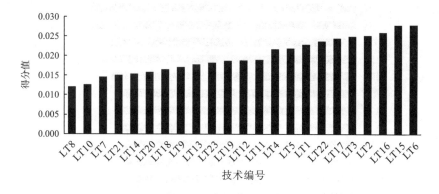

图 8-18　农村生活面源污染防控技术层次分析：经济成本评估结果

通过层次分析得到各类技术的管理维护评估结果见图 8-19。从图中可以看出，整个技术沿横轴向右延伸可以分为四组，得分值从低到高分别为：LT7～LT8＜LT17～LT22＜LT1～LT11＜LT18～LT20。除去 LT7、LT5 代表的技术在管理层次上得分较低外，其他技术总体上处于较好水平。其中 LT20 和 LT18 的得分明显优于其他技术，表明这两项技术在管理维护需求上属于易维护技术。通过附件 1，结合技术工艺组成发现地埋式一体化生物滤池技术在管理需求上属于易维护技术。

将三个方面评价的结果进行整合，获得各项技术的综合评价得分，结果见图 8-20。从图中可以看出，除去 LT17 单列外，其他技术沿纵轴向上延伸可以分为三个层次，三个层次得分值从低到高依次为：LT22～LT23＜LT13～LT16＜LT6～LT12；以 LT12 为代表的组合式生物滤池-湿地处理工艺、以 LT15 为代表的多级土壤渗滤系统和以 LT6 为代表的毛细管渗滤沟土地处理系统等在农村生活面源污染应用中明显优于其他技术。这表明在农村分散式污水处理工艺中土壤处理系统和生物滤池技术相对于其他技术来说有明显优势。

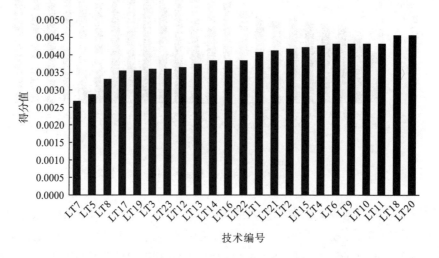

图 8-19　农村生活面源污染防控技术层次分析：管理维护评价

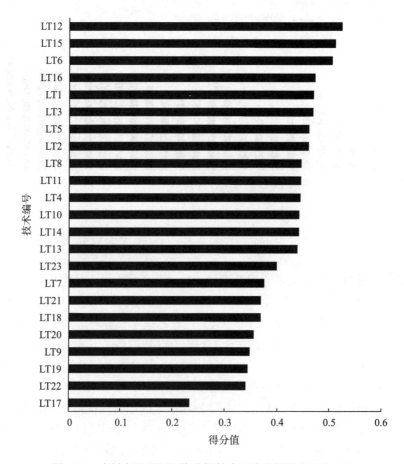

图 8-20　农村生活面源污染防控技术层次分析综合评价结果

8.3.5　农村综合面源污染削减技术优选的层次分析

农村综合面源污染主要包括农村生活污水、种植业与养殖业污水混排散流进入水体的污染，对此类污染防控技术进行层次分析和指标遴选，分析中构建的判断矩阵见表 8-8，准则层与指标层总排序权重分别见表 8-4 和表 8-5，分析过程中主要参数及结果见表 8-8、图 8-19 和图 8-20。

表 8-8　农村综合面源污染治理技术指标评价汇总表

	TN 削减率/%	TP 削减率/%	COD 削减率/%	技术稳定度	运行成本	占地面积	管理难易度	总得分
	$w_{ij}=0.1525$	$w_{ij}=0.1525$	$w_{ij}=0.1525$	$w_{ij}=0.0768$	$w_{ij}=0.0215$	$w_{ij}=0.0083$	$w_{ij}=0.0048$	
RT1	0.60	0.70	0.42	0.85	0.80	0.10	0.76	0.3493
RT2	0.45	0.45	0.43	0.80	0.80	0.15	0.85	0.2868
RT3	0.71	0.70	0.77	0.55	0.78	0.17	0.85	0.3970
RT4	0.96	0.95	0.92	0.90	0.50	0.10	0.90	0.5166
RT5	0.99	1.00	0.94	0.90	0.35	0.15	0.90	0.5290
RT6	0.56	0.62	0.69	0.75	0.70	0.55	0.60	0.3653
RT7	0.68	0.90	0.68	0.75	0.75	0.50	0.75	0.4261
RT8	0.66	0.76	0.78	0.75	0.60	0.55	0.75	0.4142
RT9	0.73	0.67	0.73	0.75	0.90	0.80	0.65	0.4115
RT10	0.48	0.61	0.58	0.55	0.90	0.90	0.60	0.3266
RT11	0.36	0.67	0.72	0.70	0.95	0.10	0.80	0.3457

由层次分析后得到各技术在技术性能、经济成本及管理维护方面的数据，见图 8-21，从图中可以看出，技术效能、经济成本方面的得分结果显示：RT11、RT10、RT9 所代表的人工强化生态滤床技术、复合介质-植被联合型生态沟渠技术及微生物复合介质联合型植被沟渠技术在经济成本方面占据很大优势，主要表现在占地面积小，运行成本低廉；其

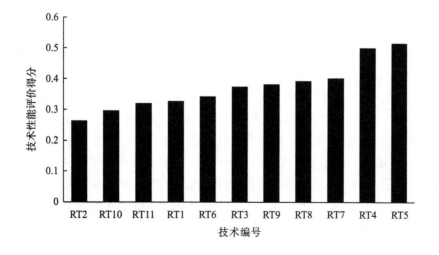

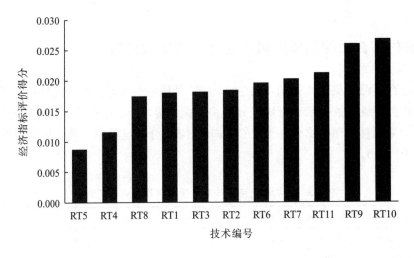

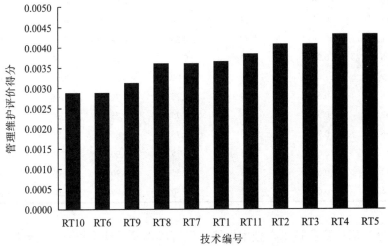

图 8-21　农村综合面源处理技术准则层次分析结果汇总图

次，技术 RT7、RT6、RT3、RT2、RT1 和 RT8 的经济成本有较大优势；技术 RT4 和 RT5 在经济成本方面较其他技术差，主要表现在它们占地面积大及运行资本的投入上，但在管理维护难易度层面比其他技术更有优势。与此相应的是，在管理维护层面上，技术 RT2、RT3、RT4 和 RT11 的得分结果显示这几项技术比较易于管理，RT7、RT8 和 RT11 次之，而 RT6、RT9 和 RT10 的结果表明这几项技术相对其他技术来说管理相对较难。

　　将三个方面评价的结果进行整合，获得各项技术的综合评价得分，结果见图 8-22，可以看出，农村综合面源处理技术备选方案中 RT5 和 RT4 技术优势性明显，其次是 RT7、RT8 和 RT9，然后是 RT3、RT6、RT1、RT11、RT10 和 RT2，其中 RT2 的综合得分最低，结合附件 1 可以看出，在环节治理上，三位一体联合技术具有较好的应用效果。结合工艺组成可以看出，在农村综合面源污染治理方面实施农田改造技术与生物消解及人工湿地综合控制技术是最好的选择。通过对其他优势技术的主要组成技术结构分析表明，微生物固氮解磷技术、生态塘及旁置生态沟的应用效果较好。

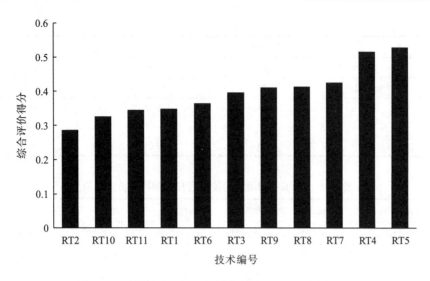

图 8-22　农村综合面源污染防控技术层次分析综合结果

8.3.6　农田面源污染治理技术优选的层次分析

基于农田面源污染防控的技术优选，考虑到农田污染物主要来自高浓度的化肥，因此技术分析主要考虑将氮磷的削减效果、技术稳定度作为技术性能指标，运行成本及占地面积作为经济指标，管理难易度作为管理指标，这三个方面构成准则层与指标层的判断矩阵，如表 8-9 和表 8-10 所示。准则层与指标层判断矩阵见表 8-9，指标层归一化表参考综合面源污染防控的层次分析（表 8-6）。对 17 项技术进行层次分析的结果见表 8-11 和图 8-23～图 8-26。

表 8-9　准则层与指标层判断矩阵

	C_1	C_2	C_3	C_4	C_5	C_6	CR	λ_{max}	w_j
C_1	1	1	3	4	5	5	0.0859	6.5327	0.3137
C_2	1	1	3	4	5	5			0.3137
C_3	1/3	1/3	1	3	5	3			0.1646
C_4	1/4	1/4	1/3	1	3	5			0.1114
C_5	1/5	1/5	1/5	1/3	1	1/3			0.0388
C_6	1/5	1/5	1/3	1/5	3	1			0.0576

表 8-10　目标层与指标层权重汇总

	要素及权重			C 层总排序权重 w_{ij}
	B_1	B_2	B_3	
	(0.6370)	(0.2583)	(0.1047)	
C_1	0.3137	0	0	0.1998
C_2	0.3137	0	0	0.1998
C_3	0.1646	0	0	0.1049

	要素及权重			C 层总排序权重 w_{ij}
	B_1	B_2	B_3	
	(0.6370)	(0.2583)	(0.1047)	
C_4	0	0.1114	0	0.0288
C_5	0	0.0388	0	0.0100
C_6	0	0	0.0576	0.0060

表 8-11　17 项农田面源污染治理技术指标评价汇总表

	TN 削减率/%	TP 削减率/%	技术稳定度	运行成本	占地面积	管理难易度	总得分
	$w_{ij}=0.1998$	$w_{ij}=0.1998$	$w_{ij}=0.1049$	$w_{ij}=0.0288$	$w_{ij}=0.0100$	$w_{ij}=0.0060$	
FT1	0.59	0.84	0.75	0.99	0.10	0.50	0.3969
FT2	0.58	0.55	0.50	0.85	0.10	0.60	0.3073
FT3	0.56	0.52	0.85	0.70	0.90	0.50	0.3371
FT4	0.70	0.72	0.85	0.79	0.10	0.70	0.4008
FT5	0.60	0.61	0.80	0.95	0.50	0.85	0.3631
FT6	0.56	0.45	0.80	0.80	0.30	0.70	0.3160
FT7	0.70	0.61	0.70	0.90	0.70	0.90	0.3735
FT8	0.70	0.67	0.80	0.99	0.30	0.45	0.3919
FT9	0.90	0.80	0.70	0.95	0.80	0.50	0.4515
FT10	0.45	0.35	0.50	0.95	0.30	0.50	0.2457
FT11	0.73	0.73	0.70	0.90	0.50	0.65	0.4000
FT12	0.92	0.81	0.70	0.85	0.30	0.80	0.4514
FT13	0.56	0.66	0.50	0.80	0.50	0.80	0.3290
FT14	0.54	0.67	0.50	0.90	0.90	0.50	0.3321
FT15	0.83	0.83	0.90	1.00	0.90	0.90	0.4703
FT16	0.94	0.86	0.90	1.00	1.00	0.90	0.4983
FT17	0.73	0.81	0.90	1.00	1.00	0.90	0.4463

　　对各项技术性能进行层次分析的结果见图 8-23，从图中可以看出，FT16、FT15、FT12、FT9 和 FT17 等技术在面源污染物削减和技术稳定度方面具有明显的优势，其中 FT16 最优。FT10 的在技术性能方面表现最差。去除 FT10 后根据结果差异大小沿横轴向右延伸大致可以分为四个层次：FT2～FT3＜FT5～FT4＜FT17～FT15＜FT16。结合附件 1 的技术组成信息可知，源头控污技术对于农田面源污染削减的技术性能较好。综合性能上 FT12 不如 FT9，但在技术性能上却优于 FT9。综合经济指标的结果表明 FT12 虽然在面源削减上优于 FT9，但由于占地面积过大、运行成本较高，拉低了其综合评分，表明在对农村面源污染治理技术的应用上要充分考虑经济投入。

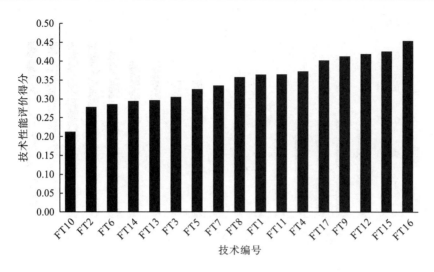

图 8-23　农田面源污染处理工艺技术性能评价结果

对各项技术的经济指标进行层次分析，结果见图 8-24。从图中可以看出，FT16、FT15 和 FT17 等技术表现出较强的优势性。结合附件 1 可以看出，源头治理技术是一种基于农田改造的原位减排控污技术，不需要借助其他技术工艺，不额外占用土地，且投资小收益高，无运行成本。其次是 FT9 和 FT14 等技术的优势性较明显，主要体现为在尽可能不占或少占耕地的情况下进行工程技术改造，并保证改造后能耗及维护管理投入低廉。

对各项技术的管理维护难易程度指标进行层次分析，结果见图 8-25。图中结果表明，FT16、FT15、FT17 和 FT7 表现出较强的优势。其他技术在管理维护的需求上得分参差不齐。结合附件 1 可知，源头控排技术及人工湿地技术对管理维护的需求较低，易于维护。

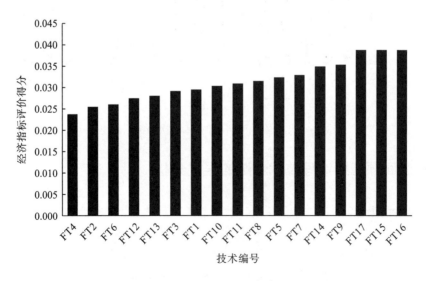

图 8-24　农田面源处理工艺技术经济评价结果

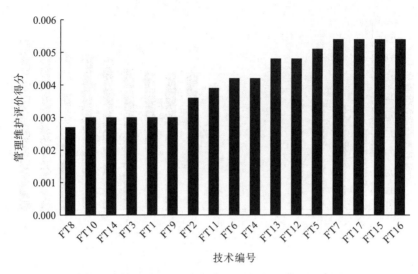

图 8-25　农田面源污染防控技术管理维护需求评价结果

　　将三个方面的评价结果进行整合，获得各项技术的综合评价得分，结果见图 8-26。从图中可以看出，在农田面源污染控制方面，FT16、FT15、FT9、FT12 和 FT17 占有明显的优势。结合附件 1 可以发现，在农业农田面源污染治理上从源头改善产业结构配置及节水节肥技术的应用效果更佳；在农田尾水处理方面生态拦截技术和末端治理技术的联合应用效果较好。

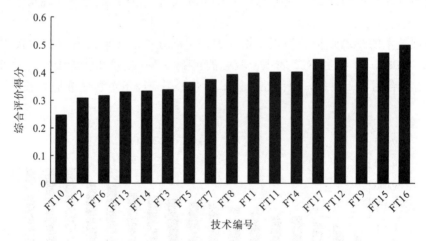

图 8-26　农田面源污染防控技术层次分析综合结果

8.3.7　农业面源污染治理技术优选的层次分析

　　基于农业面源污染防控技术的优选，主要考虑到种植业、散养性的养殖业污染汇集一起形成的污染，对这类污染防控技术开展层次分析时，主要也从三个方面构建判断矩阵。准则层与指标层判断矩阵见表 8-9，指标层归一化表参考综合面源污染防控的层次分析。对 19 项技术进行层次分析的结果见表 8-12、图 8-27～图 8-30。

表 8-12　农业面源治理技术综合评价

	TN 削减率/%	TP 削减率/%	技术稳定度	运行成本	占地面积	管理难易度	总得分
	$w_{ij}=0.1998$	$w_{ij}=0.1998$	$w_{ij}=0.1049$	$w_{ij}=0.0288$	$w_{ij}=0.0100$	$w_{ij}=0.0060$	
AT1	0.59	0.84	0.75	0.99	0.10	0.50	0.3969
AT2	0.58	0.55	0.50	0.85	0.10	0.60	0.3073
AT3	0.56	0.52	0.85	0.70	0.90	0.50	0.3371
AT4	0.70	0.72	0.85	0.79	0.10	0.70	0.4008
AT5	0.60	0.61	0.80	0.95	0.50	0.85	0.3631
AT6	0.56	0.45	0.80	0.80	0.30	0.70	0.3160
AT7	0.70	0.61	0.70	0.90	0.70	0.90	0.3735
AT8	0.70	0.67	0.80	0.99	0.30	0.45	0.3919
AT9	0.90	0.80	0.70	0.95	0.80	0.50	0.4515
AT10	0.45	0.35	0.50	0.95	0.30	0.50	0.2457
AT11	0.73	0.73	0.70	0.90	0.50	0.65	0.4000
AT12	0.92	0.81	0.70	0.85	0.30	0.80	0.4514
AT13	0.56	0.66	0.50	0.80	0.50	0.80	0.3290
AT14	0.54	0.67	0.50	0.90	0.90	0.50	0.3321
AT15	0.83	0.83	0.90	1.00	1.00	0.90	0.4703
AT16	0.94	0.86	0.90	1.00	1.00	0.90	0.4983
AT17	0.73	0.81	0.90	1.00	1.00	0.90	0.4463
AT18	0.59	0.84	0.75	0.99	0.10	0.50	0.3969
AT19	0.58	0.55	0.50	0.85	0.10	0.60	0.3073

　　通过层次分析得到各技术的技术性能得分，结果见图 8-27。从图中可以看出，技术 AT6 和 AT10 在技术有效性和稳定性上具有明显的优势性；其次，AT7、AT2 和 AT4 等技术性能也较好。结合附件 1 可知，在农业面源污染控制治理方面基于控源-过程拦截-末端治理的联合技术和源头治理技术，其技术有效性和稳定性较好；其次是基于末端治理的湿地-护坡系统，可作为第二备选方案，表明农业面源污染末端治理技术体系是基于技术有效性和稳定性的优选方案之一。

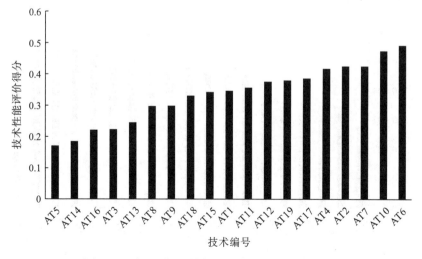

图 8-27　农业面源污染控制治理技术性能评价结果

通过层次分析得到各技术经济指标的得分，结果见图 8-28。从图中可以看出，从经济层面上来看，技术 AT9、AT5、AT6 和 AT14 优势明显。结合附件 1 可知，有些技术在运行成本上非常的低廉，但在经济指标的综合评价中技术处于较低的层次，如 AT3 和 AT4 在运行过程中基本属于无动力和微动力运行。从技术构造上看，AT3 和 AT4 在占地面积的需求上较大，表明技术的应用受到流域内土地利用情况的制约，尤其是人工湿地技术。从技术经济指标综合层面上来看，技术 AT5、AT6 和 AT9 在农业面源治理方面具有较好的经济优势；结合工艺组成参数表明，将生态沟渠及生态田埂应用于农业面源污染治理中，在占地面积和运行成本上占优势。

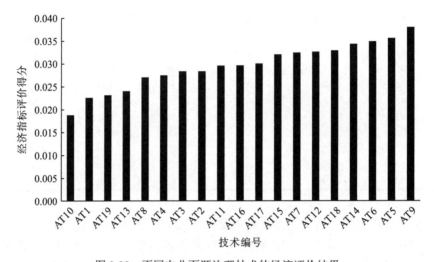

图 8-28　不同农业面源治理技术的经济评价结果

通过层次分析得到各技术管理维护的得分，结果见图 8-29，可以看出技术 AT1、AT3、AT4、AT9 和 AT12 在管理维护上优势明显。结合附件 1 可知，以人工湿地技术为主的工艺在管理层面上更占优势。

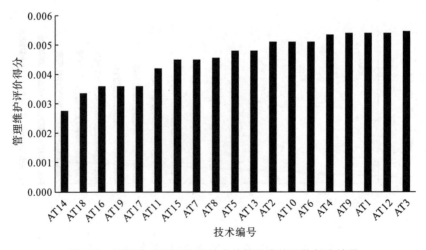

图 8-29　不同农业面源治理技术的管理维护评价得分结果

将以上三个方面评价的结果进行整合,获得各项技术的综合评价得分,结果见图 8-30。从图中可以看出,在农村农业面源整体防控治理集成技术工艺中,AT6 在面源污染治理技术方面占有很大的优势。其他技术沿横轴向右延伸大致可以划分为三个层次:AT5~AT13<AT8~AT11<AT19~AT10。结合附件 1 可知,AT6 作为雨污分流技术的一种代表性技术,使雨水或林地清水不经过田地村落直接汇入受纳水体,大大减轻了受纳水体在降雨时农业面源输出的压力。结合层次上的划分可以看出,AT10 在农业面源污染治理能力方面占据优势地位,其次是主要应用于农田方面的控源-拦截-末端吸收转化技术 AT7 和 AT4,以及以 AT2 为代表的用于受纳水体末端拦截消纳的技术,它们在农业面源污染治理方面有较明显的优势。此外,以 AT12 和 AT17 为代表的设施农业技术体系也具有较明显的技术优势。最终结果表明,在农业面源污染控制治理技术综合应用方面,基于控源-过程拦截-末端治理的三位一体联合技术在面源污染削减、经济效益和管理维护方面具有较强的优势,而用于受纳水体保护的末端生态拦截技术具有较好的应用价值。

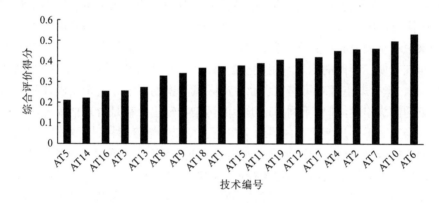

图 8-30　农业面源污染治理技术综合评价结果

8.4　讨论和主要结论

8.4.1　面源污染防控技术的适应性及其主要影响因素

目前的技术评估体系尚不完善,对于技术的评估方法均属于后评估方法。通过对技术后评估方法的了解,确定技术适应性研究的评价指标主要基于环境、技术性能和社会三个方面的选取。相关指标主要涉及技术的有效性、经济投入、后期维护等,这些指标主要受到区域的异质性影响,从而影响技术的遴选应用。

通过对技术资料的收集整理发现,不同技术在不同流域下的分类属性、工艺组装、目标污染物、削减效果和应用环节均存在较大的差异,原因是不同流域存在土地利用类型、面源污染负荷类型及社会环境的不同,这些不同决定了技术的差异。基于这些条件,部分研究者对农田不同灌溉技术进行了研究,构建了主要基于环境、技术和社会三个方面的评价指标体系,对不同的技术进行了综合应用评价,以便于相关技术的推广应用(朱兴业等,

2010；罗金耀等，2003；高峰等，2003）。国内外关于环境指标的研究主要是对不同的流域尺度、土地利用类型的确定，技术指标一般则是对技术的构成、原理和有效性的确定，而社会指标一般是对区域经济和人文两个方面进行研究确定（Zerihun et al.，1997；索滢等，2018；Karami，2006）。

通过单项技术对目标污染物的削减效果研究发现，主要的污染物削减效果之间存在某些联系，主要表现在 TN、TP 及 COD 的削减会随其他污染物的削减发生变化，这可能与技术的原理和功能构造上的不同有关。因为技术的原理和工艺构造决定技术应用的方向及需要解决的问题等。

8.4.2　土地利用类型对面源污染产生和防控方式的影响

区域条件不同，需要解决的环境问题也会存在差异，进而影响技术的研发、筛选与组装。截至目前，很多研究通过不同的污染评估方法及模型应用来分析不同因素对面源污染的产生、迁移及转化的影响。土地利用是其中的重要因素之一，土地利用类别的不同可对面源污染水平和空间分布模式产生重大影响。其中，地表径流的产生量与土地利用类型密切相关。研究表明，不同的土地利用类型的渗透面积对地表径流的产量有明显影响（陈晓燕等，2014），量化非点源对集约化农业生产区氮污染的影响有利于正确控制面源污染。从面源污染的源头出发，研究不同用地类型的污染物输出负荷是合理估算面源污染的有效途径之一，通过对不同尺度流域内用地类型地表径流的浓度指标进行实测，用不同年份、不同区域的比较分析来估算面源污染的产出，以便应用于各种面源污染估算模型中。多个研究表明，通过模拟暴雨径流监测地表径流面源污染的输出及开展不同流域小区径流及用地类型下面源负荷输出的监测工作，发现不同监测尺度估算的面源污染负荷有较大的差异（连纲等，2004；梁涛等，2002）。为研究不同土地利用类型下农业面源的污染特征，部分研究者研究了降雨条件下不同土地利用类型径流中氮磷的分布特点（向速林等，2015），结果表明不同的土地利用类型间地表径流存在明显的产流差异，降雨径流中氮磷在不同时期的分布也存在差异（闫胜军等，2015），流域内面源污染氮负荷对土壤和土地利用变化敏感（Wei et al.，2009）。因此，针对不同面源污染治理，应在充分了解区域内土地利用类型及污染物负荷等要素的前提下，进行防控治理方案的筛选和技术选择。

8.4.3　面源污染防控技术原理的不同对污染物削减的影响

面源污染的产生是一个复杂的过程，受不同物理和生物化学过程相互作用的控制，因此对于面源污染的治理不能期望单一的从控制径流量来达到完全治理的目的，要结合面源污染产生和转移的源-流-汇三个方面进行治理。基于源-流-汇三个环节的考量，吴永红等（2011）和杨林章等（2013a）分别提出了农村面源污染控制的"3R"及"4R"理论。由于排放点存在不确定性等特点，使得从源头上控制污染物显得尤为重要，由于养分利用率低，流失量大，导致了过多的农田氮磷的排放，可通过实施田间水肥管理、耕地改造、基质化栽培等防控措施减少面源污染的输出（杨林章等，2013b；施卫明等，2013）。源头控制虽然效果好，但并不能完全避免面源污染的产生，因此过程阻断拦截技术作为第二道防线也很重要（杨林章等，2013b），通过生态沟渠、植物篱、缓冲带、人工湿地等各种技术措施达到拦截的目的（Schoumans，2014）。由于自然水体一般辖制多个小流域，积少成多导致面源污染的负荷压力依然很大，因此需要在受纳水体周边设置保护屏障作为第三道防线，用于阻断和吸收污染物（吴永红，2011；杨林章等，2013b），目前已经开发并广泛使用了生态浮床、生态潜水坝、河岸湿地和深层植物净化技术等进行末端治理（Liu et al.，2016；Wu et al.，2001）。不同于以上污染物削减技术，近些年来有人提出将面源污染中的主要污染物氮和磷视为一种可利用的养分资源，通过净化后用于农田灌溉，最大程度上控制氮磷的流失（杨林章等，2013b）。

就技术而言，针对不同的污染源、污染物和应用环节，相关技术之间存在很大的不同，主要体现在作用原理上。因此，根据不同的情况采取相应的治理措施才是防控面源污染的最佳方案。基于此，美国最早提出有关污染防控的 BMPs 体系，研究证明最佳管理措施 BMPs 体系能有效降低农业区域的面源污染物负荷（Maringanti et al.，2011；Panagopoulos et al.，2011；Lam et al.，2011）。万金保等（2010）在鄱阳湖流域开展了小流域典型面源污染最佳管理措施的研究，唐浩等（唐浩等，2011）在上海进行了农业面源污染滨岸缓冲带防控技术 BMPs 的研究，孙平等（孙平等，2017）开展了对三峡库区面源污染防控的 BMPs 防控框架体系研究，证明了 BMPs 体系的有效性。以上研究均表明，在面源污染防控治理技术的选择上，技术原理是一个不能忽视的影响因素。

8.4.4　经济社会发展水平对面源污染防控的影响

通过对不同农业农村面源污染治理技术资料的搜集及相关示范工程的投资应用等的了解，发现对于农业农村面源污染的治理技术的采用都会从投资及运行成本等方面进行考虑，表明对于农业农村面源污染的治理，经济条件是不可忽略的一个重要影响因素。基于环境库兹涅茨曲线理论，环境污染程度随不同的经济社会发展水平呈现出不同的增加或减少的趋势。此外，研究发现经济发展水平对于农业农村面源污染的产生和负荷压力有显著影响（徐建芬，2012；Hamilton et al.，2001），主要通过改善土地利用、养殖类型、产业结构等方式影响面源污染的防控治理（吴义根等，2017）。鲁庆尧等（2015）对我国农业面源污染的空间相关性进行了研究，发现技术水平、农田作业和养殖比重对经济指数有明显的正反馈作用，不利于农业的可持续发展。上述研究均表明对于面源污染的防控治理，经济因素是一个不可忽略的因素。

8.4.5　高原湖泊农村面源污染防控与技术优化组装

1. 高原湖泊面源污染的特点

高原湖泊面源污染主要与自身所处环境的地形地貌等外在条件和周边村落人口密集区的活动量有关。由于地形条件的限制，高原湖泊大部分属于来水单一、出水受限的封闭性状态，且周边地貌以山地丘陵为主，由于雨、旱季节分明，雨季来水量大是湖水丰水期的主要推动因子，但也是造成周围山地、丘陵、坡耕地水土流失及面源污染较大的助力因素。近湖周边遍布农业、养殖业及混合区村落，面源污染负荷污染高，全年变化较大(段昌群，2018)。

2. 高原湖泊面源污染防控对技术需求的特点

目前高原湖泊面源污染治理仍存在很多的问题需要解决。目前的技术手段单一，主要依靠末端治理工程建设，源头控污技术投资应用缺乏，产业优化是短板，相关政策体系缺失。结合高原湖泊面源污染的特点分析高原湖泊对防控技术的需求，体现在三个方面：

(1)点和面分类控制分工明确的技术；

(2)源头控污技术研发及应用；

(3)经济高效的生态控制技术及相关修复技术。

3. 高原湖泊面源污染防控的技术遴选与组装建议方案

根据高原湖泊的面源污染特点、技术的需求及本研究的相关结论，建议对于高原湖泊的面源污染治理技术遴选与组装可以考虑分区进行。

(1)山区人类活动干扰小的地区，主要防控水土流失及降雨径流。可以在源头采取相关雨污分流技术的研发和应用。在污染物输移过程中配备不同层次的植物绿篱缓冲带进行拦截，导流渠配备多个小型生态拦截坝进行多次拦截，目的是拦截大量泥沙携带的颗粒态污染物。在末端分流一部分水，通过沟渠进入农田储水沟塘用于灌溉，另一部进入前置库滨岸缓冲带、人工湿地等进行最后削减后进入受纳水体或再次通过分流技术进入其他区域二次利用。

(2)针对农业活动频繁区域，技术遴选建议集中在控源减量、末端多重吸收消纳体系技术及资源循环利用等方面。源头控污技术可以从田间水肥管理、农业生产固废资源再利用、农业产业布局优化及保护性耕作等方面进行筛选或研发；末端治理技术集中于生态修复技术体系，如：人工湿地、滨岸缓冲带、前置库、人工生态护坡(可以通过化学促渗剂提高土壤渗滤)、生态浮床等。

(3)对于农业居民混合区的技术遴选，由于其地形大多地势较平坦，可以从农田、生活两方面进行技术组装。农田采取土壤改造技术、田间水肥管理、化学原位固定技术和固废还田等技术；生活污水根据村落人口密集程度决定采用集中处理系统还是分散式污水处理系统。集中污水处理系统通常采用生物塘、微生物消解池、生态滤池等技术；分散式污水处理可采用土地处理系统。然后经过导流渠将两部分尾水一起汇入末端，末端治理技术与上两个层次相同，可在此基础上增加一个回水循环结构，用于枯水期农田的灌溉。

8.4.6 主要结论

通过对我国农业农村面源污染防控技术体系进行系统梳理和分析，具体选取近 10 年我国公开论文、公开专利、公开技术报告中所涉及的农业农村面源污染防控技术，从不同土地利用类型、防控机理、流域、目标削减源等几个方面，对面源污染防治的技术进行了归纳、整理，通过层次分析探讨了围绕农业农村面源污染进行治理的相关技术优选方案，从而获得以下结论：

(1)近 10 年我国面源污染规律和防控技术研究取得了很多进展，形成了一序列农业农村面源污染防控技术，这些技术按照研发和适用的对象主要可以分为四类，各类技术的基本状况分别是：

①农村综合面源处理技术：主要处理农田尾水和农村生活废水形成的混合型面源，共 21 项。其中单项技术 10 项，占 47.62%；复合技术 11 项，占 52.38%；污染物的削减效率方面，对 TN 的削减率为 10%～98.75%，对 TP 的削减率为 25%～99.45%，对 COD 的削减率为 0%～99%。

②农业综合面源处理技术：主要处理零散性的养殖业与农田尾水混合形成的面源，共 40 项。其中单项技术 11 项，占 27.50%；复合技术 19 项，占 72.50%；污染物的削减效率方面，对 TN 的削减率为 10.20%～98%，对 TP 的削减率为 15.30%～98.80%，对 COD 的削减率为 0%～97.9%。

③农村生活面源处理技术：主要处理农村生活污水零散性排放构成的面源，共 26 项。其中单项技术 3 项，占 11.54%；复合技术 23 项，占 88.46%；污染物的削减效率方面，对 TN 的削减率为 31.60%～97.37%，对 TP 的削减率为 19.88%～97.00%，对的削减率 COD 为 36.00%～91.99%。

④农田面源处理技术：主要处理种植业及其农田尾水构成的面源，共 23 项。其中单项技术 6 项，占 26.09%；复合技术 17 项，占 73.91%；污染物的削减效率方面，对 TN 的削减率为 0%～91.60%，对 TP 的削减率为 0%～85.71%，对 COD 的削减率为 0%～83.60%。

(2)利用层次分析法，对现有农业农村面源污染防控的复合技术进行优化评估，四类技术优选结果分别是：在农村综合面源处理技术体系中，小流域水体面源污染修复拦截-种养控制体系、农村综合面源污染生态控制技术、控源-截污-资源化(BMPs)技术体系、微生物复合介质-沟-渠-塘生态控制技术等具有较好的应用发展潜能；在农业综合面源处理技术中，雨污分流技术、人工湿地技术、多级渗滤塘技术、控源-截污-资源化联合技术、设施农业水肥一体化技术等具有较好的应用发展潜能；在农村分散式污水处理工艺中土壤处理系统和生物滤池技术相对于其他技术来说有明显优势并具有较好的应用发展潜能。在农田面源处理技术中，产业优化布局-平衡施肥联合应用技术、人工湿地、生态塘系统技术等具有较好的应用发展潜能。

(3)从现有技术体系来看，目前对农村综合面源的治理技术主要集中在末端治理技术方面，其中的三位一体技术偏向于对农业面源的削减。从污染物的削减效果上来看，采用三位一体联合工艺较末端治理技术效果好。基于末端治理的原位生态修复工程技术比其他末端治理技术对面源污染的削减效果更好。从处理工艺来看，目前很多复合技术主要是生物滤池、人工湿地、土地处理技术及以利用微生物活性为主的一体化技术工艺。不同的生活面源处理工艺中土地处理技术及生物滤池技术具有较好的处理能力，适用于农村分散式污水处理。

(4)基于防控机理对比分析结果表明：农村面源方面的治理技术选择上应该注重三位

一体和源头控污的治理。其中田间水肥管理、平衡配方施肥技术、种植业产业优化和布局及林农混合产业优化和布局、原位固定技术等清洁生产技术在农业农田面源污染削减效果方面具有明显的优势。从技术效果来看,农田面源污染削减方面源头治理技术及多重消纳技术体系具有较大优势。

以上结论对于农业农村面源污染防控,尤其是以滇池为代表的高原湖泊面源污染防控工程实践过程中的技术选择、技术组合、技术参数设置及优化、技术规模及效果预测等具有重要的参考价值和指导意义。

8.4.7 问题与建议

1. 问题

技术适应性分析是技术应用和推广前的重要基础性工作,但目前我国在该方面的研究比较少,特别是针对面源污染防控类工作,这些研究还正在起步阶段,还有大量的问题需要解决,主要包括以下几个方面的内容。

(1)技术研发和应用周期短,技术指标的稳定性有待检验。根据技术资料显示,对面源污染的防控,土地利用类型、区域尺度、产业结构、社会经济水平等在不同的地区存在较大的差别。而技术的研发主要就是根据这些条件进行工艺构造和应用,因此不同的地区面源污染防控技术有很大的不同。其中,在主要技术的应用上,有些技术的主要技术组成原理一样,但是其他辅助技术或是结构有所差别,从而组成一种新的技术工艺,这主要是为了更好地适应该地区的条件。新技术从研发到投入使用经历的时间短,应用后的测量周期一般几个月到一年不等,运行周期较短,因此其技术稳定性参数有待进一步确定。

(2)技术研发的基础条件不同,实际投入的不可比性比较突出。技术的研发根据外在环境的不同,在原理和工艺组成上可以说是多种多样,削减效果也是优劣不等。不同地区在空间、尺度等方面存在很大的异质性,这些地域上的不可控因素导致技术在投入使用后效果存在很大的差异。尤其是对于不同的地区相关技术在建设成本和投资运行上也会有所不同,这主要体现在技术在不同的条件下对动力或建造成本上的需求存在差异。因此在实际的投入方面表现出较弱的可比性。

(3)同类技术在不同区域应用产生的效果不同,技术参数的可靠性有待甄别。在面源污染防控治理技术中,人工湿地技术和生物塘技术的应用范围广泛,几乎各个层面的技术均有涉及。但是技术的削减效果、投入成本、建设成本、运行成本及管理维护要求在不同区域存在明显差异。就人工湿地技术来说,构造原理及湿地植物配置上有很高的相似性,但是技术实际运行的结果差别很大,因此对于这些技术的实际运行情况还有待进一步研究。

(4)部分专利技术,尤其是小范围应用的技术,其效能指标与大范围使用情况下具有很大的差异性,需要继续跟踪。尺度是影响面源污染负荷输出的一个重要因素,不同尺度条件下的面源污染根据流域的大小、土地利用方式及产业结构组成的不同有很大的差异,面源污染表现出在污染负荷强度、来源及主要污染物组成上有很大的差异。因此,相同的技术原理和工艺组成表现在占地面积及汇水区大小不同的条件下应用时,应用效果存在很大的差异。各效能指标会随着尺度变化而有所变化,因此,若要充分了解技术的适应性,需要增加不同尺度下技术应用的性能及变化参数,以便于多方面把握技术的适应性。

2. 建议

1) 加强全过程研究和机理、机制研究

就目前搜集到的技术资料来看,在面源污染治理方面的措施依然较多地停留在末端治理的工程建设上。且有的技术针对的面源污染存在层次上的分类不清,导致技术的应用并不能发挥较好的效果,主要表现在相关组成工艺技术的削减效果并不等于所有工艺的削减效果之和。相反,有些环节还表现出对面源污染物的削减效果呈负增加状态,表明面源污染的成因及迁移机理还有待进一步研究。所以为了使技术工艺以最优化服务于环境,有必要加强对技术工艺削减过程的研究,以及对相关削减机理和作用机制的研究。另外,还需进一步加强对示范区面源污染的产生和迁移机理的深入探究。

2) 技术跟踪,技术熟化,技术推广应用

对研发筛选出的优势技术,进行长期的跟踪,探究技术整个生命周期的参数,包括前中后末期技术的运行参数。通过这些参数了解技术的缺点和优势。根据参数变化特点,不断地对技术进行优化、熟化,使技术表现出越来越稳定的性能,具备更强的抗冲击性,具备更好的可推广性。完善的技术参数可以作为技术应用的推广资本,借助政府的积极引导面向社会推广,以便于更好地解决农村环境中的面源污染问题。

8.5 附 件

8.5.1 附件 1

附表 1-1 农业农村面源污染防控治理复合技术工艺相关资料汇总

技术编号	技术名录	技术组成	污染源	技术属性	参考文献
RT1	平原河网地区面源污染前置库净化集成技术	沟渠-生态透水坝-前置库技术	农村综合面源	环境与生态工程技术领域	(张永春等,2006)
RT2	小流域农业面源污染净化前置库串联系统	沟渠-塘前置库串联系统	农村综合面源	农业资源与环境保护技术领域	(张国盛等,2015)
RT3	人工旁置生态沟技术	人工旁置生态沟技术体系	农村综合面源	环境与生态工程技术领域	(王琳等,2018)
RT4	小流域水体面源污染修复拦截-种养控制技术体系	农田改造+拦水坝+沉降池+生物消解池+人工湿地	农村综合面源	面源污染防控治理技术领域	(文亚雄等,2018a)
RT5	农村综合面源污染的生态控制技术	农田改造+收集池+沟渠导流+生态塘	农村综合面源	面源污染防控治理技术领域	(付登高等,2018b)
RT6	沟渠式生物接触氧化处理系统	植物栅+沟渠坡岸湿地+生物基堰氧化塘	农村综合面源	生态修复技术领域	(周婷等,2008)
RT7	阿科蔓生态基系统技术	阿科蔓生态基技术+阿科蔓循环系统+物理过滤+就地处理	农村综合面源	污水处理与生态修复技术领域	(李业春等,2010)

244 滇池流域面源污染防控技术体系与工程实践

技术编号	技术名录	技术组成	污染源	技术属性	参考文献
RT8	"控源-截污-资源化"技术体系	源头控污技术+生态沟渠、鱼塘、湿地资源化技术	农村综合面源	环境与生态修复工程技术领域	（段昌群等，2017）
RT9	微生物-复合介质-植被联合型生态沟渠系统技术	污水预处理技术+介质填料+植物栅+微生物降解技术	农村综合面源	生态修复技术领域	（殷小锋等，2008）
RT10	复合介质-植被联合型生态沟渠技术	污水预处理技术+介质填料+植物栅	农村综合面源	生态修复技术领域	（殷晓锋等，2008）
RT11	人工强化生态滤床在条子河污染治理中的工程应用	格栅+净化塘+人工强化生态复合滤床+潜流湿地	农村综合面源	环境与生态修复工程技术领域	（赵军等，2014）
LT1	折流景观型人工复合湿地处理技术	潜流人工湿地+表面流人工湿地	农村生活面源	环境与生态修复工程技术领域	（胡湛波等，2012）
LT2	多介质土壤层耦合处理技术	垂直流生物滴滤池+水平流多介质土壤生物反应器	农村生活面源	污水处理技术领域	（张毅等，2016）
LT3	复合塔式生物滤池技术	厌氧池+塔式蚯蚓复合式生物滤池技术	农村生活面源	污水处理技术领域	（黄伟丽等，2012）
LT4	复合生态塘系统技术	污水集中土壤渗滤系统+生态塘+阿科蔓生态基物料过滤系统	农村生活面源	环境与生态工程技术领域	（韦慧等，2008）
LT5	脉冲双层生物滤池+人工湿地组合技术	双层滤池+潜流式人工湿地技术	农村生活面源	污水处理与生态修复技术领域	（金秋等，2016）
LT6	毛细管渗滤沟污水土地处理技术	污水收集系统+水解酸化池+毛细管渗滤沟系统	农村生活面源	污水处理与生态修复技术领域	（王曦曦等，2011）
LT7	断头河浜水环境原为修复工程技术	污水收集系统+A/O集成式砖砌污水处理系统+人工浮岛构建技术	农村生活面源	环境与生态工程技术领域	（张文艺等，2013）
LT8	潼湖地区水环境原位修复技术	植生混凝土滤槽+人工湿地+人工浮岛	农村生活面源	环境与生态工程技术领域	（胡凯泉等，2015）
LT9	生态沟渠+稳定塘系统技术	生态沟渠+生物塘系统	农村生活面源	环境与生态修复工程技术领域	（段昌群等，2016）
LT10	ABR-人工湿地集成技术	ABR+人工湿地	农村生活面源	污水处理与生态修复技术领域	（李军幸等，2008）
LT11	地埋式厌氧生物滤池+浮岛净化组合体系	收集系统+化粪池+厌氧生物滤池+净化浮岛（生态浮床）+水塘+排水渠	农村生活面源	环境与生态工程技术领域	（凌霄等，2013）
LT12	组合式生物滤池-湿地生活污水处理工艺	格栅池+调节池+水平流生物滤池+垂直流生物滤池+一级表面流人工湿地+二级垂直流人工湿地+稳定塘	农村生活面源	环境与生态工程技术领域	（施畅等，2016）
LT13	三级生物塘处理系统	污水收集系统+格栅池+厌氧塘+兼性厌氧塘+生物稳定塘	农村生活面源	环境与生态工程技术领域	（黄伯平等，2013）
LT14	一体式生物接触氧化土地渗滤系统	化粪池+格栅井+调节池+厌氧池+接触氧化池+沉淀池+土壤渗滤系统	农村生活面源	污水处理技术领域	（黄伯平等，2013）
LT15	多级土壤渗滤系统处理太湖流域农村生活污水	管网收集系统+格栅-调节池+多级土壤渗滤系统	农村生活面源	污水处理技术领域	（吴浩恩等，2016）
LT16	植物-土壤渗滤系统	初沉池+厌氧发酵池+植物-土壤渗滤处理池+植被缓冲带	农村生活面源	污水处理与生态修复技术领域	（李杰峰等，2009）
LT17	叠层生态滤床技术	格栅+沉淀池+叠层生态滤床+表面流景观人工湿地	农村生活面源	污水处理与生态修复技术领域	（裘知等，2014）
LT18	A/O-塘系统处理技术	初沉池+A/O-塘系统	农村生活面源	污水处理与生态修复技术领域	（张文艺等，2012）

续表

技术编号	技术名录	技术组成	污染源	技术属性	参考文献
LT19	厌氧-接触氧化-砂滤组合技术	厌氧+接触氧化系统+砂滤	农村生活面源	污水处理技术领域	(吕兴菊等, 2010)
LT20	地埋式一体化生物滤池技术	缺氧池+生物滤池+沉淀池	农村生活面源	污水处理技术领域	(曹大伟等, 2008)
LT21	立体循环一体化氧化沟技术	化粪池+立体循环氧化沟系统	农村生活面源	污水处理技术领域	(郭雪松等, 2015)
LT22	复合型人工湿地系统	潜流人工湿地+表面流人工湿地	农村生活面源	环境保护技术领域	(范志锋等, 2010)
LT23	人工土壤快速渗滤系统技术	预沉池+土壤快滤系统(填料+介质)+后处理单元	农村生活面源	污水处理技术领域	(张曼雪等, 2017)
AT1	水稻节水减排防污综合调控技术	灌溉-排水-塘堰湿地	农业面源	面源污染防控治理技术领域	(郭攀等, 2016)
AT2	景观型多级阶梯式人工湿地护坡处理技术系统	生物滤石槽+生物膜吸附技术+植物栅	农业面源	环境保护技术领域	(王超等, 2006)
AT3	人工构建植被缓冲带控制平原感潮河网地区农业面源污染系统技术	植被缓冲带+人工湿地	农业面源	环境保护技术领域	(黄沈发等, 2009)
AT4	山区集中式饮用水水源地面源污染防控技术体系	保护性耕作+施肥技术+生态沟渠+生物塘	农业面源	水土流失防控技术领域	(吴永红等, 2010)
AT5	植被型生态沟渠系统去污技术	植物栅+生态沟渠	农业面源	生态修复技术领域	(洪昌海等, 2010)
AT6	利用清水通道防治山区半山区农村面源污染技术	清水通道+沉淀池+溢流堰	农业面源	环境保护技术领域	(刘宏斌等, 2011)
AT7	植物篱-多层渗滤塘农业面源污染控制技术	生态沟渠+植草沟+生物塘+反硝化墙体(生物炭)	农业面源	面源污染防控治理技术领域	(左剑恶等, 2013)
AT8	茶园面源污染防控及资源循环利用技术	生态沟渠+透水坝+植缓冲带+堆肥还田	农业面源	面源污染防控治理技术领域	(边博等, 2013)
AT9	利用草带构建多级过滤控制水源地农业面源污染	生态田埂+植被缓冲带	农业面源	农业资源与环境保护技术领域	(欧洋等, 2013)
AT10	平原河网区河浜湿地面源污染治理技术	污水集中收集系统+多级植物栅-基质消纳系统+植物构造河浜湿地系统	农业面源	污水处理与生态修复技术领域	(吴金水等, 2013)
AT11	复合波式流人工山地湿地污水处理技术	网格栅+混合调节池+厌氧池+人工湿地+生物塘	农业面源	环境与生态工程技术领域	(李杰等, 2007)
AT12	漓江典型小流域农田面源污染治理技术	田间水肥管理+生态草沟拦截技术+养分再利用的湿地塘堰	农业面源	水土流失防控技术领域	(郭攀等, 2017)
AT13	人工沸石复合湿地技术	沉砂池+表面流湿地+人工沸石复合潜流湿地+表面流湿地	农业面源	面源污染防控治理技术领域	(唐翀鹏等, 2010)
AT14	养耕共生系统技术	种养结合+湿地	农业面源	农业资源与环境保护技术领域	(关梅等, 2012)
AT15	丘陵区生态沟系统处理面源污染技术	沟渠+滞留塘+氧化沟	农业面源	环境保护技术领域	(李裕元等, 2013)
AT16	设施农业就地拦截与消纳技术	源头水肥管理+沟渠+生态塘	农业面源	环境保护技术领域	(洪丽芳等, 2013)
AT17	设施农业污染防控型水肥循环利用技术	灌溉+水肥一体化+资源循环	农业面源	水土流失防控技术领域	(洪丽芳等, 2010)

技术编号	技术名录	技术组成	污染源	技术属性	参考文献
AT18	构建小流域水土综合治理技术体系	生态田埂+沟渠+植草沟	农业面源	农业资源与环境保护技术领域	(于兴修等,2012)
AT19	氮磷生态拦截技术体系	生态沟渠+拦截坝+ET生化系统(生态塘+环形浮岛+往复式垂直流人工湿地	农业面源	面源污染防控治理技术领域	(王忠敏等,2012)
FT1	旱地氮磷面源污染减排技术	化学原位固磷技术+生态沟渠+生物塘+人工湿地	农田面源	面源污染防控治理技术领域	(盛婧等,2013)
FT2	一种控制稻田面源污染的生态拦截阻断技术体系	生态沟渠+稻田湿地	农田面源	农业资源与环境保护技术领域	(赵琦等,2015)
FT3	旱地农田土壤渗滤系统控制技术	田埂+沟渠+土壤渗滤+回流节水灌溉技术	农田面源	水土流失防控技术领域	(李旭东等,2018)
FT4	洱海流域坡耕地面源污染治理技术	作物间作+测土配方施肥+二级折叠式生物净化池	农田面源	面源污染防控治理技术领域	(倪喜云等,2008)
FT5	生态沟-湿地系统技术	生态沟+人工湿地	农田面源	面源污染防控治理技术领域	(段昌群等,2019)
FT6	面源氮磷流失生态拦截工程技术	生态沟渠(沟渠+多个小型拦截坝)+生物塘(植物)	农田面源	面源污染防控治理技术领域	(杨伟球等,2011)
FT7	节水防污型农田水利系统技术	田间水肥管理模式+田间草沟拦截技术+湿地+沟渠	农田面源	水土流失防控技术领域	(魏保兴等,2016)
FT8	生态保育综合技术	横坡登高耕作技术+秸秆-菜叶还田技术+水旱农桑配置拦截带技术	农田面源	水土流失防控技术领域	(谢德体等,2016)
FT9	稻田-湿地协同原位减排技术	灌溉技术+排水技术+水塘湿地净化	农田面源	水土流失防控技术领域	(彭世彰等,2013)
FT10	沟渠-塘堰湿地系统技术	生态沟+导流渠+塘堰湿地	农田面源	农业资源与环境保护技术领域	(何军等,2011)
FT11	塘坝灌溉系统技术	滞留塘+拦截坝+沟渠+资源循环技术	农田面源	农业资源与环境保护技术领域	(蒋尚明,2013)
FT12	植草沟-湿地滞留塘控制技术	沟渠拦截+植草沟+滞留塘+护坡+湿地	农田面源	环境保护技术领域	(段昌群等,2013)
FT13	硬化生态沟渠体系改造技术	护壁型生态沟+漂浮型生态沟(基质+植物)	农田面源	生态修复技术领域	(毛妍婷等,2016)
FT14	沟-基-塘生态控制农田径流系统技术	植被缓冲带+生态塘	农田面源	农业资源与环境保护技术领域	(杨育华等,2013)
FT15	利用玉米与青花菜、马铃薯间作控制农田面源污染的种植技术	产业优化布局1+平衡施肥	农田面源	农业种植技术领域	(李元等,2012a)
FT16	利用桃树与大豆间作控制坡耕地面源污染的种植方技术	林农混合+平衡施肥	农田面源	农业种植技术领域	(李元等,2016)
FT17	利用玉米与白菜、豌豆间作控制农田面源污染的种植方法	产业优化布局2+平衡施肥	农田面源	农业种植技术领域	(李元等,2012b)

附表 1-2　农业农村面源污染防控治理复合技术工艺污染物去除及主要参数汇总

技术编号	防控机理	TN 削减率/%	TP 削减率/%	COD 削减率/%	技术稳定度	运行成本	占地面积	维护管理需求度	示范区地形	应用流域水体类型
RT1	汇	60.00	70.00	42.40	好	低	大	较低	平地	入湖河道
RT2	汇	45.00	45.00	42.80	较好	低	大	低	山地丘陵	上游河口
RT3	汇	71.00	70.00	77.00	一般	较低	较大	低	山地丘陵	小型集水区下游
RT4	源-流-汇	95.60	95.40	92.00	好	一般	大	低	平地	入湖河道
RT5	源-流-汇	98.75	99.45	93.27	好	较高	大	低	平地	入湖河道
RT6	汇	56.00	62.00	69.00	较好	较低	一般	一般	坡地	河道
RT7	汇	67.89	90.18	68.42	较好	较低	一般	较低	平地	湖泊
RT8	源-流-汇	65.96	75.97	78.10	较好	一般	一般	较低	坡地	湖泊
RT9	汇	70.30	66.60	73.30	较好	低	较小	较低	平地	河道、湖泊
RT10	汇	48.30	60.60	58.00	一般	低	小	一般	平地	河流、湖泊
RT11	汇	35.59	66.95	72.34	较好	低	大	较低	平地	河流
LT1	汇	80.30	82.10	81.50	好	低	较大	低	丘陵	湖泊
LT2	汇	70.00	80.00	85.40	好	较低	小	低	坡地	河道
LT3	汇	80.00	85.00	80.00	好	较低	小	较低	丘陵	湖泊
LT4	汇	75.67	72.33	78.00	好	较低	中	低	平原	湖泊
LT5	汇	68.50	89.80	85.60	较好	较低	较小	一般	平原	河道
LT6	汇	82.01	95.07	91.99	较好	低	较小	低	平原	河道
LT7	汇	41.76	68.05	84.70	较好	一般	较小	一般	平原	入湖河道
LT8	汇	86.59	84.06	65.43	好	一般	较大	较低	平原	湖泊
LT9	汇	49.60	44.90	80.50	较好	较低	较大	低	山地	河道
LT10	汇	85.12	67.31	80.95	好	一般	较大	低	坡地	河流、湖泊
LT11	汇	80.90	81.90	81.00	较好	较低	较大	低	平原	河流
LT12	汇	80.08	92.11	85.55	好	低	较大	较低	平地	河流
LT13	汇	80.00	71.43	79.72	好	较低	大	较低	坡地	河流
LT14	汇	60.88	87.50	83.44	好	较低	大	一般	平地	河流
LT15	汇	92.20	89.70	82.70	好	低	较小	低	平原	湖泊
LT16	汇	84.90	88.00	76.00	较好	低	较小	低	山地、丘陵	河流
LT17	汇	42.11	19.88	43.30	一般	低	中	较低	丘陵	河道
LT18	汇	47.72	72.09	70.70	较好	一般	较小	较低	平原	入湖河道
LT19	汇	53.12	40.39	80.00	较好	一般	小	较低	坡地	高原湖泊
LT20	汇	68.60	47.50	63.10	较好	一般	较小	低	平原	湖泊
LT21	汇	31.60	85.40	78.30	较好	较高	较小	较低	丘陵	三峡库区
LT22	汇	63.96	49.06	—	一般	低	较大	较低	坡地	湖泊
LT23	汇	83.20	69.00	—	一般	一般	较小	较低	平原	河流、湖泊
AT1	源	59.00	71.50	—	较好	较低	大	低	平地	灌区

技术编号	防控机理	TN 削减率/%	TP 削减率/%	COD 削减率/%	技术稳定度	运行成本	占地面积	维护管理需求度	示范区地形	应用流域水体类型
AT2	汇	80.90	86.50	—	好	低	大	低	坡地	河流、湖泊
AT3	流	32.50	32.80	—	好	低	大	低	平原区	湖泊
AT4	源-流-汇	71.00	90.00	—	好	低	较大	低	山地	湖泊
AT5	流	30.10	23.80	—	一般	低	小	较低	坡地	湖泊
AT6	源	97.35	98.80	—	好	低	小	低	山地	湖泊
AT7	源-流-汇	80.00	87.50	—	好	低	较小	较低	坡地	湖泊、河流
AT8	汇	60.00	49.00	—	较好	较低	较大	较低	山地、丘陵	湖泊
AT9	流	61.93	56.60	—	一般	低	小	低	平地	河流、湖泊
AT10	源-流-汇	98.00	95.80	—	好	一般	大	较低	平原	湖泊
AT11	流	62.00	85.00	—	一般	较低	较小	较低	山地	湖泊
AT12	源	78.44	75.72	—	一般	低	中	低	平地	湖泊、河流
AT13	流	51.43	35.09	—	较好	较低	大	较低	坡地	湖泊
AT14	流	20.43	39.74	—	一般	低	较小	一般	山区	河流
AT15	流	71.00	70.00	—	一般	较低	小	较低	丘陵	湖泊
AT16	流	38.45	25.42	—	好	较低	小	一般	坡地	湖泊
AT17	流	70.00	75.00	—	好	较低	小	一般	坡地	湖泊
AT18	汇	81.00	40.00	—	好	较低	小	一般	平地	河流
AT19	流	41.50	50.00	—	好	较低	较大	一般	平地	湖泊
FT1	源-流-汇	58.50	83.75	—	较好	低	大	一般	坡地	湖泊
FT2	流	57.47	54.82	—	一般	低	大	一般	平地	河流、湖泊
FT3	源	56.25	51.50	—	好	较低	小	一般	平地	河流、湖泊
FT4	源-流-汇	69.78	72.23	—	好	较低	大	较低	坡地	湖泊
FT5	流	59.60	60.92	—	较好	低	中	低	平地	湖泊
FT6	流	61.00	84.00	—	较好	较低	较大	较低	平地	湖泊
FT7	源-流-汇	70.40	61.00	—	较好	低	较小	低	平地	灌区
FT8	源	69.68	66.67	—	较好	低	较大	一般	坡地	三峡库区
FT9	源-流-汇	90.17	79.53	—	较好	低	较小	一般	平地	湖泊
FT10	流	44.60	35.10	—	一般	低	较大	一般	平地	河流
FT11	汇	73.00	73.00	—	较好	低	中	一般	山区	湖泊
FT12	流	91.60	81.30	—	较好	低	较大	较低	平地	湖泊
FT13	汇	55.50	66.00	—	一般	较低	中	较低	坡地	湖泊
FT14	汇	54.14	66.86	—	一般	低	较小	一般	坡地	湖泊
FT15	源	83.31	82.55	—	好	低	0	低	坡地	湖泊
FT16	源	90.37	85.71	—	好	低	0	低	坡地	湖泊
FT17	源	72.50	80.50	—	好	低	0	低	坡地	湖泊

附表 1-3　农业农田面源污染防控技术(单项)及其主要技术特征
(技术性能指标取典型技术示范或应用工程效果的中位数)

技术名称	主要防控环节	TN 削减率/%	TP 削减率/%	COD 削减率/%	节水/%	节肥率/%	技术应用区域/%
植被缓冲带拦截吸收转化技术	过程拦截	45.75	42.59	32.96	—	—	—
表面流人工湿地技术	末端治理	29.10	35.60	31.50	—	—	—
潜流型人工湿地技术	末端治理	69.70	69.20	58.80	—	—	—
生态河道构建技术	末端治理	30.00	25.00	99.00	—	—	—
生物浮床净化技术	末端治理	84.10	62.60	72.40	—	—	—
LSA 促渗剂径流污染削减技术	过程拦截	40.97	33.49	41.90	—	—	—
高原前置库生态防护墙技术	末端治理	10.00	30.00	15.00	—	—	—
户用堆沤池堆肥技术	末端治理	50.00	40.00	36.00	—	—	—
复合式生物膜处理技术	末端治理	50.86	50.00	85.30	—	—	—
多级生物滤池技术	过程拦截	64.50	49.10	81.50	—	—	—
微生物原位固定技术	末端治理	44.60	63.75	48.63	—	—	—
传统生态沟渠拦截技术	过程拦截	30.10	23.80	18.40	—	—	—
生态透水坝控制技术	过程拦截	21.23	31.37	10.00	—	—	—
生物田埂控制氮磷技术	过程拦截	10.20	15.30	36.67	—	—	—
植物绿篱拦截技术	过程拦截	77.13	46.05	73.28	—	—	—
人工生物塘技术	过程拦截	75.60	82.00	58.30	—	—	—
微生物固氮解磷技术	源头控污	25.67	30.80	0.00	—	—	—
氮、磷面源污染生物炭控制技术	源头控污	32.18	21.94	16.00	—	—	—
保温型生态浅沟构建技术	过程拦截	54.00	44.00	20.00	—	—	—
塘堰湿地技术	末端治理	45.88	44.2	0	—	—	—
人工滞留塘技术	过程拦截	31	66.7	30	—	—	—
保护性栽培技术	源头控污	59.78	69.45	62.74	—	—	—
秸秆覆盖还田技术	源头控污	59.25	79.6	48.1	—	—	—
测土施肥技术	源头控污	21.71	78.04	—	—	—	—
外加碳源法原位固氮技术	源头控污	85.50	—	—	—	—	—
碳素控制农田氮素技术	源头控污	40	—	—	—	—	—
纳米材料吸附控磷技术	源头控污	—	74	—	—	—	—
膜下精量滴灌技术	源头控污	—	—	—	22.60	55.60	全国各地
微灌节水技术	源头控污	—	—	—	20.00	40.00	全国,重点为高原湖滨区
水肥一体化技术	源头控污	—	—	—	30.00	30.00	全国,重点为高原湖滨区

8.5.2 附件 2

附表 2-1 　 23 项农村生活污水处理技术的层次分析结果

技术编号	技术	综合得分	技术性能	经济指标得分	管理维护
LT1	折流景观型人工复合湿地	0.4682	0.4412	0.0229	0.0041
LT2	多介质土壤层耦合	0.4592	0.4298	0.0252	0.0042
LT3	复合塔式生物滤池	0.4675	0.4389	0.0250	0.0036
LT4	复合生态塘系统	0.4436	0.4176	0.0218	0.0043
LT5	脉冲双层生物滤池+人工湿地	0.4599	0.4351	0.0219	0.0029
LT6	毛细管渗滤沟污水土地处理技术	0.5039	0.4717	0.0279	0.0043
LT7	A/O 集成式系统+人工浮岛	0.3754	0.3580	0.0146	0.0027
LT8	植生混凝土壤槽+人工湿地+人工浮岛	0.4452	0.4298	0.0121	0.0033
LT9	生态沟渠+稳定塘	0.3482	0.2684	0.0171	0.0043
LT10	ABR-人工湿地	0.4414	0.4244	0.0127	0.0043
LT11	地埋式厌氧生物滤池+浮岛净化	0.4447	0.4213	0.0190	0.0043
LT12	组合式生物滤池-湿地	0.5224	0.4999	0.0189	0.0036
LT13	三级生物塘处理系统	0.4383	0.4168	0.0178	0.0037
LT14	一体式生物接触氧化土地渗滤系统	0.4422	0.4229	0.0154	0.0038
LT15	多级土壤渗滤系统	0.5099	0.4779	0.0278	0.0042
LT16	植物-土壤渗滤系统	0.4710	0.4412	0.0260	0.0038
LT17	叠层生态滤床	0.2343	0.2062	0.0245	0.0036
LT18	A/O-塘	0.3700	0.3489	0.0166	0.0046
LT19	厌氧-接触氧化-砂滤	0.3445	0.3222	0.0188	0.0036
LT20	地埋式一体化生物滤池	0.3490	0.3352	0.0092	0.0046
LT21	立体循环一体化氧化沟	0.3696	0.3504	0.0151	0.0041
LT22	复合型人工湿地	0.3405	0.3129	0.0237	0.0038
LT23	人工土壤快速渗滤系统	0.3988	0.3770	0.0183	0.0036

附表 2-2 　 农村综合源污染削减技术的层次分析结果

技术编号	技术	综合得分	技术性能	经济指标	管理维护
RT1	平原河网地区面源污染前置库净化集成技术	0.3493	0.3276	0.0180	0.0036
RT2	小流域农业面源污染净化前置库串联系统	0.2868	0.2643	0.0184	0.0041
RT3	人工旁置生态沟技术	0.3970	0.3747	0.0182	0.0041
RT4	小流域水体面源污染修复拦截-种养控制技术体系	0.5166	0.5007	0.0116	0.0043
RT5	农村综合面源污染的生态控制技术	0.5290	0.5159	0.0088	0.0043
RT6	沟渠式生物接触氧化处理系统	0.3653	0.3428	0.0196	0.0029
RT7	阿科蔓生态基系统技术	0.4261	0.4023	0.0203	0.0036

技术编号	技术	综合得分	技术性能	经济指标	管理维护
RT8	"控源-截污-资源化" 技术体系	0.4142	0.3931	0.0175	0.0036
RT9	微生物-复合介质-植被联合型生态沟渠系统技术	0.4115	0.3824	0.0260	0.0031
RT10	复合介质-植被联合型生态沟渠技术	0.3266	0.2969	0.0268	0.0029
RT11	人工强化生态滤床在条子河污染治理中的工程应用	0.3457	0.3206	0.0213	0.0038

附表 2-3　17 种农田面源污水处理工艺综合评价得分结果

技术编号	技术工艺	综合得分	技术性能	经济指标	管理维护
FT1	化学原位固磷+生态沟渠+生物塘+人工湿地	0.3969	0.3644	0.0295	0.0030
FT2	生态沟渠+稻田湿地	0.3073	0.2782	0.0255	0.0036
FT3	田埂+沟渠+土壤渗滤+回流节水灌溉	0.3371	0.3049	0.0292	0.0030
FT4	保护性耕作+测土配方施肥+二级折叠式生物净化池	0.4008	0.3729	0.0238	0.0042
FT5	生态沟+人工湿地	0.3631	0.3257	0.0324	0.0051
FT6	生态沟渠(沟渠+多个小型拦截坝)+生物塘(植物)	0.3160	0.2857	0.0260	0.0042
FT7	田间水肥管理+草沟拦截+湿地+沟渠	0.3735	0.3352	0.0329	0.0054
FT8	横坡等高耕作技术+田间固废还田技术+水旱农桑配置拦截带	0.3919	0.3576	0.0315	0.0027
FT9	灌溉+排水+水塘湿地净化	0.4515	0.4131	0.0354	0.0030
FT10	生态沟+导流渠+塘堰湿地	0.2457	0.2123	0.0304	0.0030
FT11	滞留塘+拦截坝+沟渠+资源循环	0.4000	0.3651	0.0309	0.0039
FT12	沟渠拦截+植草沟+滞留塘+护坡+湿地	0.4514	0.4191	0.0275	0.0048
FT13	护壁型生态沟+漂浮型生态沟(基质+植物)	0.3290	0.2962	0.0280	0.0048
FT14	植被缓冲带+生态塘	0.3321	0.2942	0.0349	0.0030
FT15	农业产业优化和布局+平衡施肥	0.4703	0.4261	0.0388	0.0054
FT16	林农混合产业优化和布局+平衡施肥	0.4983	0.4541	0.0388	0.0054
FT17	农业产业优化和布局+平衡施肥	0.4463	0.4021	0.0388	0.0054

附表 2-4　19 种农业面源污染治理技术综合评价的分结果

技术编号	技术工艺	综合得分	技术性能	经济指标	管护指标
AT1	灌溉-排水-塘堰湿地	0.3969	0.3644	0.0295	0.0030
AT2	生态滤石槽+砾间接触氧化+生物膜吸附技术+植被缓冲带	0.3073	0.2782	0.0255	0.0036
AT3	植被缓冲带+人工湿地	0.3371	0.3049	0.0292	0.0030
AT4	保护性耕作+施肥技术+生态沟渠+生物塘	0.4008	0.3729	0.0238	0.0042
AT5	植物栅+生态沟渠	0.3631	0.3257	0.0324	0.0051
AT6	清水通道+沉淀池+溢流堰	0.3160	0.2857	0.0260	0.0042
AT7	植物篱+植草沟+多层渗滤塘+反硝化墙体(生物炭)	0.3735	0.3352	0.0329	0.0054
AT8	生态沟渠+透水坝+植被缓冲带+堆肥还田	0.3919	0.3576	0.0315	0.0027
AT9	生态田埂+植被缓冲带	0.4515	0.4131	0.0354	0.0030
AT10	集水系统+多级植物栅-基质消纳系统+植物构造河浜湿地系统	0.2457	0.2123	0.0304	0.0030

技术编号	技术工艺	综合得分	技术性能	经济指标	管护指标
AT11	网格栅+混合调节池+厌氧池+人工湿地+生物塘	0.4000	0.3651	0.0309	0.0039
AT12	田间水肥管理+生态草沟拦截技术+塘堰湿地	0.4514	0.4191	0.0275	0.0048
AT13	沉砂池+表面流湿地+人工沸石复合潜流湿地+表面流湿地	0.3290	0.2962	0.0280	0.0048
AT14	种养结合+稻田湿地	0.3321	0.2942	0.0349	0.0030
AT15	沟渠+滞留塘+氧化沟	0.4703	0.4261	0.0388	0.0054
AT16	沟渠+生态塘	0.4983	0.4541	0.0388	0.0054
AT17	灌溉+水肥一体化+资源循环	0.4463	0.4021	0.0388	0.0054
AT18	生态田埂+沟渠+植草沟	0.3672	0.3309	0.0329	0.0034
AT19	生态沟渠+拦截坝+ET生化系统(生态塘+环形浮岛+往复式垂直流人工湿地	0.4067	0.3799	0.0232	0.0036

参 考 文 献

边博, 等, 2013. 复合型前置库系统去除面源主要污染物的研究. 湖泊科学, 25(3): 352-358.

曹大伟, 等, 2008. 地埋式一体化生物滤池工艺处理农村生活污水. 中国给水排水, 24(1): 30-34.

陈吉宁, 李广贺, 王洪涛, 2004. 滇池流域面源污染控制技术研究. 中国水利, (9): 47-50.

陈晓燕, 张娜, 吴芳芳, 2014. 降雨和土地利用对地表径流的影响——以北京北护城河周边区域为例. 自然资源学报, 29(8): 1391-1402.

段昌群, 2018. 抓住云南高原湖泊治理中面源污染的"牛鼻子"精准施策. 民主与科学, (05): 25-27.

段昌群, 等, 2010. 基于生态系统健康视角下的云南高原湖泊水环境问题的诊断与解决理念. 中国工程科学, 12(6): 60-64.

范志锋, 等, 2010. 复合型人工湿地系统在农业面源污染水处理上的应用. 上海海洋大学学报, 19(2): 259-264.

高峰, 雷声隆, 庞鸿宾, 2003. 节水灌溉工程模糊神经网络综合评价模型研究. 农业工程学报, 19(4): 84-87.

关梅, 等, 2012. 菜-鱼立体共生模式对池塘水体的净化效果研究. 安徽农业科学, 40(14): 8088-8089, 8132.

郭攀, 2016. 水稻节水减排防污综合调控技术. 中国水利, (3): 65-67.

郭攀, 李新建, 2017. 漓江典型小流域农田面源污染治理技术及应用. 水电能源科学, 35(9): 49-52, 89.

郭雪松, 等, 2015-05-06. 一种立体循环一体化氧化沟及操作方法. 中国, CN104591375A.

何军, 等, 2011. 沟渠及塘堰湿地系统对稻田氮磷污染的去除试验. 农业环境科学学报, 30(9): 1872-1879.

洪丽芳, 等, 2010-09-15. 设施农业污染防控型水肥循环利用技术. 中国, CN101830562A.

洪丽芳, 等, 2013-07-10. 一种设施农业面源污染物就地拦截与消纳方法. 中国, CN103190268A.

胡芳, 等, 2005. 项目后评价方法综述. 中国电力教育, (S3): 150-152.

胡凯泉, 等, 2015. 潼湖地区水环境原位生态修复示范工程的运行效果. 中国给水排水, 31(23): 15-19.

胡湛波, 等, 2012-12-12. 折流式景观型复合人工湿地污水处理系统. 中国, CN202594913U.

黄伯平, 李晓慧, 2017. 南京市江心洲农村污水分散处理技术及应用. 中国给水排水, 33(6): 102-105.

黄沈发, 等, 2009-10-14. 利用缓冲带控制平原感潮河网地区农业面源污染的方法. 中国, CN101555071.

黄伟丽, 等, 2012. 复合式生物滤池处理农村生活污水工程实例. 环境工程, 30(5): 47-49.

蒋尚明, 等, 2013. 巢湖流域塘坝灌溉系统对农业非点源污染负荷的截留作用分析. 第三届中国湖泊论坛暨第七届湖北科技论坛论文集, 355-363.

金秋, 等, 2016. 脉冲双层生物滤池与人工湿地组合工艺处理农村生活污水. 环境科技, 29(2): 21-24.

李宝, 刘前进, 于兴修, 2013. 一种山地丘陵区农业面源污染净化前置库串联系统. 中国, CN102874972A.

李杰, 钟成华, 邓春光, 2007. 波式流人工山地湿地系统处理中等浓度奶牛养殖场废水的应用研究. 第二届全国农业环境科学学术研讨会, 579-582.

李杰峰, 等, 2009. 植物-土壤渗滤法对农村生活污水降解研究. 湖南农业科学, (6): 73-75.

李军幸, 2009. ABR-人工湿地组合系统处理农村生活污水试验研究[硕士学位论文]. 天津: 天津大学.

李秀芬, 等, 2010. 农业面源污染现状与防治进展. 中国人口·资源与环境, 116(4): 81-84.

李旭东, 等, 2018-09-21. 一种农业面源污染控制的旱地土壤渗滤系统及方法. 中国, CN108557988A.

李业春, 等, 2010. 阿科蔓生态基在我国北方污水治理中应用示范研究. 科技信息, (8): 105-106.

李裕元, 等, 2013-11-20. 一种生态沟处理面源污染物的方法. 中国, CN103395886A.

李元, 等, 2012a-06-20. 利用玉米与青花菜、马铃薯间作控制农田面源污染的种植方法. 中国, CN102498896A.

李元, 等, 2012b-06-20. 利用玉米与白菜、豌豆间作控制农田面源污染的种植方法. 中国, CN102498897A.

李元, 等, 2014-12-24. 利用桃树与大豆间作控制坡耕地面源污染的种植方法. 中国, CN104221658A.

连纲, 王德建, 2004. 太湖地区麦季氮素淋失特征. 土壤通报, 35(2): 163-165.

梁涛, 等, 2002. 西苕溪流域不同土地类型下氮元素输移过程. 地理学报, 57(4): 389-396.

凌霄, 等, 2013. 厌氧生物滤池/生态浮床工艺处理南方农村生活污水. 中国给水排水, 29(14): 69-72.

刘超翔, 等, 2003. 滇池流域农村污水生态处理系统设计. 中国给水排水, 19(2): 93-94.

刘宏斌, 等, 2011-08-31. 利用清水通道防治山区/半山区农村面源污染的方法. 中国, CN102168410A.

刘莉, 胡正义, 2015. 基于污染物削减效果和成本的农业面源污染制技术优选—以太湖地区为例. 生态与农村环境学报, 31(4): 608-616.

刘明峰, 2012. 电力企业信息化项目后评估方法探索. 信息与电脑: 理论版, (7): 165-166.

鲁庆尧, 王树进, 2015. 我国农业面源污染的空间相关性及影响因素研究. 经济问题, (12): 93-98.

罗金耀, 李道西, 2003. 节水灌溉多层次灰色关联综合评价模型研究. 灌溉排水学报, 22(5): 38-41.

吕兴菊, 孟良, 2010. 厌氧-接触氧化-砂滤组合工艺处理洱海流域农村生活污水的试验研究. 昆明理工大学学报(自然科学版), 35(4): 93-97.

毛妍婷, 等, 2016-01-06. 一种硬化沟渠生态化改造的方法. 中国, CN105220666A.

倪喜云, 等, 2008. 洱海流域坡耕地面源污染治理技术与模式研究. 农业环境与发展, 25(5): 90-92.

欧洋, 等, 2013-09-11. 利用草带控制东北黑土区水源地农业面源污染的方法. 中国, CN103283337A.

彭世彰, 等, 2013. 稻田与沟塘湿地协同原位削减排水中氮磷的效果. 水利学报, (6): 657-663.

祁守斌, 2012. 金榜一名御建设项目后评估研究. 南京: 南京理工大学.

裘知, 等, 2014. 叠层生态滤床技术在生活污水处理中的应用研究. 环境污染与防治, 36(12): 43-45, 49.

盛婧, 等, 2013. 一种减少旱地氮磷面源污染的方法. 中国, CN103071671A.

施畅, 等, 2016. 基于生物-生态耦合工艺的农村生活污水处理研究. 河北科技大学学报, 37(1): 102-108.

施卫明, 等, 2013. 农村面源污染治理的"4R"理论与工程实践-生态拦截技术. 农业环境科学学报, 3209: 1697-1704.

水落元之, 等, 2012. 日本分散型生活污水处理技术与设施建设状况分析. 中国给水排水, 28(12): 29-33.

孙平, 等, 2017. 三峡库区面源污染防控BMPs框架体系研究. 水生态学杂志, 38(1): 54-60.

索滢, 王忠静, 2018. 典型节水灌溉技术综合性能评价研究. 灌溉排水学报, 37(11): 113-120.

唐翀鹏, 张玲, 张旭, 2010. 人工沸石复合湿地技术控制面源污染应用研究. 安徽农业科学, 38(14): 7501-7503.

唐浩, 等, 2011. 农业面源污染防治研究现状与展望. 环境科学与技术, 34(S2): 107-112.

万金保, 等, 2010. 小流域典型面源污染最佳管理措施(BMPs)研究. 水土保持学报, 24(6): 181-184.

王超, 王沛芳, 侯俊, 2006-04-12. 景观型多级阶梯式人工湿地护坡系统. 中国, CN2770315.

王琳, 等, 2018-11-23. 旁路循环净化生态沟系统. 中国, CN208135957U.

王曦曦, 等, 2011. 新型改进型毛细管渗滤沟处理生活污水. 环境化学, 30(3): 721-722.

王忠敏, 梅凯, 2012. 氮磷生态拦截技术在治理太湖流域农业面源污染中的应用. 江苏农业科学, 40(8): 336-339.

韦慧, 2008. 复合生态塘治理农村生活污水应用示范研究[硕士学位论文]. 昆明: 昆明理工大学.

魏保兴, 等, 2016. 节水防污型农田水利系统方案设计及应用研究. 节水灌溉, (7): 60-64.

文亚雄, 等, 2018a-09-21. 一种小流域水体面源污染修复控制体系及其构建方法. 中国, CN108558016A.

文亚雄, 等, 2018b-09-28. 农村综合面源污染的生态控制体系. 中国, CN207918633U.

吴浩恩, 魏才倢, 吴为中, 2016. 多级土壤渗滤系统处理低有机污染水的脱氮效果与机理解析. 环境科学学报, 36(12): 4392-4399.

吴金水, 等, 2013-12-18. 一种平原河网区面源污染治理的方法. 中国, CN103449607A.

吴义根, 冯开文, 李谷成, 2017. 我国农业面源污染的时空分异与动态演进. 中国农业大学学报, 22(7): 186-199.

吴永红, 等, 2010-04-07. 式饮用水水源地面源污染防控与饮水工程相结合的建造方法. 中国, CN101691265A.

吴永红, 胡正义, 杨林章, 2011. 农业面源污染控制工程的"减源-拦截-修复"(3R)理论与实践. 农业工程学报, 27(5): 1-6.

向速林, 等, 2015. 赣江下游水稻田地表径流氮磷流失分析. 江苏农业科学, 43(1): 315-317.

谢德体, 等, 2016. 施对三峡库区小流域地表氮磷排放负荷的影响. 三峡生态环境监测, 1(1): 19-27.

徐建芬, 2012. 浙江省农业面源污染的影响因素研究[硕士学位论文]. 杭州: 浙江工商大学.

徐晓梅, 等, 2016. 滇池流域水污染特征(1988-2014年)及防治对策. 湖泊科学, 28(3): 476-484.

闫胜军, 等, 2015. 不同土地利用类型下水土流失特征及雨强关系分析. 水土保持学报, 29(2): 45-49.

杨林章, 等, 2013a. 农村面源污染治理的"4R"理论与工程实践——总体思路与"4R"治理技术. 农业环境科学学报, 32(1): 1-8.

杨林章, 等, 2013b. 我国农业面源污染治理技术研究进展. 中国生态农业学报, 21(1): 96-101.

杨林章, 吴永红, 2018. 农业面源污染防控与水环境保护. 中国科学院院刊, 33(02): 168-176.

杨伟球, 吴钰明, 2011. 太湖流域典型蔬菜地氮磷流失生态拦截工程的实施与成效. 安徽农业科学, 39(31): 19402-19404.

杨育华, 2013. 滇池沿湖地区农田污染生态控制关键技术研究. 环境科学导刊, 32(1): 29-32, 90.

殷小锋, 等, 2008. 滇池北岸城郊农田生态沟渠构建及净化效果研究. 安徽农业科学, 36(22): 9676-9679.

于兴修, 等, 2012-09-19. 一种构建小流域面源污染综合防治体系的方法. 中国, CN102677626A.

张曼雪, 等, 2017. 农村生活污水处理技术研究进展. 水处理技术, 43(6): 5-10.

张萍, 卢少勇, 潘成荣, 2017. 基于层次-灰色关联法的洱海农业面源污染控制技术综合评价. 科技导报, 35(9): 50-55.

张卫东, 石先罗, 陈玉东, 2013. 浅析农业面源污染防治技术及其后评估. 安徽农业科学, (33): 12995-12998.

张文艺, 等, 2012. 常州市武进区农村生活污水处理示范工程. 中国给水排水, 28(12): 75-78.

张文艺, 等, 2013. 断头河浜水环境原位修复工程示范. 湖北农业科学, 52(11): 2669-2672.

张毅, 2016. 垂直生物滴滤池-水平多介质土壤层系统处理污水的性能[硕士学位论文]. 长沙: 湖南大学.

张永春, 等, 2006. 平原河网地区面源污染控制的前置库技术研究. 中国水利, (17): 14-18.

赵金辉, 陆毅, 赵晓莉, 2014. 草沟-湿地滞留塘控制农田径流污染效能. 环境科学与技术, 37(10): 117-120, 125.

赵军, 张杰, 2014. 态滤床在条子河污染治理中的工程应用. 中国给水排水, 30(6): 77-80.

赵琦, 2015. 一种控制稻田面源污染的生态拦截阻断系统. 中国, CN201410625297.0.

郑志伟, 等, 2016. 生态沟渠＋稳定塘系统处理山区农村生活污水的研究. 水生态学杂志, 37(4): 42-47.

周光中, 朱卫东, 2006. 项目后评估的研究综述. 中国管理科学, 14(z1): 747-754.

周婷, 2008. 沟渠式生物接触氧化法处理农村面源污水的试验研究[硕士学位论文]. 成都: 四川农业大学.

朱金格, 等, 2019. 生态沟-湿地系统对农田排水氮磷的去除效应. 农业环境科学学报, 38(2): 405-411.

朱兴业, 等, 2010. 轻小型喷灌机组技术评价主成分模型及应用. 农业工程学报, 26(11): 98-102.

左剑恶, 等, 2013-05-01. 基于植物篱及多层渗滤塘的农业面源污染控制系统与工艺. 中国, CN103073151A.

Fahd K, Martín I, Salas J J, 2007. The Carrión de los Céspedes experimental plant and the technological transfer centre: urban wastewater treatment experimental platforms for the small rural communities in the Mediterranean area. Desalination, 215(1): 12-21.

Gitau M W et al. , 2006. Watershed level best management practice selection and placement in the Town Brook Watershed, New York. The Journal of the American Water Resources Association, 42(6): 1565–1581.

Hamilton P A, Miller T L, 2001. Differences in social and public risk perceptions and conflicting impacts on point / non−point trading rations. American Journal of Agricultural Economics, 83(4): 934–941.

Hao F H et al. , 2004. Impact of land use change on runoff and sediment yield. Journal of Soil Water Conservation, 8: 5–8.

Karami E, 2006. Appropriateness of farmers' adoption of irrigation methods: The application of the AHP model. Agricultural Systems, 87(1): 101-119.

Lam Q D, Schmalz B, Fohrer N, 2010. Modelling point and diffuse source pollution of nitrate in a rural lowland catchment using the SWAT model. Journal of Agricultural Water Management, 97: 317–325.

Lam Q D, Schmalz B, Fohrer N, 2011. The impact of agricultural best management practices on water quality in a North German lowland catchment. Journal of Environmental Monitoring and Assessment, 183, 351–379.

Liu R et al. , 2016. Identifying non-point source critical source areas based on multi-factors at a basin scale with SWAT. Journal of Hydrology, 533: 379–388.

Liu W et al. , 2015. Water pollution characteristics of Dianchi Lake and the course of protection and pollution management. Environmental Earth Sciences, 74(5): 3767-3780.

Liu X, Wang H, 2016. Dianchi Lake, China: Geological formation, causes of eutrophication and recent restoration efforts. Aquatic Ecosystem Health & Management, 19(1): 40-48.

Maringanti C et al. , 2011. Application of a multi-objective optimization method to provide least cost alternatives for NPS pollution control. Journal of Environmental Management, 48: 448–461.

Ongley E D, Zhang X L, Yu T, 2010. Current status of agricultural and rural non-point source pollution assessment in China. Journal of Environmental Pollution, 158: 1159–1168.

Panagopoulos Y, Makropoulos C, Mimikou M, 2011. Reducing surface water pollution through the assessment of the cost-effectiveness of BMPs at different spatial scales. Journal of Environmental Management, 92: 2823–2835.

Schoumans O F, 2014. Description of the phosphorus sorption and desorption processes in coarse calcareous sandy soils. Soil Science, 179(5): 221-229.

Wu J, Babcock B A, 2001. Spatial heterogeneity and the choice of instruments to control nonpoint pollution. Environmental and Resource Economics, 18(2): 173–192.

Xia T, Chen Z, Song J, 2017. Advances in history, current situation and control of agricultural non-point source pollution in the Dianchi Lake basin. Meteorological and Environmental Research, (1): 56-62, 64.

Zerihun D et al. , 1997. Analysis of surface irrigation performance terms and indices. Agricultural Water Management, 34(1): 25-46.